稀土抛光粉

洪广言　编著

科学出版社

北　京

内 容 简 介

本书系统介绍稀土抛光粉的发展历程、分类和应用以及稀土抛光粉生产的主要工艺流程；讨论稀土抛光粉的前驱体制备及其溶液化学；分析并讨论稀土抛光粉的固体化学基础、稀土抛光粉的晶体结构与形貌特征、前驱体干燥过程和焙烧过程中的固相反应及纳米级稀土抛光粉；详细介绍稀土抛光粉的作用机理及影响因素，以及抛光粉的性能评价指标及其评价方法。本书将有利于读者对稀土抛光粉有一个较为全面和系统的认识，解决当前稀土抛光粉存在的某些问题，并促进其发展。

本书可供材料化学、无机化学、固体化学等教学、生产和科研单位的有关人员以及大专院校有关专业的教师、学生参考，特别是可供从事稀土抛光粉研发、生产和推广的专业人员参考。

图书在版编目(CIP)数据

稀土抛光粉/洪广言编著.—北京：科学出版社，2017.3

ISBN 978-7-03-052052-4

Ⅰ. ①稀… Ⅱ. ①洪… Ⅲ. ①稀土化合物-抛光 Ⅳ. ①O614.33

中国版本图书馆CIP数据核字(2017)第047134号

责任编辑：杨 震 刘 冉 / 责任校对：钟 洋
责任印制：张 伟 / 封面设计：北京图阅盛世

科学出版社 出版
北京东黄城根北街16号
邮政编码：100717
http://www.sciencep.com
北京凌奇印刷有限责任公司 印刷
科学出版社发行 各地新华书店经销
*
2017年3月第 一 版 开本：720×1000 1/16
2017年3月第一次印刷 印张：12 1/2
字数：250 000

POD定价： 80.00元
(如有印装质量问题，我社负责调换)

前　言

稀土抛光粉是一种重要的稀土深加工产品。稀土抛光粉中最主要的组分是氧化铈，故也被称为铈基稀土抛光粉，稀土抛光粉因与其他抛光粉相比有许多优点而被人们称为“抛光粉之王”，已获得广泛应用。稀土抛光粉的广泛应用，不仅使其在国民经济和国防建设中占有越来越重要的地位，而且也促进了我国稀土产业的发展，提高了稀土产品的附加值。稀土抛光粉在工业发达国家的稀土用量中占有很高的比例，其产量和用量的大小能从一个侧面反映出一个国家科技发展的水平。

我国是世界上稀土资源最丰富的国家，为稀土材料的研究与发展奠定了物质基础。随着稀土工业的发展，稀土抛光粉作为抛光材料以其粒度均匀、硬度适中、切削力强、抛光时间短、抛光精度高、使用寿命长以及操作环境清洁环保等优点，成为玻璃抛光材料的首选，并广泛应用于玻璃表面的冷加工，以及电视/计算机/平板显示器用电子玻璃、硅片、磁盘玻璃基片、眼镜片、光学玻璃、光学元件（透镜、棱镜、照相机和摄影机镜头）、宝石等的抛光。20 世纪 90 年代，随着电子技术的不断更新，大容量超小体积的半导体器件等的精密抛光对抛光速度和质量提出了更高的要求，为此，人们开发出了纳米级的高性能稀土抛光粉。

我国的稀土抛光粉产业从无到有，从小到大，已走过了六十余个春秋。我国在稀土抛光粉生产、应用、市场和技术设备等方面已取得很大的成就和发展，在世界同行业中已占重要地位，并成为世界稀土抛光粉的生产和供应大国。目前，我国生产规模达到上百吨的稀土抛光粉厂有数十家。

然而我国的稀土抛光粉与国外相比仍有一定差距，主要是产品质量不够稳定，未能达到标准化、系列化，稀土抛光粉产品中的中低档抛光粉比较成熟，而较高档次抛光粉与国外相比有较大差距，在光学镜头和其他精密器件上使用的抛光粉尚需大量进口，还不能完全满足各种工业领域的抛光要求。其原因在于我国稀土抛光粉研发水平落后于国外，创新性不足，更缺乏合适的基础性和实用性的专著。

最近二十年来稀土抛光粉的发展迅速，但其系统性的基础理论研究却相对滞后，随着应用领域的拓展和高精细抛光的需求，对稀土抛光粉提出了更严格和新的要求，为此，必须对一些过去的认识作相应的补充。

本书结合生产实践中提出的基础理论问题进行分析讨论，从结晶化学的角度详细地研究了稀土抛光粉前驱体的晶体形成过程及对晶体形貌的影响，寻求最佳制备条件，特别是探讨稀土抛光粉前驱体焙烧条件对抛光粉组成、结构、形貌和性能的影响，提出优质抛光粉的优选工艺条件。

有关稀土抛光粉的资料散见于各种期刊文献、专利和学位论文中，相关工作也在一些专著的某些章节中有一定描述。但目前关于稀土抛光粉尚无完整而系统的专著。

作者参考国内外发表的相关研究成果，深入了解稀土抛光粉生产的实际情况，结合已有的学科基础，力图编写一部兼具基础性和实用性的稀土抛光粉专著，以期为祖国稀土事业的发展尽微薄之力。希望本书能够对促进我国的稀土事业从资源优势转化为技术、经济优势发挥一点作用。

本书首次从固体化学的角度探讨稀土抛光粉生产的过程和机理，总结一些规律，提出合理的制备工艺，并尝试对稀土抛光粉进行较系统和深入的归纳、总结，填补国内外稀土抛光粉专著的空白。

作者从事稀土研究、开发与应用五十余年，先后从事稀土络合物、稀土分离提取、稀土无机液体激光材料与稀土激光晶体、高温超导材料、稀土发光材料和稀土纳米材料等相关的研究，积累了一些知识和经验。对稀土怀有深厚和难以割舍的感情。

在编著过程中，作者力求通俗易懂，深入浅出。期待着本书能将相关的基本知识描述清楚，反映稀土抛光粉的最新进展。若本书能给读者点滴收益，作者则甚感欣慰。

本书是在前辈、同仁工作基础上归纳、整理，并结合作者五十余年来科研、教学和学习的体会，以及应稀土抛光粉的发展趋势和应用的需求编写而成。书中引用的大量文献资料是广大科研工作者辛勤劳动的结果。在此，作者对他们表示深深的敬意！

稀土抛光粉涵盖的知识面广，涉及化学、物理、材料等众多领域，文献资料也较为丰富，由于作者能力有限，在编写过程中难免有疏漏和不当之处，诚请读者批评指正。

在历时三年多的编写过程中，得到诸多老师、同仁和家人的热情关怀、鼓励与帮助，特别是郝志庆同志为本书提供了许多实践经验和文献资料，韩彦红同志在本书编写中付出了辛勤劳动。在此，一并深表最诚挚的谢意！

特别感谢中国科学院长春应用化学研究所的培养、稀土资源利用国家重点实验室的支持，以及倪嘉缵院士给予的诚挚关怀和经费的资助。

本书献给为我国稀土事业默默无闻无私奉献、辛勤工作在生产第一线的朋友们。

洪广言

2016年秋于长春

目　　录

第1章　稀土抛光粉概述

1.1　抛光与抛光粉

抛光是采用物理(机械、加热、激光等)或化学手段对固体表面进行处理的方法，是使物体表面粗糙度降低的工艺。其目的是消除金属或玻璃表面的细微不平，形成一个具有足够光洁度的清洁的表面，使表面具有镜面光泽，在该表面上光的透射或反射不受表面不平整的干扰。这不仅是美化产品的需要，更是保证产品质量、延长使用寿命及发展新产品的重要手段。

抛光技术可以针对金属、玻璃、陶瓷、合金、晶体和塑料等各种固体材料。目前，抛光技术主要在精密机械和光学工业中广泛使用。抛光后的工件其表面有足够的光滑度(平整度)，以至于光的透射或反射不受表面不规则性的影响[1]。

1.1.1　抛光

抛光主要可分为物理(机械、加热、激光等)方法和化学方法两大类，还可详细分为机械抛光、化学抛光、电解抛光、超声波抛光等。 根据抛光精度也分为一般精度、高精度和超高精度抛光等。

1. 机械抛光

机械抛光是靠切削和材料表面塑性变形去掉被抛光物的凸部而得到平滑面的抛光方法，一般使用油石条、羊毛轮、砂纸等，以手工操作为主，特殊零件如回转体表面，可使用转台等辅助工具，表面质量要求高的可采用超高精度抛光的方法。超高精度抛光是采用特制的磨具，在含有磨料的抛光液中，紧压在工件被加工表面上做高速旋转运动。它是各种抛光中抛光精度最高的方法，利用该技术可以达到 Ra 0.008 μm 的表面粗糙度，光学镜片模具常采用该方法。

2. 超声波抛光

超声波抛光是将工件放入磨料悬浮液中并一起置于超声波场中，依靠超声波的振荡作用使磨料在工件表面磨削抛光。超声波抛光宏观力小，不会引起工件变形，但工装制作和安装较困难。超声波抛光可以与化学或电化学方法结合，在溶液腐蚀、电解的基础上，再施加超声波振动搅拌溶液，使工件表面溶解产物脱离，表面附近的腐蚀或电解质均匀。超声波在液体中的空化作用还能够抑制腐蚀过程，有利于表面光亮化。

3. 流体抛光

流体抛光是依靠高速流动的液体及其携带的磨料颗粒冲刷工件表面以达到抛光的目的。常用方法有磨料喷射加工、液体喷射加工、流体动力研磨等。流体动力研磨是由液压驱动，使携带磨粒的液体介质高速往复流过工件表面，介质主要采用在较低压力下流动性好的特殊化合物(聚合物状物质)并掺上磨料制成，磨料可采用碳化硅粉末或稀土抛光粉。

4. 磁流变抛光

磁流变抛光是利用磁性磨料在磁场作用下形成磨料刷，对工件磨削加工。磁流变抛光的工作原理是在磁场的作用下通过磁流变抛光液形成黏塑性的介质，并以剪切方式对光学元件进行抛光。磁流变抛光液中包括磁性颗粒和抛光粉。这种方法加工效率高，质量好，加工条件容易控制，工作条件好。采用合适的磨料，表面粗糙度可以达到 0.1 μm。

5. 化学抛光

化学抛光是让材料在化学介质中表面微观凸出部分较下凹部分优先溶解，从而得到平滑面，是不用外加电源进行表面处理，提高工件光洁度的过程。通常是将工件浸入酸性或碱性溶液中，经一定时间，依靠化学浸蚀作用，可溶去工件表面的氧化物或毛刺，使光洁度提高。

化学抛光的主要优点是不需复杂设备，可以抛光形状复杂的工件，同时抛光很多工件，效率高。化学抛光的核心问题是抛光液的配制。化学抛光得到的表面粗糙度一般约为 10 μm。

6. 电解抛光

工件放入特定溶液中进行阳极电解，使金属表面平滑并产生金属光泽的过程称为电解抛光，又称电化学抛光，简称电抛光。电解抛光基本原理与化学抛光相同，即靠选择性地溶解材料表面微小凸出部分，使表面光滑。

电解抛光过程分为两步：①宏观整平：溶解产物向电解液中扩散，使材料表面几何粗糙度下降至约 1 μm；②微观平整：进一步提高表面光亮度。

电抛光时，工件接阳极，通电时工件表面会产生电阻率高的稠性黏膜，其不均匀地附着在工件表面。表面微观凸出部分较薄，电流密度较大，金属溶解较快；

表面微观下凹处较厚，电流密度较小，金属溶解较慢。由于稠性黏膜和电流密度分布的不均匀性，微观凸起部分尺寸减小较快，微观下凹处尺寸减小较慢，使工件表面粗糙度降低，从而实现抛光的目的。

电解抛光后将对工件性能产生影响，表现在：①工件表面光洁度增加，提高了反光能力；②摩擦系数及表面硬度、金属的电子冷发射能力均下降；③工件耐腐蚀性及磁导率提高；④影响工件的疲劳强度。

电解抛光的优点：①表面无离子硬化层；②形状复杂，线材、薄板及细小工件均适用电抛光；③生产效率高，易操作。

电解抛光的缺点：①应用范围受限制；②无法除去工件表面的宏观划痕、麻点等表面缺陷。

化学抛光与电解抛光相比不用直流电源和导电挂具，可抛光形状复杂及各种尺寸的工件，生产效率高。化学抛光主要用于工件装饰性加工，但溶液使用寿命短，溶液浓度的保持以及再生较困难。

电解抛光与化学抛光相比可以消除阴极反应的影响，效果较好。

由于电解抛光、流体抛光等方法很难精确控制零件的几何精确度，而化学抛光、超声波抛光、磁流变抛光等方法的表面质量又达不到要求，所以精密模具的镜面加工还是以机械抛光为主。

塑料模具加工中的抛光与其他行业所要求的表面抛光有很大的不同，严格来说，模具的抛光应该称为镜面加工。它不仅对抛光本身有很高的要求，而且对表面平整度、光滑度以及几何精确度也有很高的标准，镜面加工的标准分为四级。而表面抛光一般只要求获得光亮的表面即可。

需要重视的是工件抛光后会减少厚度并容易被划伤，必须使用细丝绒布、鹿皮、天鹅毛和专用清洗剂清洁表面。

1.1.2　抛光粉

用于抛光的材料可以是固体(主要是多晶粉末)、液体和气体。

固体粉末抛光材料，也称为抛光粉、抛光剂或磨料，其硬度应与所需抛光的物质的硬度相匹配。一般将莫氏硬度 9~10 的磨料称为硬磨料，如白钢玉(Al_2O_3)、SiC、立方氮化硼(CBN)、金刚石等，而将莫氏硬度≤7 的磨料称为软磨料，如CeO_2、氧化锆等。

抛光粉通常由氧化铈、氧化铝、氧化硅、氧化铁、氧化锆、氧化铬等组分组成，不同材料的硬度不同，在水中的化学性质也不同，因此使用场合各不相同。氧化铝的莫氏硬度约为 9，氧化铈和氧化锆的莫氏硬度约为 7，氧化铁更低。氧化铈对硅酸盐玻璃的化学活性较高，硬度也相当，因此广泛用于玻璃的抛光。

对抛光粉的基本要求:

1)抛光粉是具有确定组成的物理和化学性质稳定的固体化合物或混合物。

2)有合适的硬度和密度，硬度一般应稍大于被抛光材料。

3)抛光粉颗粒应具有一定的晶格形态和缺陷，破碎时形成适当的锐利的棱角，以提高抛光效率。

4)在适当的粒度范围之内，颗粒粒度应均匀一致。

5)抛光粉应纯洁，有较高的纯度，不含有可能引起划痕的机械杂质。

6)应有良好的分散性和吸附性，以保证加工过程的均匀和高效，可适量添加分散剂提高悬浮率。

7)抛光粉需要制成抛光液使用，因此需要良好的化学稳定性且不腐蚀工件。特别是抛光粉需要与水(或溶剂)混合，故对水(或溶剂)有一定的化学稳定性，并能在水(或溶剂)中有很好的浸润性、悬浮性，且不发泡。

在玻璃工业领域中广泛应用的抛光粉，根据用途不同，主要有金刚石、氧化铝、氧化锆、氧化铈、氧化铁等。对于组成不同的各种玻璃制品，氧化铈是最有效的抛光剂，其次是氧化锆，再次是氧化铁。特别是光学玻璃的抛光，含氧化铈的抛光粉具有光洁度高、抛光能力强以及使用寿命长等优点。

1.2 稀土抛光粉

稀土抛光粉顾名思义是含稀土元素的抛光粉。稀土抛光粉中最主要的组分是氧化铈，故也称为铈基稀土抛光粉，简称铈基抛光粉，也可称为氧化铈抛光粉。稀土抛光粉因与其他抛光粉相比有许多优点而被称为“抛光粉之王”，已有许多报道[2-10]。

稀土抛光粉与其他抛光粉相比有许多优点，具有良好的晶形，粒度小且均匀，抛光效率可提高3~4倍，使用量少且寿命长，抛光件的合格率可提高30%以上，光洁度高，易清洗，不污染环境且劳动条件好等。因此，稀土抛光粉在光学领域获得广泛的应用。

利用稀土氧化物特别是氧化铈的化学特性能抛光金属和玻璃的表面，而无擦伤。抛光粉 CeO_2 含量可在50%~90%之间，其余成分为其他轻稀土氧化物。一般情况下，CeO_2 含量越高，抛光速率越快。稀土抛光粉能取代较廉价的抛光粉(氧化铁，SiO_2，ZrO_2)是因为其比较清净，抛光快，经久耐用，抛光质量优良。

一些典型抛光材料的抛光能力见表1-1。

表 1-1　典型抛光材料的抛光能力比较[2]

抛光剂种类	磨削量/mg	抛光能力/%
氧化铈(45%)	83.7	100
氧化锆	54.3	65
氧化钛	44.5	53
氧化铁	20.2	25

氧化铁“红粉”(α-Fe_2O_3 多晶粉末)作为长期以来使用的主要玻璃抛光材料，由于其性能不如铈基抛光粉，目前已被铈基抛光粉取代，其主要原因如下：

1)氧化铈为面心立方晶体，氧化铁“红粉”为六方晶体。

2)铈基抛光粉颗粒呈多边形，棱角明显，平均直径 2 μm，而氧化铁“红粉”颗粒形状基本为圆球形，颗粒大小约为 0.5~1 μm。

3)氧化铈的真比重(约为 7.3)比氧化铁(约为 5.2)大，由于形状和比重的关系，铈基抛光粉的有效比表面比氧化铁“红粉”大，铈基抛光粉比“红粉”更易沉积在玻璃表面和抛光模层中，使抛光效率提高。

4)铈基抛光粉具有适当的硬度，其硬度更接近玻璃的硬度，氧化铈的莫氏硬度约为 7，而 α-Fe_2O_3 的莫氏硬度为 4~6。

5)铈是非常活跃的元素，经过适当温度焙烧冷却的氧化铈，晶粒中产生大量的缺陷(错位)，有利于抛光质量的提高。

6)由于铈基抛光粉的制造工艺及氧化铈含量不同，稀土抛光粉呈白色(含量达到 98%以上)、淡黄色、棕黄、红色等，容易清洗；而氧化铁颜色有从黄红色到深红色若干种，难以清除。

1.2.1　稀土抛光粉的发展历程

历史上最早使用的玻璃表面研磨抛光材料是以氧化铁“红粉”为主，但它存在着抛光速率慢、光洁度低、铁锈色的污染无法消除等不足。随着稀土工业的发展，20 世纪 30 年代，首先在欧洲出现了用稀土氧化物作抛光粉来抛光玻璃，1933 年欧洲玻璃工业首次报道了在玻璃抛光领域使用氧化铈。从 1940 年开始，高含量氧化铈的稀土抛光粉逐渐取代氧化铁用于玻璃抛光，成为玻璃抛光加工过程中的关键工艺材料之一。1940~1941 年加拿大光学工业开始使用氧化铈，标志着北美大陆玻璃冷加工行业开始使用氧化铈。第二次世界大战期间，伊利诺伊州罗克福德的Barnes J公司的一名雇员于1943年开发了一种叫做巴林士粉(Barnesite)的稀土氧化物抛光粉，这种抛光粉很快在抛光精密光学仪器方面获得成功。基于抛光效率高、质量好、污染小等优点，稀土抛光粉激起了美国等国家的广泛研究。由于战争的需要以及氧化铈在抛光速率和抛光质量方面的长足进步，稀土抛光粉以取代传统抛光粉的趋势迅速发展起来。

与传统抛光粉氧化铁“红粉”相比，稀土抛光粉具有粒度均匀、硬度适中、抛光效率高、抛光质量好、光洁度高、使用寿命长以及清洁环保等优点，例如用氧化铈抛光粉抛光透镜 1 min 完成的工作量，若用氧化铁“红粉”抛光粉则需要 30～60 min。

随着稀土工业的发展，铈基稀土抛光粉作为抛光材料以其粒度均匀、硬度适中、切削力强、抛光时间短、抛光精度高、使用寿命长以及操作环境清洁环保等优点，成为玻璃抛光材料的首选，目前已完全替代了氧化铁抛光粉，并广泛应用于玻璃表面的冷加工，以及平板玻璃、阴极射线管、电视/计算机/平板显示器用电子玻璃、玻壳、液晶玻璃基板、触摸屏玻璃盖板、硅片、磁盘玻璃基片、眼镜片、光学玻璃、光学元件(透镜、棱镜、照相机和摄影机镜头)、宝石、水晶、装饰品等的抛光。稀土抛光粉在工业发达国家的稀土用量中占有很高的比例，其产量和用量的大小反映一个国家科技发展的程度和水平。

国外很早就开始生产稀土抛光粉，20 世纪 90 年代已形成各种标准化、系列化的产品达 30 多种牌号。

我国从 20 世纪 50 年代末开始研究稀土抛光粉，分别在以混合稀土、氟碳铈矿和氧化铈为原料生产各种规格的抛光粉等方面取得了一些进展，为国内稀土抛光粉的生产与应用奠定了基础。 20 世纪 60 年代，国内广泛地开展稀土抛光粉制备工艺和性能的相关研究。中国科学院长春应用化学研究所于 1963 年开始研制稀土抛光粉。上海跃龙化工厂在 1968 年研制出了第一批稀土抛光粉，到 70 年代，又开发了一些添加氟、硅等元素的产品。西北光学仪器厂、云南光学仪器厂相继采用独居石等为原料，研制成不同类型的稀土抛光粉。北京有色金属研究总院、北京工业学院等单位于 1976 年研制并推广了 739 型稀土抛光粉，1977 年又研制成功了 771 型稀土抛光粉。甘肃稀土公司在 1976 年引进了北京有色金属研究总院的 739 型精密光学镜头抛光用稀土抛光粉工艺，1979 年自主研制出第一代工业批量生产的稀土抛光粉——797 型抛光粉，并建成了与咸阳彩虹集团相配套的国内第一家稀土抛光粉生产车间。

1980 年以前，我国的稀土抛光粉仅有几个品种，且规格不多。80 年代研制出用于 CRT 彩电的抛光粉，1990 年以来由于国内外用户对我国稀土抛光粉的要求不断提高，促进了我国产品品种的发展和质量的提高，进入 21 世纪后，引入光学平面高精度抛光，2005 年以后手机屏幕和液晶显示类抛光进入市场，成为目前行业最大的应用领域。2015 年，国内针对高性能稀土抛光材料，将建成高档稀土抛光液生产线，满足硅片及集成电路芯片、计算机硬盘、液晶显示屏、宝石、光学玻璃等特殊抛光要求，扭转我国相关产品依赖国外进口的不利局面。

近年来，为了满足国内外市场需求，我国生产的稀土抛光粉品种有三大级别（高、中、低铈基稀土抛光粉），11 种牌号 ，18 个规格。但与国外相比仍有差距，国外已能生产出 30 多种牌号，50 多个规格的稀土抛光粉产品，且抛光的针对性强，粒度分布均匀。

目前，我国有稀土抛光粉厂几十家，其中生产规模达到上百吨的有数十家。最大的是中外合资包头天骄清美稀土抛光粉有限公司，年生产能力为 5000 吨。但与国外相比仍有较大差距，主要是稀土抛光粉的产品质量不稳定，未能达到标准化、系列化，还不能完全满足各种工业领域的抛光要求。

总的来看，无论在生产技术上还是应用上，国内中低档抛光粉生产比较成熟，而在较高档次抛光粉的生产工艺与设备方面与国外相比有较大差距，在光学镜头以及其他精密器件上使用的抛光粉还需大量进口。

国内年产 500 吨以上抛光粉的主要生产厂家见表 1-2。

表 1-2　国内年产 500 吨以上抛光粉的主要生产厂家

序号	省份	公司名称
1	内蒙古	包头天骄清美稀土抛光粉有限公司
2		包头市新源稀土高新材料有限公司
3		包头市启通稀土有限公司
4		包头索尔维稀土有限公司
5		包头市华星稀土科技有限责任公司
6		包头市佳鑫纳米材料有限公司
7		包头市华辰稀土材料有限公司
8		包头市志仁抛光材料有限公司
9		包头市金蒙研磨材料有限责任公司
10		包头海亮科技有限责任公司
11		包钢和发稀土有限公司
12		包头物华特种材料有限公司
13		包头新世纪稀土抛光粉有限公司
14		内蒙古威能金属化工有限公司
15		呼和浩特市同达新材料有限责任公司
16		乌拉特前旗天盛稀土高新材料有限责任公司

续表

序号	省份	公司名称
17	甘肃	甘肃稀土集团有限责任公司
18		甘肃金阳高科技材料有限公司
19		甘肃兰州德宝新材料有限公司
20		甘肃联合新稀土材料有限公司
21	山东	淄博包钢灵芝稀土高科技股份有限公司
22		淄博华彩工贸有限公司
23		淄博市临淄鑫方园化工有限公司
24		蓬莱市稀土材料有限公司
25		泰安麦丰新材料科技有限公司
26		淄博山外山抛光材料有限公司
27	上海及江苏	上海界龙精细研磨材料有限公司
28		苏州市苏铁光学磨料厂
29		上海华明高纳稀土新材料有限公司
30		德米特(苏州)电子环保材料有限公司
31	河南	安阳鑫隆新材料公司
32		安阳方圆研磨材料有限责任公司
33	湖南	湖南皓志新材料有限公司
34	陕西	西安西光精细化工有限公司
35		西安迈克森新材料有限公司
36	四川	四川省乐山锐丰冶金有限公司
37	江西	赣州同联稀土新材料有限公司
38	黑龙江	哈尔滨华云稀土工业有限公司
39	台湾	台湾清美塞吉公司

全球的稀土抛光粉生产总量约为2万~3万吨，生产厂家主要有四种类型：光学辅料公司、磨料磨具公司、稀土冶金公司、化工材料公司。其中，光学辅料公司的生产量最小，约占10%；磨料磨具行业生产量最大，约占50%；稀土行业和化工行业各生产约30%。我国的稀土抛光粉的生产量和应用量大抵相等，生产能力2万吨以上，其中国内自用80%，出口20%。表1-3列出国外稀土抛光粉主要生产厂家。

表 1-3　国外稀土抛光粉主要生产厂家[5]

国家	生产厂(公司)
日本	三井矿冶冶金公司 清美化学工业公司(朝日玻璃的子公司) 新日本金属化学公司 东北金属化学公司(昭和电工的子公司)
韩国	戴伯克新材料公司
俄罗斯	切列特兹机械厂
法国	索尔维电子与催化材料公司
英国	光学表面技术公司
美国	W. R.格雷斯·戴维森分公司 费罗公司

近年来，铈基稀土抛光粉被用于各种电子器件的高精度的表面抛光，特别是光盘和磁盘用玻璃基板，活动矩阵(active matrix)型 LCD(液晶显示器)、液晶电视用滤色片、时钟电子计算器、照相机用 LCD、太阳能电池等的显示用玻璃基板，大规模集成电路(LSI)光掩膜玻璃基板，以及光学透镜等的玻璃基板和光学用透镜等。随着小型化和高密度化的发展，对于基板等的抛光精度要求更高，因此，稀土抛光粉也将获得更广泛的应用。随着液晶显示器产业的兴起与不断壮大，高性能液晶抛光粉已得到快速发展，未来稀土抛光粉消费量将保持持续增长态势。

1.2.2　稀土抛光粉的分类

稀土抛光粉可按多种方式分类，如按氧化铈含量、颗粒尺寸、添加剂品种、所用原料以及应用对象等方式分类。最常见的是根据氧化铈含量的不同，稀土抛光粉可分为高铈(>90%)、中铈(70%~90%)和低铈(~50%)三类，以及根据颗粒尺寸的不同将稀土抛光粉产品分为微米级、亚微米级、纳米级三类。生产中也有按颜色分为白色、黄色、红色稀土抛光粉等。

1. *以稀土抛光粉中 CeO_2 含量来划分*

在稀土抛光粉中氧化铈是最重要的成分，氧化铈之所以是极有效的抛光用化合物，是因为它能用化学分解和机械摩擦两种形式同时抛光玻璃。氧化铈与其他抛光材料(如 TiO_2、Al_2O_3、“红粉”等)相比，具有以下特殊性质[4-7]：

1)质地柔软(莫氏硬度约 7.0)，抛光过程中对材料表面的划痕较小。

2)较强的化学活性，以及可制成较高的氧化物/氮化物抛光选择比。

3)绝大多数高活性抛光材料为 Lewis 酸，而 CeO_2 在碱性抛光条件下呈两性，能同时吸附阴、阳离子。

4)抛光速率的可操作性强，当材料表面不平整时有较高的抛光速率，待表面平整后，在添加剂的作用下，抛光速率相对下降，甚至出现“自停止”(self-stop)。

5) 稀土抛光粉可以提高玻璃的抛光质量和能力，白粉(CeO_2)的抛光能力为黄粉(混合稀土氧化物)的 1.6 倍，是“红粉”(α-Fe_2O_3)的 2.8 倍。用稀土抛光剂抛光后的玻璃具有良好的光泽。

6) 稀土抛光粉的抛光性能可调，随二氧化铈的含量高低而变化，在一定的组成下，抛光能力的大小与抛光粉的物理化学性质(如颗粒形状、粒度大小及均匀程度，合适的晶格结构、化学活性、杂质含量等)有关。改善稀土抛光粉的质量，即可改变氧化铈的品位，又可在制备过程中选用合适的中间体及合理的工艺流程来达到。

7) 操作环境清洁，对环境污染小，不但具有最佳的抛光能力，而且用过的稀土抛光材料仍可多次循环使用。

基于上述特点，稀土抛光粉在光学玻璃、集成电路基板、精密阀门、液晶显示器、手机面板等领域的抛光中获得广泛应用，并开展了大量的研究。

按氧化铈含量分类是最常见的分类方法。早期分为高铈和低铈两大类，而现在一般分为高铈、中铈(有时也称为富铈)、低铈三类，但在分类时所规定的氧化铈含量范围不同，缺乏统一的界限标准，也并不十分严格。

商业上稀土抛光粉的种类繁多，有各种牌号。根据其 CeO_2 含量的高低，早期将铈基抛光粉分为高铈和低铈两大类：一类是 CeO_2 含量高的价高质优的高铈抛光粉，一般 CeO_2/TREO≥90%，也称为纯铈抛光粉；另一类是 CeO_2 含量低的廉价的低铈抛光粉，其铈含量在 50%左右或者低于 50%，其余由 La_2O_3，Nd_2O_3，Pr_6O_{11} 等组成。而将介于两者之间的称为中铈抛光粉(或称为富铈抛光粉)，故现在一般分为高、中、低三类。就这些稀土抛光粉的成分而言，都不是很纯，均含有其他杂质。铈基抛光粉中掺杂的原因很多，如原料廉价、制作简单、降低成本和改善抛光性能等。

高铈抛光粉的氧化铈品位高，抛光能力强，抛光效果好，使用寿命长，特别是适用于硬质玻璃长时间循环抛光。石英玻璃和光学镜头抛光时以使用高品位的铈抛光粉为宜，但价格也相对较高。纯氧化铈抛光粉的 CeO_2/TREO≥ 99%，外观颜色根据颗粒粗细为黄或淡黄色，此类抛光粉多数不含氟。

低铈抛光粉一般含有 50%左右的 CeO_2，其余 50%主要为稀土化合物如 $La_2O_3·SO_3$，$Nd_2O_3·SO_3$，$Pr_6O_{11}·SO_3$ 等碱性无水硫酸盐或 LaOF、NdOF、PrOF 等碱性氟化物。此类抛光粉与高铈抛光粉相比抛光能力较弱，抛光效果较差，使用寿命难免较低，但其特点是成本低，制备简单甚至可由稀土矿机械粉碎制得，由于初始抛光能力与高铈抛光粉相比几乎没有两样，因而广泛用于平板玻璃、显像管玻璃、球面镜片等的玻璃抛光。镧铈抛光粉 CeO_2/TREO=65%±2%，颜色为白色，

少钕稀土抛光粉 CeO_2/TREO＞58%，颜色为偏红色。它们适用于双面研磨、单面研磨，应用于光学、液晶显示类抛光。

中铈抛光粉中氧化铈的含量介于高铈和低铈两者之间，但划分上并不十分严格。有时将 CeO_2 含量大于 90%称为高铈抛光粉，含有 50%左右 CeO_2 的称为低铈抛光粉，这样中铈抛光粉的范围就比较宽，有时也结合稀土富集物中铈的含量来确定。富铈抛光粉 CeO_2/TREO=70%~90%，外观多为白色。若掺少量的镨，将显示出微红的颜色。

按 CeO_2 含量分类有时也极不规范，如商业上常用的低铈抛光粉中氧化铈占稀土氧化物总量的 55%~80%，而在电子工业往往用的高铈抛光粉中氧化铈占 80%~100%。

镨钕刚玉稀土抛光粉是我国 20 世纪 70 年代初试制成功的磨料，这种磨料在磨削某些材料方面具有独特的性能，用镨钕刚玉制成的砂轮，对碳素结构钢、合金结构钢、高速钢、超硬钢和不锈钢等材料的工件进行磨削时，镨钕刚玉磨料具有抛光速率快、不易粘金属屑等优异的磨削性能，而且镨钕刚玉生产工艺简单而无毒，采用常用的结合剂和工艺即可制造磨具，容易投产，便于推广[2]。

镨钕刚玉用成分为 CeO_2 2%~3%，La_2O_3＞10%，Pr、Nd 氧化物＞70%的混合稀土氧化物制成。与白刚玉相比，镨钕刚玉的耐用度和效率提高了 30%~100%，光洁度亦有提高，砂轮寿命约延长 1 倍。

2. 以稀土抛光粉的粒度大小来划分

稀土抛光粉的粒度及粒度分布对抛光粉性能有重要影响。优质抛光粉一般有较窄的粒度分布，太细和太粗的颗粒很少，无大颗粒的抛光粉能抛光出高质量的表面，而细颗粒少的抛光粉能提高磨削速率。

对于确定组分和加工工艺的抛光粉，平均颗粒尺寸越大，则玻璃磨削速率和表面粗糙度越大。在大多数情况下，颗粒尺寸约为 4 μm 的抛光粉磨削速率最大。相反地，如果抛光粉颗粒平均粒度较小，则磨削量减少，磨削速率降低，但玻璃表面的平整度提高。

稀土抛光粉生产技术属于微粉工程技术，稀土抛光粉属于超细粉体，国际上一般将超细粉体分为三种：纳米级(1～100 nm)、亚微米级(100 nm～1 μm)和微米级(1～100 μm)，根据稀土抛光粉的粒度大小和粒度分布分类方法，稀土抛光粉也可以分为纳米级稀土抛光粉、亚微米级稀土抛光粉及微米级稀土抛光粉三类。通常使用的稀土抛光粉一般为微米级，其粒度分布在 1～10 μm 之间，综合抛光速率和抛光效果，颗粒尺寸为 4~6 μm 抛光效果最佳。根据稀土抛光粉的物理化学性质，一般将其使用在玻璃抛光的最后工序，进行精磨，因此其粒度分布一般不大于 10 μm，粒度大于 10 μm 的抛光粉(含稀土抛光粉)大多用在玻璃加工初期的粗磨。小于 1 μm 的亚微米级稀土抛光粉已在精密光学镜头和电子器件抛光等领域得到越来越广泛的应用。由于在液晶显示器与光盘领域的应用迅速发展，亚微米级抛光粉日益受到人们重视。

随着电子技术的不断更新，大容量超小体积的半导体器件精密抛光将需要纳米级的高性能抛光粉。目前，纳米级稀土抛光粉的应用已有不少报道，其应用前景不可预测，但目前其市场份额还很小，属于研发阶段。

3. 其他划分方式

稀土抛光粉也可以根据其添加剂种类、原料及应用对象等来划分，如含氟稀土抛光粉、无氟稀土抛光粉、光学玻璃抛光粉等。

通常用于玻璃抛光的稀土抛光粉的稀土含量为 90%左右，其中 45%~90%可能是氧化铈。一般来说，铈的含量越多，抛光越快。含有别的氧化物和杂质的抛光粉，尽管价格便宜，但抛光速率不如氧化铈。表 1-4 给出了日本使用的某些氧化铈抛光粉的典型成分。

表 1-4　日本某些氧化铈抛光粉的化学成分[6]

抛光粉	原料	稀土含量/%	稀土中氧化铈含量/%	SO_2/%	F/%	应用
含硫酸的低 CeO_2 抛光粉	氯化稀土	90	50	6~8	—	平板玻璃 显像管
含硫酸的高 CeO_2 抛光粉	氯化稀土	98	80	0~1.5	—	光学玻璃 石英玻璃
含氟的低 CeO_2 抛光粉	氟碳铈矿	87	50	—	4~7	显像管 普通光学玻璃
含氟的高 CeO_2 抛光粉	氟碳铈矿	90	70~90	—	0.5~4.0	光学玻璃 石英玻璃

选择抛光粉主要考虑抛光速率和所要求的抛光质量。含 CeO_2 为 70%~80%的优质铈基抛光粉用于光学玻璃和石英玻璃抛光十分有效，这种抛光粉可通过灼烧氢氧化铈制成，是目前抛光速率最快的玻璃抛光粉之一。

尽管高纯氧化铈抛光粉比氧化锆、红铁粉、白铁粉等抛光粉昂贵，但是它的抛光效率相当高，与氧化锆抛光粉相比，具有用量少、速度快、抛光质量高的优点。此外，用氧化锆抛光粉抛光，在罐内和管内会形成一层坚硬的沉淀物，使用铈基抛光粉虽然也产生沉淀物质，但质软，容易搅拌起来。氧化铁是一种有效的抛光粉，但与稀土抛光粉比较抛光能力明显存在差距，例如，用高纯氧化铈抛光粉抛光球面镜片，在 1 分钟内就能完成，而用氧化铁抛光粉则需要 30~60 分钟。同时它有不可恢复的污染点，因而不是一种理想的玻璃抛光粉。

按应用对象来划分，包括光学玻璃用抛光粉、显像管用抛光粉、高性能液晶抛光粉、TFT 抛光粉等。

1.2.3　稀土抛光粉的应用

铈基稀土抛光粉优良的化学与物理性能，使其在工业制品抛光中获得了广泛的应用，如已在各种光学玻璃器件、电视机显像管、光学球面镜片、示波管、平板玻璃、半导体晶片、金属精密制品及某些宝石等的抛光中应用。

铈基抛光粉性能不仅与其纯度、组成有关，也与粉体的粒度、分散性以及形貌等有关，它们都对抛光粉的应用具有重大的影响。

不同类型的抛光对抛光粉的要求不尽相同，如 CRT 抛光、光学玻璃抛光等对抛光精度要求较低，使用的抛光粉一般含铈量低，多由精矿或铈的化合物经过研磨、粉碎、分级制得，化学步骤较少。对一些高精密光学镜头抛光、微电子集成电路玻璃基板抛光、晶体抛光等，一般采用含铈量高的抛光粉，同时抛光粉的粒度小、分散均匀、颗粒呈球形，为减小对被抛光物的腐蚀，抛光粉一般杂质含量较低，如在激光晶体的抛光过程中甚至采用高纯稀土抛光粉。随着液晶显示的发展，液晶显示屏抛光对抛光粉的要求也较为苛刻，液晶显示基板较薄，材质较软，在抛光过程中使用聚氨酯抛光膜进行高速抛光，要求抛光粉既具有高的切削力，又不能造成抛光面产生划痕，有较高的平整度和光洁度，抛光粉应具有很窄的粒度分布范围，而且硬度适宜，形状为规则的球形，并且要有低的化学腐蚀性。

铈基抛光粉适合范围很广，从平板玻璃、阴极射线管到眼镜、精密光学仪器、照相机镜头和光掩膜。氧化铈还用于抛光金属眼镜框架，金属眼镜框架在用贵金属镀层之前，需要在抛光膏里加入少量的氧化铈对其抛光。由于消费者对眼镜的外观要求越来越高，欧洲主要的眼镜制造商在抛光膏里添加稀土抛光粉用以抛光生产高质量眼镜架。

高铈稀土抛光粉主要适用于精密光学镜头的高速抛光。实践表明，该抛光粉的性能优良，抛光效果较好，由于价格较高，国内的使用量较少。

中铈稀土抛光粉主要适用于光学仪器的中等精度中小球面镜头的高速抛光。该抛光粉与高铈粉比较，可使抛光粉的液体浓度降低 11%，抛光速率提高 35%，制品的光洁度可提高一级，抛光粉的使用寿命可提高 30%。目前国内这种抛光粉的用量尚少，有待今后继续开发应用。

低铈稀土抛光粉，如 771 型适用于光学眼镜片及金属制品的高速抛光；797 型和 C-1 型适用于电视机显像管、眼镜片和平板玻璃等的抛光；H-500 型和 877 型适用于电视机显像管的抛光。此外，低铈抛光粉还用于对光学仪器，摄像机和照相机镜头等的抛光，这类抛光粉国内用量最多，约占国内总用量的 85%以上。

目前，国内铈基稀土抛光粉的年消费万余吨，其中作为玻璃抛光粉用的 CeO_2

约占总量的一半以上。

1. 铈基抛光粉主要应用领域

(1) 水晶、水钻等玻璃饰品行业

水钻是小的装饰品，加工方法是在振动磨中加入水、抛光粉、小的玻璃钻，然后靠振动电机抛光发亮，一般的抛光粉都可以使用。水晶挂件指大的吊灯上的玻璃挂件，是将抛光粉和不饱和树脂固化做成磨盘，然后机器快速磨削各个面，达到抛光的目的。它要求抛光粉有一定的吸油值和颗粒度，能快速磨光，且不能有太大划伤。目前比较盛行的抛光粉是以氯化铈+0.5%氯化镨为原料，经沉淀、灼烧、粉碎等工序制得。它的用量很大，对抛光粉和抛光的要求都一般，达到目视无划伤就可以。

(2) 平板玻璃抛光

对于平板玻璃抛光，由于抛光面积大，抛光速率小(约 100 r/min)，抛光粉用量较大，且对抛光质量要求不高，适于此类的抛光粉一般为低铈或中铈抛光粉(CeO_2 含量在 40%~70%)。

平板玻璃抛光以往大量消耗稀土抛光粉，但自 20 世纪 70 年代初采用皮尔金顿(Pilkington)浮法工艺以来，因为浮法工艺生产的平板玻璃不需要抛光，抛光粉的用量减少，由此，平板玻璃抛光粉市场份额大大减小。在西欧只有成吨生产的嵌丝平板玻璃才需要抛光。

(3) 阴极射线管玻璃抛光

稀土抛光粉曾经大量用于阴极射线管玻璃抛光，日本是主要的消费国，研磨剂大约占日本氧化铈消费量的一半，日本是氧化铈的主要市场，因为它曾是世界上最大的光学玻璃和彩电阴极射线管制造国。在日本，彩电阴极射线管一直是铈基抛光粉的最大市场。

20 世纪 90 年代以来，日本将其阴极射线管用抛光粉的生产技术和设备向海外转移。例如，日本清美化学 1989 年在我国台湾建立了一家独资企业，开始在海外生产阴极射线管用铈基抛光粉，1990 年投入生产，目前的生产能力为每年 1000 吨。1997 年又与包头钢铁公司合资在包头建立了一家专门生产彩电阴极射线管、电子管和平板玻璃抛光用抛光粉的企业，设计能力为每年 1200 吨，所用原料为高品位氟碳铈矿和富铈碳酸稀土。随着平面显示产品产量迅速增加，对铈基抛光粉的需求量也迅速增加。

阴极射线显示器玻璃抛光的抛光粉消费量曾经达到 5000~6000 吨。在美国抛光一个电视荧光屏需用 10~12 g 氧化铈。

近年来，由于液晶显示的迅猛发展，阴极射线管用量日趋减少，同时研制成更有效的抛光设备而使阴极射线管用抛光粉消费量进一步下降。

(4) 光学玻璃元件抛光

光学玻璃包括眼镜片，用于照相机、照排机、复印机、望远镜、显微镜、分析仪器及半导体装置等用的精密透镜，主要光学玻璃部件是镜片和照相机透镜。光学玻璃用的抛光粉含90%REO，其中照相机透镜和棱镜的抛光是一个大而稳定的市场。尽管单透镜反射式照相机的市场需求在下降，但录像机和数字照相机的需求不断增加，因而抛光粉市场的需求仍保持稳定。光学玻璃抛光用的铈基抛光粉日本市场比美国和欧洲市场大。

20世纪80年代由于塑料镜片不断取代玻璃镜片，用于眼镜片的抛光粉的氧化铈市场逐渐在萎缩。20世纪90年代中期，由于压膜玻璃毛坯表面精整技术的不断发展以及塑料眼镜片的使用，眼镜片抛光用的抛光粉用量逐渐减小。从目前看，塑料镜片和玻璃镜片相比有两个缺点：一是易被划伤；二是不能变色。由于在眼镜片方面用量的减少，从长远来看，铈基抛光粉的用量呈下降趋势，但眼镜片抛光仍会占有一定的市场份额。

对于精密光学镜头的抛光，抛光面积小、抛光速率较快，而且抛光精度要求高，对抛光粉的要求苛刻。一般需要的抛光粉是含铈量高，粒度细而分布均匀，硬度大，分散性好。

光学冷加工、低抛、球面、非球面是传统光学元件的抛光，要求粉颗粒大，铈含量偏高，以草酸焙烧后得到的氧化铈比较好。

光学器件用光学玻璃抛光消费的CeO_2估计每年约为750吨。每片玻璃眼镜片平均使用2 g抛光粉，故玻璃眼镜片抛光每年消费稀土抛光粉约为250吨。

(5) 手机盖板玻璃抛光

手机盖板玻璃是在屏外面的保护显示屏，它需要高精度平面抛光。以前用比较厚的玻璃，所以有减薄工序，现在玻璃制造水平提高，只需简单的切割平面修复，抛光粉用量减少很多。平面高精度抛光要求划伤少，其检测标准就相对要高。要在洁净台上用100 W日光灯或者在强光灯下检测，产品分为3、2、1等级品。

(6) 液晶显示器用稀土抛光粉

近年来，液晶显示发展较快，所用抛光粉也迅速增长。例如日本的新日本金属化学公司有意从事用于液晶显示用高性能抛光粉的生产，东北金属化学公司计划专门从事光学镜头和液晶显示屏用抛光粉的生产，昭和电工也计划投资扩大其铈基抛光粉的生产能力，以满足电器设备和半导体装置等市场的需求。

液晶显示器用稀土抛光粉2007年的使用量约为5800吨。估计日本在液晶显示用平面显示器生产上消费的抛光粉约占其市场的50%。

液晶显示器 ITO 显示屏用的玻璃比较软，对划伤要求很严格，用单面抛光机抛光。检测标准也相对高，用 30 万 lx 的灯源检测。

薄膜晶体管(thin film transistor，TFT)玻璃抛光也是单面抛光，分成用氢氟酸减薄前后抛光两道工序，主要目的是去除基板表面的斑痕，对划伤要求标准不一样。

(7) 晶体抛光

根据抛光的晶体材质和操作条件不同，往往选择不同种类的稀土抛光粉。目前，由于铈基抛光粉的抛光强度和抛光性能明显优于其他类抛光粉，大部分晶体抛光都选用铈基抛光粉。

(8) 电子和计算机元件抛光

20 世纪 90 年代末，氧化铈被用于电子元件特别是多层集成电路界面的抛光，而纳米氧化铈生产工艺的研制成功则是其向该领域推广的关键，发展前景不可估量。1998~2000 年间由于开发出电子工业用的高纯稀土抛光粉，稀土抛光粉消费趋势开始好转。

用于抛光电子和计算机元件的铈基抛光粉目前尽管用量比较少，但需求增长率最高。铈基抛光粉在电子和计算机元件抛光中的应用是基于如下需求：①化学成分上与玻璃类似的许多电子元件表面需要高质量的抛光；②正在开发多层集成电路，它的中间层表面必须抛光；③机械-化学抛光的开发。采用机械-化学抛光的元件包括玻璃存储硬盘基片、液晶显示屏、中间绝缘层表面间隔离浅槽等。电子和计算机元件机械-化学抛光用的高品级抛光粉的开发和生产集中在日本。

电子器件的抛光，例如多层集成电路夹层的抛光、高密度玻璃存储光盘的抛光以及光掩膜抛光等，大都需要高质量的抛光粉，有时甚至需要颗粒到纳米级的超细氧化铈抛光粉。因此，分散好而且稳定的纳米抛光粉有一定的发展前景。

光掩膜是由特殊玻璃制成的，如硼硅酸盐玻璃，这种玻璃对研磨和抛光要求极高，并需在玻璃表面镀铬，然后在上面反向印制电路，就像照相底板一样，可用来在涂有感光树脂镀层的半导体线路上影印出电路。尽管在光掩膜、防弹玻璃、红外玻璃和医疗设备等特殊领域铈基抛光粉的用量少，但仍有需求。目前，光掩膜产品的增加使氧化铈抛光粉的市场有所增加。

纳米抛光技术的开发应用需要生产尺寸范围很窄的纳米颗粒。曾有人预测纳米氧化铈抛光粉需求量年增长率为 50%~100%。纳米氧化铈抛光粉正在增长的市场是在光掩膜生产中的应用。用纳米氧化铈抛光液抛光硅片，检测标准更严[11]。

(9) 聚氨酯抛光

随着高科技的发展，聚氨酯高速抛光被广泛地应用于光学玻璃制品、高科技领域和高精密功能性材料(光电信息材料、集成电路中的光掩膜、高密度记录磁盘玻璃基板等)的抛光中。为了达到高精密功能性材料所要求的条件，要求提供高质量的抛光粉供生产使用，故用于聚氨酯高速抛光的抛光粉得以较快的发展。

聚氨酯高速抛光粉分为固体抛光粉和悬浮液的液体抛光粉。很多聚氨酯抛光片中添加了氧化铈抛光粉，这些抛光粉的最大颗粒度决定最终的抛光精度。

当前，精密光学抛光正在改用聚氨酯垫片高速抛光，抛光转速达到每分钟几千转，抛光性能大大改善。在抛光强度增大的同时，抛光质量也得到提高。这对抛光粉的质量要求很高。要求抛光粉同时要满足三个条件：一是超细化；二是切削力强；三是悬浮性好。要同时满足这些条件比较困难，切削力强和超细化常常相互矛盾。目前，国产抛光粉还不能很好地满足这方面的要求，所需要的抛光粉依赖于国外产品。国内在生产超细抛光粉的方面研究较少。

聚氨酯材料是目前发展较快的高分子合成材料之一。聚氨酯的杨氏模量介于橡胶与塑料之间，具有耐磨、耐油、耐撕裂、耐化学腐蚀、耐射线辐射、黏合性好、吸振能力强、硬度可在很大范围内调节等优异性能，在许多领域获得广泛应用。但聚氨酯耐热形变性能较差，硬度、拉伸强度、模量等物理机械指标在抛光过程中将发生变化而影响应用价值。张玉玺等[12]的研究结果表明，超细氧化铈添加到聚氨酯产品中，添加比例对产品性能有着不同的影响，加入量为 1%时，综合性能最好。经热处理后，超细氧化铈加入量为 1%的聚氨酯的差热分析曲线显示，热熔温度可以从 78.92℃提高到 102.41℃，改性后的聚氨酯提高了耐热适用范围。

2015 年我国稀土抛光粉各消费领域估算用量见表 1-5。

表 1-5　2015 年国内稀土抛光粉市场估算用量

消费领域	年用量/吨
水晶、水钻饰品抛光	6000
手机盖板及保护屏幕抛光	10000
ITO 导电玻璃抛光	1000
精密光学玻璃抛光	500
其他	500
总计	18000

2. 国内外稀土抛光粉的产业现状

随着国内外电子信息产业的飞速发展，稀土抛光材料的应用领域也在不断变化，由传统的电视机显像管玻壳抛光、水钻抛光等向液晶显示器和精密光学仪器器件等高性能抛光领域转变。从发展趋势看，液晶显示领域和高档光学玻璃加工领域是稀土抛光材料应用的发展方向。高档抛光粉附加值高、利润大，而且与高速发展的高新科技领域密切相关，应用前景广阔。目前高性能稀土抛光材料的开发和生产主要集中在日本、韩国、美国等国家。

随着科技的发展，电子产品更新换代速度极快。稀土抛光材料应用产品包括液晶面板、硬盘玻璃盘基片、触摸屏玻璃盖板等不断发展。液晶面板由过去的扭曲向列(twisted nematic, TN)、超扭曲向列(super twisted nematic, STN)发展为 TFT，而且不论是应用于手机还是液晶电视上的液晶面板，其面积都是越来越大；玻璃盘基片应用于硬盘当中，如今硬盘存储量已经从原来的几十 GB 发展到现在的几百 GB 乃至 TB 级别；应用于数码相机的光学镜头也随着摄像要求的不断提升而对镜头的要求愈加严格。

目前，国外的稀土抛光粉生产厂家年生产能力为 200 吨以上者主要有几十家。其中，法国索尔维(原罗地亚)公司年生产能力为 2200 多吨，是目前世界上最大的稀土抛光粉生产厂家。美国的抛光粉年生产能力达 1500 吨以上。日本稀土抛光粉的生产在烧结设备和技术上均具特色。日本生产稀土抛光粉的原料采用氟碳铈矿、粗氯化铈和氯化稀土、少钕碳酸稀土、少钕氧化物等，但工艺各不相同。

在稀土抛光粉的消费中，日本是最大的消费者，每年约生产 3550～4000 吨抛光粉，产值 35 亿～40 亿日元，还从法国、美国和中国进口部分抛光粉。

表 1-6 列出国外部分国家生产的稀土抛光粉物理化学和使用特性。

表 1-6　国外部分国家生产的稀土抛光粉物理化学和使用特性[5]

国家	产品牌号	化学成分含量/%			相组成	粒度分布/%			抛光能力/(mg/30min)	应用领域
		REO	CeO_2	F		0~1 μm	1~10 μm	$>$10μm		
俄罗斯	Optipol	99	55	—	CeO_2+Ln_2O_3	16	78	6	45	各种光学玻璃
	Optipol-10	99	55	—	CeO_2+Ln_2O_3	17	77	6	50	各种光学玻璃
	Ftoropl	85~91	75~90	8~14	CeO_2+LnF_3+LnOF	18	77	5	60	各种光学玻璃
哈萨克斯坦	Optical Polint	98	53	—	CeO_2+Ln_2O_3	17	78	5	40	电视机屏幕、平面镜和透镜玻璃
爱沙尼亚	Polishing Powder PF	84~89	70~85	9~14	CeO_2+LnF_3+LnOF	47	43	10	45	电视机屏幕、平面镜和透镜玻璃
法国	Cerox1650	92	66	3	CeO_2+traces LnF_3+ LnOF	21	78	1	60	玻璃及精密光学
美国	Ce-rit4250	85	70	4	CeO_2+traces LnF_3+ LnOF	16	79	5	52	玻璃及精密光学
英国	Regipol England XTV	66~75	60~55	4.5	CeO_2+traces LnF_3+ LnOF	13	85	2	46	电视屏幕玻璃及精密光学
	800	66~75	60~55	8	CeO_2+LnF_3+LnOF	21	79	0	44	
	950	66~75	60~55	7.5	CeO_2+LnF_3+LnOF	38	62	0	44	
	970	66~75	60~55	8	CeO_2+LnF_3+LnOF	40	60	0	48	
	Max Eyes	66~75	60~55	8	CeO_2+LnF_3+LnOF	25	75	0	44	

表 1-7 列出国内部分稀土抛光粉主要型号与物理化学性能。

表 1-7　我国生产的部分稀土抛光粉主要型号与物理化学性能

型号	TREO/%	(CeO_2/TREO)/%	F/%	SO_4/%	平均粒度/μm	真比重/(g/cm^3)	灼减/%	使用原料
H-500	≥93	≥56	4~6.5	≤1	1.5~2.5	6~7	≤3	少钕碳酸稀土
H-502	≥93	≥56	4~7		1.5~4.5	6~7	≤3	
TE-500	≥93	≥56	4~6.5	≤1	1.5~2.3	6~7	≤3	
TE-506	≥93	≥56	4~6.5	≤1	1.3~1.9	6~7	≤3	
TE-508	≥93	≥56	4~6.5	≤1	1.3~2.0	6.5~7.05	2	
711	≥90	>45%			1~3	6.4~6.7		酸法制得的氯化稀土
739	≥90	≥80	4~8		0.4~1.3	6.3~7.3	2	酸法制得的氯化稀土
771	82	48		15	0.7~3	5.8~7.0	2	
791	≥85%	>45%			<10	5~7		酸法制得的氯化稀土
795	90	50	—	—	—	5.8~6.4		
787	88	48	4~7	—	0.5~1.5	5.6~		
797-2	88	48			< 0.8	5~7	2	
797-3	88	48	4~6		0.5~1.5	5~7	2	
877	84	48	4~8		0.5~2	6.5	2	
高铈粉	99	99		5~9	1~6	6.5~8.0	2	
A-8	98	99	—	—	—	6.5~7.0		
729	90	80~85	3~6	—	0.5~1.3	6.5~7.1		
795	90	50	3~6			5.8~6.4	2	
815	90	45	6~7			5.8~6.4	2	
817	90	45	3~6	—	—	5.8~6.4		
877	84	48	6~8	—	0.5~2.0	6.5~7.0		
BT-12	80	50	—	—	2~10	5.8~6.4		
C-1	85	45	4~7	—	—	6.5~7.0		

稀土抛光材料广泛应用于光学玻璃、液晶玻璃基板、触摸屏玻璃盖板等各种产品中。近年来，随着我国人民的物质生活水平不断提高，对电子产品的消费量也呈现出持续攀升的态势，稀土抛光材料作为各种电子产品生产过程中不可或缺的辅料，具有广阔的市场前景和成长空间。中国是世界上最大的抛光粉生产基地，也是全球最大的稀土抛光粉消费国。

我国稀土抛光材料生产企业中，传统工艺生产抛光材料的企业居多，而生产高性能稀土抛光材料的企业不多。我国生产的稀土抛光材料低档次较多，在较高档次的稀土抛光材料生产上与国外相比仍有很大差距，在要求较高的器件抛光上仍依赖进口稀土抛光材料，目前虽有几家生产高性能稀土抛光材料，但仍不能满足国内市场的需求。因此，加速高性能稀土抛光材料产业化是当前十分迫切的任务。高性能稀土抛光材料具有较高的附加值，且与高速发展的精密光学和信息电子等高新技术领域密切相关，如果能形成一定的规模，将在国际市场上具有较强的竞争力。

由于成分的不同及制备工艺的差异，各类型的稀土抛光材料分别适用于不同的产品。随着近年来各类电子产品的更新换代，对抛光材料的质量要求也不断提升，高端抛光材料的市场需求日益增加。

因此，对于我国企业而言，提高稀土抛光材料的性能和质量成为首要发展方向。今后将通过科技攻关及生产工艺的改进，加快技术设备的创新，提高生产水平；加速产品标准化和系列化的进程；增加新品种，提高产品质量，努力提高产品出口量，提高国际市场竞争力。

1.3　稀土抛光粉生产的主要工艺流程

生产稀土抛光粉的原材料有很多种，不同原料对应不同的制备工艺。氧化铈用于抛光粉时，其晶型、硬度、粒度分布、添加剂等有时比纯度更重要，因此必须严格控制抛光粉的制作工艺条件。

从制备工艺来看，可以分为两大类：一是稀土固体原料焙烧法，如用内蒙古包头混合型稀土精矿，山东微山和四川冕宁的氟碳铈矿精矿直接焙烧；二是以稀土可溶性盐为原料的沉淀-焙烧法，如以稀土可溶性盐为原料，先制成溶液，再用碳酸盐、稀土氢氧化物、草酸盐等沉淀，经洗涤、过滤、干燥后制备成各种前驱体化合物，然后对前驱体化合物进行焙烧后得到稀土抛光粉产品。

以氯化稀土为原料都采用沉淀-焙烧法制备稀土抛光粉，由于原料中成分不同，可制取不同档次的稀土抛光粉。其大致过程为：首先把氯化稀土溶解成溶液，然后加入沉淀剂沉淀，经洗涤、过滤、干燥后制备成各种前驱体化合物(即各种稀土化合物)。对前驱体化合物进行焙烧后，形成稳定的氧化物，再经破碎、分级等工序制备各种抛光粉产品。尽管该方法较为复杂，工艺较难控制，但制备的稀土抛光粉成分均一，颗粒大小及晶型一致性好。产品常用于光学玻璃、光掩膜和液晶显示器等的抛光。选择不同的沉淀剂可制备出不同的前驱体化合物。

1.3.1　低铈稀土抛光粉的制备

低铈抛光粉中 $CeO_2/REO\approx50\%$，成本比高铈抛光粉低，但初始抛光能力与高铈抛光粉几乎相同，只是抛光粉使用寿命短。

低铈抛光粉大致分为“氟碳铈矿”系列和“氯化稀土”系列两类，以及近年来也有采用少钕碳酸稀土生产的稀土抛光粉。

1. 稀土矿或富集物经过焙烧后直接制备低铈抛光粉

以包头、冕宁或微山等地氟碳铈矿的高品位稀土精矿为原料(REO≥60%，CeO_2≥48%)直接用化学和物理的方法加工处理，经过磨细、筛分及焙烧等步骤制备稀土抛光粉，其主要工艺流程为：

氟碳铈矿或富集物→干法细磨→配料→混粉→焙烧→磨细筛分→包装→低铈稀土抛光粉产品

如以四川氟碳铈矿为原料的生产工艺，由于成本低，在价格上比以包头稀土精矿或氯化稀土为原料的产品更有优势，但其产品档次低。

氟碳铈矿通过化学处理—焙烧等手段也可直接制取抛光粉，此时要求较纯精矿，一般采用 70%REO 的精矿。

氟碳铈精矿直接焙烧法是以氟碳铈精矿为原料，经粉碎、焙烧、分级等工序制备出低铈抛光粉。该工艺过程简单、操作较容易、投资较少、原料价廉、成本较低。但存在很多缺点：①精矿中的稀土组成波动较大，以致产品中的铈含量不稳定，其产品质量也随之变动；②稀土精矿中常含有钍和铀等放射性元素，选矿过程中未去除，工艺中又无除钍过程，放射性元素被带入到产品中，在生产和使用中带来污染，将危害人体健康和环境；③稀土精矿中还含有 Ca、Ba、Sr、Na、Al、Fe、Si 等杂质元素。含碱土金属和碱金属的原料在焙烧过程中，由于局部过热阻碍正常的烧结过程，导致过热部分抛光粉抛光能力低下，降低产品质量。由于上述缺点的存在，该工艺生产出的产品档次较低，应用范围较窄，已逐渐被其他产品所取代。

程耀庚等[13] 研究了以山东微山氟碳铈矿为原料，经焙烧(焙烧温度为 900℃，焙烧时间为 3 h)、分级、过滤、烘干工序制取稀土抛光粉(CeO_2含量在 45%左右)，并观察到此工艺中添加碳酸钠焙烧，能使抛光粉的抛光能力提高，而经稀盐酸处理后再加碳酸钠焙烧，制备的稀土抛光粉能力降低，若在焙烧后直接进行水淬处理，抛光粉的抛光能力比未经水淬处理的抛光粉有所下降，而在冷却到 300℃后再进行水淬处理则能提高抛光能力。

用氟碳铈精矿制备稀土抛光粉可直接焙烧精矿，最后进行分级就可以得到稀土抛光粉，其主要化学反应方式如下：

$$REFCO_3 \xrightarrow{\triangle} REOF + CO_2\uparrow$$

$$2\,REOF + H_2O \xrightarrow{\triangle} RE_2O_3 + 2HF\uparrow$$

$$REF_3 + H_2O \xrightarrow{\triangle} REOF + 2HF\uparrow$$

生产中在焙烧之后常常经过细磨才能达到所需粒度要求。为了除去 Ca、Fe 等杂质，在焙烧前有时需要酸浸。酸浸后加入 H_2SiF_6 或$(NH_4)_2SO_4$能够明显改善抛光粉的切削能力。特别是添加$(NH_4)_2SO_4$能够大大改善抛光效果。其原因被认为是添加了$(NH_4)_2SO_4$后，高温焙烧使 CeO_2 晶格点阵畸变，形成活化的 CeO_2，活化的 CeO_2 与玻璃表面具有较强的亲和力，提高了抛光粉的化学活性。同时，$(NH_4)_2SO_4$的存在，促使 La 和 Nd 形成 $La_2O_2 \cdot SO_4$ 和 $Nd_2O_2 \cdot SO_4$，这些都具有立方晶型，能和 CeO_2 一起参与抛光。

该工艺过程简单，成本低，生产量大。产品的主要指标：REO≥95%, CeO_2≥48%，平均粒径为 1~10 μm，密度为 5~7 g/cm^3。生产的抛光粉根据粒度和硬度的不同适应多种形式的抛光。稀土回收率≥95%，产品粒度为 1.5～2.5 μm。该产品适用于眼镜片、电视机显像管的高速抛光。

王学正[14]以西南地区稀土精矿（REO 为 59.71%）为原料，经磨矿后加入硫酸铵添加剂，放入高温炉内中焙烧、冷却、磨料、筛分，即得到稀土抛光粉产品。焙烧温度为 700~750℃，保温时间 1.5~2 h，硫酸铵的加入量为稀土精矿重量的2%~5%。其产品指标：CeO_2 47.42%，REO 85.66%，平均粒度 1.14 μm，密度 6.35 g/cm^3，氟含量 8.78%，物相主要为 CeO_2 和 CeOF 的混晶，外形呈团块状，富有棱角。

2. 以氯化稀土（REO≥60，CeO_2≥48%）为原料制备低铈抛光粉

主要工艺流程如下所示：

氯化稀土→溶解→沉淀→过滤→洗涤→干燥→高温焙烧→粉碎→细磨分级→低铈抛光粉产品

直接从含天然比例的氯化稀土制备的氧化物，只要其氧化铈的含量接近或高于 50%就可满足作为玻璃抛光粉的要求，也可以萃取分离后的氯化稀土为原料经沉淀等步骤制备低铈抛光粉。

3. 以硫酸复盐为中间体制备低铈抛光粉

利用镧系元素纯化工序前的稀土化合物为原料制成的抛光材料成本最低，可用于处理电视机面板、镜子等。

为衔接我国矿石处理工艺，以分组后的混合铈组稀土硫酸盐为原料制备抛光粉。

以氯化稀土为原料制备含硫铈基稀土抛光粉的方法原理可用如下化学方程式说明：

$$2RECl_3+4(NH_4)_2SO_4\cdot xH_2O \longrightarrow RE_2(SO_4)_3\cdot(NH_4)_2SO_4\cdot xH_2O+6NH_4Cl$$

$$RE_2(SO_4)_3\cdot(NH_4)_2SO_4\cdot xH_2O \longrightarrow RE_2(SO_4)_3\cdot(NH_4)_2SO_4+xH_2O$$

$$RE_2(SO_4)_3\cdot(NH_4)_2SO_4 \longrightarrow RE_2(SO_4)_3+(NH_4)_2SO_4$$

$$2RE_2(SO_4)_3 \longrightarrow 2RE_2O_3+6SO_2\uparrow+3O_2$$

$$2Ce_2O_3+O_2 \longrightarrow 4CeO_2$$

铈组混合稀土抛光粉制备工艺流程：

氯化稀土→溶解→加 $(NH_4)_2SO_4$ 生成硫酸铵复盐沉淀→澄清过滤→稀土硫酸铵复盐→焙烧→球磨→沉降法分选→约 3μm 的粉体→干燥→铈组混合稀土抛光粉

铈组混合稀土抛光粉与氧化铁“红粉”比较，抛光效率提高 2~3 倍，产品的合格率提高 30%，使用寿命提高 10 倍，且基本消除了对环境的污染，铈组混合稀土抛光粉的主要化学成分见表 1-8。

表 1-8　铈组混合稀土抛光粉的化学成分[2]

晶型	密度 /(g/cm³)	平均粒度 /μm	质量分数/%			
			RE_2O_3	CeO_2	Ca	SO_3
面心立方	6~6.3	~3	>90	48~50	~2	<8

此外，也可用草酸盐、稀土氢氧化物、碳酸盐为中间体或用高品位稀土精矿等，经过焙烧制备混合稀土抛光粉。

4. 碳酸稀土焙烧法制备低铈抛光粉

包头天骄清美稀土抛光粉有限公司采用少钕碳酸稀土作原料生产 H-500 型稀土抛光粉[15]，其工艺流程见图 1-1。经湿式球磨、氟化反应、干燥、焙烧、粉碎、分级等工序成功地生产出高质量的低铈抛光粉。其产品规格为 CeO_2≥56%，REO≥93%，平均粒度 1.5~2.5 μm，密度 6~7 g/cm³，氟含量 4%~6.5%。该产品主要用于玻壳领域的抛光。

洪科等[16]以碳酸氢铵、氨水和少量硅氟酸为沉淀剂，得到碳酸稀土和氟化碳酸稀土混合沉淀，经洗涤、过滤、烘干后得到碳酸盐前驱体，再经焙烧、分级制得抛光粉产品。其产品主要指标：CeO_2≥48%，平均粒度 0.5~1.5 μm，氟含量 5%~7%。以含氟化稀土为原料制备含氟铈基抛光粉的方法原理可用如下化学方程式说明：

$$2RECl_3+3H_2SiF_6 \longrightarrow RE_2(SiF_6)_3+6HCl$$

$$RE_2(SiF_6)_3+2NH_4HCO_3+2NH_4OH \longrightarrow 2REFCO_3\downarrow+3SiF_4\uparrow+4NH_4F+2H_2O$$

$$2RECl_3+3NH_4HCO_3+3NH_4OH \longrightarrow RE_2(CO_3)_3+6NH_4Cl+3H_2O$$

$$RE_2(CO_3)_3+H_2O \longrightarrow 2RE(OH)CO_3\downarrow+CO_2\uparrow$$

$$REFCO_3 \longrightarrow REOF+CO_2\uparrow$$

$$2RE(OH)CO_3 \longrightarrow RE_2O_3+2CO_2\uparrow+H_2O$$

$$4Ce(OH)CO_3+O_2 \longrightarrow 4CeO_2+4CO_2\uparrow+2H_2O$$

$$6CeFCO_3+O_2 \longrightarrow 4CeO_2+2CeF_3+6CO_2\uparrow$$

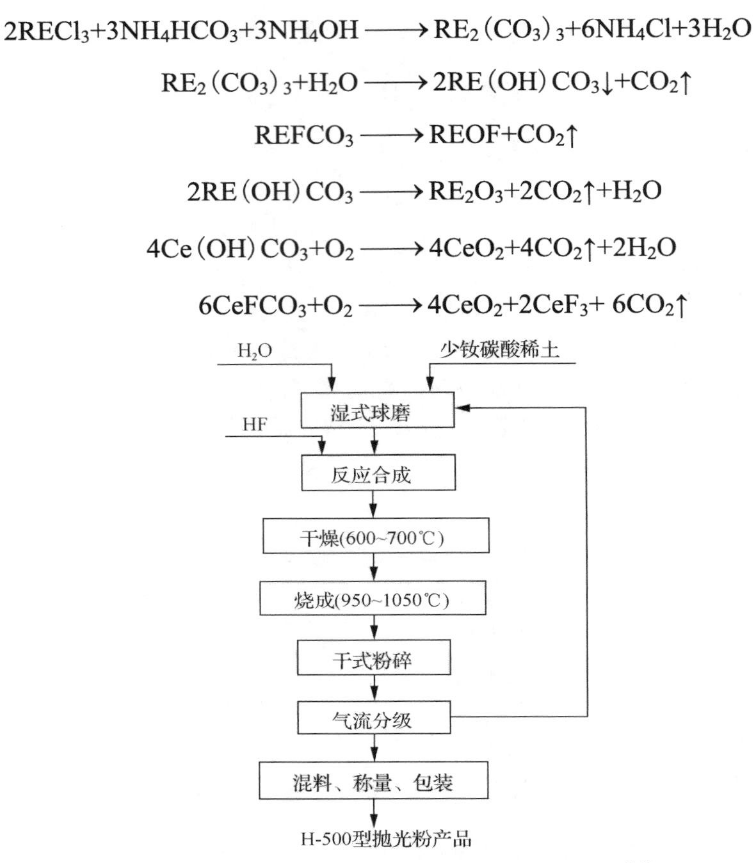

图 1-1　H-500 型稀土抛光粉生产工艺流程图[15]

5. 稀土矿经粗分离后的少钕或少铕氯化稀土或碳酸稀土制备低铈抛光粉

一般氟碳铈矿经过提取，将价值高的铕等元素提取后，剩余的稀土以氯化物或碳酸盐的形式，经过溶解、沉淀、焙烧、粉碎等步骤制成低铈抛光粉。

以少铕氯化稀土(REO≥85%，CeO_2≥48%)为原料，进行复盐沉淀等处理，可制备低铈稀土抛光粉产品。其主要工艺流程为：

少铕氯化稀土→溶解→复盐沉淀→过滤洗涤→高温焙烧→粉碎→细磨筛分→低铈稀土抛光粉产品

主要指标：REO=85%～90%，CeO_2=48%～50%；稀土回收率约 95%；平均粒径 0.5～1.5 μm(或粒度 320～400 目)。该产品适用于光学玻璃等的高速抛光。

目前，国内生产的低级铈系稀土抛光粉的量最多，低铈抛光粉占据总产量 90%以上的抛光粉市场。

1.3.2　中铈稀土抛光粉的制备

1. 氟碳铈矿铈富集物焙烧制备中铈抛光粉

含铈量稍高的中铈抛光粉大都可通过对氟碳铈矿铈富集物焙烧后制得。氟碳铈矿经过化学处理，对铈进行富集后制备稀土抛光粉的主要工艺流程如下所示：

氟碳铈矿→焙烧→酸浸→提取镨钕→富铈溶液→沉淀→过滤→高温焙烧→细磨分级→中铈抛光粉产品

可利用稀土精矿制备成水浸液，再经过萃取分离、沉淀、焙烧、分级、包装，生产出中低档稀土抛光粉。

中铈抛光粉含铈量较低铈抛光粉有所提高，抛光性能也有所改善。产品的主要指标：REO≥90%，CeO_2≈75%~85%，平均粒度 0.4~1.3 μm，密度 6~7 g/cm^3，产品较适用于高速抛光。

以“氟碳铈矿”铈富集物为初始原料制备的抛光粉中含夹杂物仍然较多。

2. 氨水沉淀-焙烧法制备中铈抛光粉

李永绣等[17]以混合氯化稀土为原料，配成溶液后(浓度 1 mol/L)，以氨水为沉淀剂，并结合空气或 H_2O_2 氧化的方法，控制溶液的 pH 值(4.4~5.5)，使料液中的 Ce^{3+}氧化成 Ce^{4+}，形成 $Ce(OH)_4$ 前驱体化合物沉淀，而其他三价稀土离子保留在溶液中。过滤后的 $Ce(OH)_4$ 经洗涤、烘干、焙烧(温度 600~700℃)，得到 CeO_2 含量在 80%以上、中心粒径在 1.5 μm 以下、比表面积在 6 m^2/g 以上的抛光粉半成品，再经粉碎、分级即可得到抛光粉产品。其制备工艺流程见图 1-2。

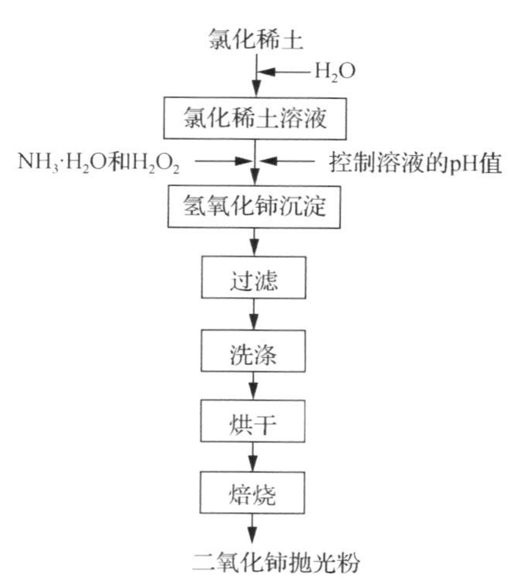

图 1-2　二氧化铈抛光粉的工艺流程图[17]

3. 以混合稀土氢氧化物为原料制备中铈抛光粉

以混合稀土氢氧化物(REO=65%，CeO_2≥48%)为原料，以化学方法预处理得稀土盐溶液，加入沉淀剂使其转化成 CeO_2=80%～85%的中铈稀土抛光粉产品。其主要工艺流程为：

混合稀土氢氧化物→溶解→沉淀→氧化→优溶→过滤→酸溶→沉淀→过滤、洗涤→高温焙烧→细磨筛分→中铈稀土抛光粉产品

主要指标：产品中 REO=90%，CeO_2=80%～85%；稀土回收率约 95%;平均粒度 0.4～1.3 μm。该产品适用于高速抛光，比高铈稀土抛光粉进行高速抛光的性能更为优良。

4. 以氯化稀土为原料制备含氟中铈抛光粉

目前市场上普遍采用的以氯化稀土为原料的稀土抛光粉生产工艺主要有两大类：一类为以氯化稀土为原料生产含氟稀土抛光粉(典型产品：739 型稀土抛光粉)；另一类为以氯化稀土为原料生产含硫稀土抛光粉(典型产品：771 型稀土抛光粉)。李进等[18]报道以轻稀土氯化物为原料，硅氟酸和碳酸氢铵为沉淀剂的稀土氟碳酸盐沉淀、水洗、过滤、焙烧、球磨、筛分等步骤制备含氟稀土抛光粉。

程耀庚等[19]研究了以氯化稀土为原料，经稀土硫酸盐沉淀制备含硫铈基抛光粉。其化学反应为：

$$2RECl_3+4(NH_4)_2SO_4 \cdot xH_2O \longrightarrow RE_2(SO_4)_3 \cdot (NH_4)_2SO_4 \cdot xH_2O+6NH_4Cl$$

$$RE_2(SO_4)_3 \cdot NH_4)_2SO_4 \cdot xH_2O \longrightarrow RE_2(SO_4)_3 \cdot (NH_4)_2SO_4+xH_2O$$

$$RE_2(SO_4)_3 \cdot (NH_4)_2SO_4 \longrightarrow RE_2(SO_4)_3+(NH_4)_2SO_4$$

$$2RE_2(SO_4)_3 \longrightarrow 2RE_2O_3+6SO_2\uparrow+3O_2$$

$$2Ce_2O_3+O_2 \longrightarrow 4CeO_2$$

中铈稀土抛光粉可以稀土氟碳酸盐为中间体经过焙烧制得，其物理性能有所提高，是一种高档光学玻璃的高速抛光粉。中铈稀土抛光粉制备的基本流程如下[2]：

富铈氯化稀土溶液(CeO_2 含量大于 80%)→加 NH_4HCO_3 和 H_2SiF_6 生成稀土氟碳酸盐沉淀→水洗→过滤→焙烧(大于 800℃)→过筛(300~320 目)→中铈稀土抛光粉

以此流程可根据 CeO_2 的含量得到高铈或中铈稀土抛光粉。

该中铈抛光粉化学活性好，粒度细而较均匀，多棱角，抛光性能优于纯氧化

铈抛光粉。它适用于王冕玻璃、火石玻璃的中等精度、中小球面的光学零件的高速抛光，合格率可提高 20%~30%，工效提高 30%，用量和成本都有降低。此类抛光粉的化学成分和物理性能见表 1-9。

表 1-9　中铈稀土抛光粉成分和性质[2]

晶型	密度/ (g/cm^3)	粒度/μm	质量分数/%					
			RE_2O_3	CeO_2/RE_2O_3	F	Si	Ca	Fe
面心立方	6.2 6.59	~1	90~93.5	80~85	5.6~7.5	0.89~2.2	0.003	0.34

5. 以碳酸镧铈为原料用硝酸溶解，氨水沉淀制备含氟中铈抛光粉

法国索尔维（原罗地亚）公司将碳酸镧铈用硝酸溶解，然后氨水沉淀制取抛光粉。工艺如下：

碳酸镧铈（La/Ce=15/85~30/70）→ 硝酸溶解 →$NH_3 \cdot H_2O$、$(NH_4)_3PO_4$、HF、H_2O_2 共沉淀→过滤→焙烧→粉碎→混料→包装→富铈抛光粉

1.3.3　高铈稀土抛光粉的制备

高铈抛光粉的制备主要以稀土混合物分离后的氧化铈、碳酸铈以及硝酸铈等为原料，以物理和化学手段加工成硬度大、粒度均匀、颗粒细、呈面心立方晶体的球形氧化铈抛光粉产品。对精密光学元件的抛光，最好选用经过分离后的单一高纯氧化铈。

高铈抛光粉制备也有两类：一类是由“氯化稀土”分离出的氢氧化铈为原料制备；另一类是以“氟碳铈矿”的中间产物，富铈富集物为初始原料制备出含夹杂物较多的抛光粉。不同原料制备高铈抛光粉的工艺不同，主要工艺流程如下：

分离后的铈化合物→溶解→沉淀→过滤→焙烧→细磨分级→高铈抛光粉

1. 以氧化铈为原料制备高铈抛光粉

高纯氧化铈焙烧法是以高纯氧化铈（$CeO_2 \geqslant 99\%$）为原料，经高温焙烧、水淬、分级、过滤、烘干等工序制备成硬度大，粒度均匀、细小的高铈抛光粉。产品指标：$REO_2 \geqslant 98\%$，$CeO_2 \geqslant 99\%$，平均粒度 1~6 μm，密度 6.5~8.0 g/cm^3。该方法较为简单，且产品纯度高，但原料成本太高，现已很少采用。其主要工艺流程为：

氧化铈→加入添加剂→高能球磨→精密分级→高铈抛光粉产品

或

氧化铈→高温焙烧→湿法精密分级→过滤→烘干→高铈抛光粉产品

2. 以分离后铈化合物为原料制备高铈抛光粉

以氢氧化铈、碳酸盐或硝酸盐等为原料，其主要工艺流程为：

分离后铈化合物→溶解→沉淀→过滤→焙烧→细磨分级→高铈抛光粉产品

高铈抛光粉产品适用于高速抛光。这种高铈抛光粉最早取代氧化铁“红粉”用于抛光。

高铈抛光粉产品的含铈量高，抛光能力强，杂质少。生产原料价格高，一般用于用量较少的精密光学镜头抛光。产品的主要指标：REO≥99%，CeO_2=99%，平均粒度 1~6 μm(或 200～300 目)，密度 6.5~8.0 g/cm^3，结晶完好。经过沉淀工艺得到的产品粒度小，平均粒径 0.2~1 μm，较适用于精密光学镜头的高精密抛光。

李进等[18]以混合碳酸稀土(CeO_2≈45%)为原料制备高铈抛光粉。其制备工艺是：混合碳酸稀土经焙烧生成稀土氧化物，然后用酸处理得到 $CeO(OH)_2$沉淀和三价稀土溶液，过滤后洗涤 $CeO(OH)_2$ 沉淀、干燥、焙烧后得到 CeO_2 含量在 98%~99%的高铈抛光粉，比表面积 3~5 m^2/g，平均粒径 1.5~2 μm，其抛光能力较强，可达到 320 mg/30 min。

李学舜等[20]介绍了以碳酸铈为原料，经球磨、焙烧、分级等工序制备出高性能的 TCE 型铈基抛光粉。

3. 超细或纳米氧化铈抛光粉

20 世纪 90 年代随着对抛光速率和质量提出更高的要求，为满足特殊应用需要而开发出氧化铈含量很高(占稀土氧化物总量的 99%以上)，而金属或碱土金属等杂质元素的含量很低，以防止对抛光表面造成污染的超细抛光粉。90 年代末开发出超细或纳米氧化铈抛光粉(粒度为 2~8 nm)的生产技术。超细稀土抛光粉的优点是成分一致，容易处理，颗粒形状和尺寸均匀，不含任何有害的微量杂质。用化学法生产这种超细或纳米氧化铈抛光粉产品的主要缺点是成本大大高于用稀土精矿生产的产品成本。开发这种新型氧化铈抛光粉是用化学沉淀的稀土化合物制备前驱体，再将前驱体焙烧转变成稳定的氧化物，然后磨成具有特殊形态和粒度分布的超细抛光粉。超细稀土抛光粉主要用于液晶显示屏、集成电路、玻璃存储光盘、精密光学玻璃及眼镜玻璃等的抛光。

近年来用于集成电路抛光的纳米 CeO_2 抛光液在迅速增加。纳米 CeO_2 抛光液的配制过程为：将一定质量的纳米 CeO_2 颗粒超声分散到去离子水中，然后加入表面活性剂、分散剂、稳定剂、氧化剂、pH 调节剂等化学试剂，继续超声分散一定的时间，得到抛光液。

1.4　稀土抛光粉展望

我国的稀土抛光粉行业从无到有，从小到大，已走过了六十余个春秋。目前我国在生产、应用、市场和技术设备等方面已取得很大的成就和发展，在世界同行业中已占重要地位，并成为世界稀土抛光粉的生产和供应大国，但产品质量与国外尚有一定差距。

当前的抛光工艺对抛光粉提出了新的要求：

1) 对抛光表面质量的要求不断提高。近年来，玻璃材料的用途不断扩大，特别是光盘和磁盘用玻璃基板、有源矩阵(active matrix)型 LCD(液晶显示器)、液晶电视机用滤色片、时钟电子计算器、照相机用 LCD、太阳能电池等的显示用玻璃基板、大规模集成电路(LSI)光掩膜玻璃基板，或者光学透镜等的玻璃基板和光学用透镜等都要求高精度的表面抛光。

2) 抛光制品的品种扩大，对广泛用于特种技术零件抛光的稀土抛光粉提出了新的要求。期待稀土抛光粉在改善传统性能(抛光能力与产品纯度)的同时，在质量上达到新的指标(颗粒形状和尺寸、耐磨性、聚集和沉积稳定性等)。

3) 对于抛光液(浆料)强化集中制备及其多次使用的加工规范提出了新的要求。稀土抛光粉抛光技术作为一门从实践中发展起来的实用技术在最近二十年发展迅速，但其系统性的基础理论研究却相对滞后，随着应用领域的拓展和高精细抛光的需求，对稀土抛光粉的颗粒大小与形貌提出更严格的要求，对一些过去的认识也应作相应的补充和修改。

到底什么样的稀土抛光粉才算好，是一个很复杂的问题，要视抛光对象、抛光方式以及对抛光质量的要求而定。随着科学技术的发展以及抛光材料的日新月异，对抛光粉的要求发生变化，要求我们对抛光粉的认识也不断深化。以下几方面值得我们进行更深层次的探讨：

1) 研究 CeO_2 的前驱体制备和焙烧过程中抛光粉晶体成核生长机制，从理论上分析影响颗粒大小、粒度分布等的因素及其对最终抛光结果的影响，为定量确定最佳抛光工艺奠定基础。开展抛光粉的固体化学研究以及纳米氧化铈的制备及其抛光性能的研究。

2) 加大对抛光机理的研究，充分利用现有先进检测仪器(如 AFM、SEM-EDS)获得真实抛光过程的中间产物，完善 CeO_2 抛光模型，获得具有普遍指导意义的结论。

3) 系统研究稀土抛光粉表面处理技术以及各类添加物对于稀土抛光性能的影响，通过对 CeO_2 的表面修饰和改性，制备出新一代高效稀土抛光粉及其浆料。

4) 基于不同材料在抛光过程中表现出不同的特性，可针对性地研究稀土抛光粉对各类工程材料(如硅材料、轻金属材料、复合材料)的抛光过程，通过系统的数据收集和实验分析，建立 CeO_2 抛光数据库，便于指导生产。

5) 随着稀土抛光粉应用量的增加，形成稀土抛光粉的固体废渣也在不断增加。废弃抛光粉中稀土含量(REO)在 10%~90%之间。由于抛光粉中所含稀土主要是铈和镧，其价格相对较低，因此以往对于抛光粉废粉的回收再利用研究报道较少，但其产量较大，应考虑回收利用。

稀土抛光粉废渣主要是稀土抛光粉抛光废液沉淀分离的固体渣料。其主要成分是含镧和铈的稀土氧化物、被磨下来的玻璃颗粒、抛光机上的磨皮(有机聚合物)及废液中人工混入的沉淀剂氯化铝等，这些废渣中的稀土元素很难用简单的方法回收再利用，从而造成稀土资源的浪费。近年来已有利用抛光粉废粉制备水处理剂和再生利用的报道[21]。刘晓杰等[22]研究了碱焙烧法从稀土抛光粉废渣中回收稀土的生产工艺，即稀土抛光粉废渣经加碱焙烧，水洗，酸化除杂，酸化滤液经草酸沉淀、焙烧得到氧化稀土。

参 考 文 献

[1] Marinescu I D, Uhlmanu E, Doi T K. Handbook of Lapping and Polishing. CRC Press, Taylor & Francis Group, 2007
[2] 刘光华. 稀土材料与应用技术. 北京: 化学工业出版社, 2005: 166-171
[3] 徐光宪. 稀土(上). 第 2 版. 北京: 冶金工业出版社, 1995:396-399
[4] 李永绣, 周新木, 辜子英, 等. 稀土抛光粉的生产、应用及其新进展. 稀土, 2002, 23(5):71-74
[5] 罗斯基尔信息服务公司. 世界稀土经济. 第 11 版, 2001: 94-100
[6] 罗斯基尔信息服务公司. 世界稀土经济. 第 7 版, 1988: 131-134
[7] 李学舜. 稀土抛光粉的生产及应用. 中国稀土学报, 2002, 20(5): 392-397
[8] 林河成. 我国稀土抛光粉的发展现状及前景. 稀有稀土金属, 2004, (1): 32-35
[9] 黄绍东, 李学舜. 稀土抛光粉的应用及发展简介. 稀土, 2008，29(1):59
[10] 林河成. 我国稀土抛光粉材料的生产及应用. 世界有色金属, 2002(7)：9-12
[11] 张立业, 张忠义, 赵增祺，等. 铈基、硅基半导体抛光液的发展概况. 稀土, 2013，34(2):68
[12] 张玉玺, 唐黎明, 曹鸿璋. 超细氧化铈提高聚氨酯耐热性能研究. 稀土, 2011，32(1):59
[13] 程耀庚, 魏绪钧. 以氟碳铈精矿为原料制取稀土抛光粉的研究. 稀土，1998,19(1):36-39
[14] 王学正. 稀土抛光粉的制取. 有色金属与稀土应用, 1994, 4:34-37
[15] 郭怀花. 包钢生产 H-500 型稀土抛光粉可行性分析. 包钢科技, 1999, (1):80-83
[16] 洪科. 稀土氧化物抛光粉的生产方法. 今日科技, 1996, (2):10-12
[17] 李进, 何小, 李永绣, 等. 光学玻璃抛光材料用超细 CeO_2 前驱体的制备.稀有金属与硬质合金, 2003(3)
[18] 李进, 郝仕油. 抛光粉制备工艺的研究. 江西化工, 2003, (3):35-38
[19] 程耀庚, 魏绪钧. 以氯化稀土为原料制备稀土抛光粉的研究. 稀有金属与硬质合金, 1998(32):9-13
[20] 李学舜, 崔凌霄, 杨国胜. TCE 高性能稀土抛光粉的制备及影响因素的研究. 稀土, 2003,24(6)：48-51
[21] 赵文怡，孟志军，刘海蛟，等. 废抛光粉中稀土的回收. 稀土, 2012，33(6):74
[22] 刘晓杰，于亚辉，许斌，等. 碱焙烧法从稀土抛光粉废渣中回收稀土. 稀土, 2015, 36(4):75-80

第2章　稀土抛光粉的制备及其前驱体制备化学

2.1　稀土抛光粉的制备

稀土抛光粉在玻璃及晶体的抛光中占据了主导地位，其原因在于氧化铈对硅基材料的抛光能力强，抛光质量高。稀土抛光粉正在逐渐替代氧化铁、氧化硅、氧化铝等其他抛光粉用于微电子基板抛光。随着需求量的增加和对产品质量要求的提高，对稀土抛光粉制备的研发更加广泛深入。

制备稀土抛光粉的原料种类有很多，不同的原料对应不同的制备工艺，同时对品质的要求不同，对应的制备工艺也不相同。从制备工艺来看，主要可以分为两大类：一是用稀土固体原料直接焙烧；二是以稀土可溶性盐为原料通过沉淀制成前驱体，然后焙烧制备稀土抛光粉[1,2]。

稀土抛光粉制备中的关键环节有以下四个方面。

1. 稀土抛光粉的生产原料

早期生产稀土抛光粉是以精矿或富集物为原料，采用高温处理铈富集物的方法得到物理和化学性质稳定的化合物，然后磨成颗粒尺寸为3~20 μm的粉末。这种抛光粉含稀土氧化物40%~70%(含氧化铈30%~65%)，由于价格比较便宜、磨削率高、每千克抛光粉抛光的件数多而成为普遍应用的产品，一般这种抛光粉主要用于抛光阴极射线管玻璃、平板玻璃及球面镜片。

通常在用稀土精矿(最常用的是氟碳铈精矿)生产混合稀土氧化物(氧化铈、氧化镧、氧化镨、氧化钕等)的玻璃抛光粉时，有选择地添加微量的氟化物、硅石以及钙、钡、铁矿物及其化合物等添加剂，加入添加剂能提高抛光粉磨削速率10%~15%。然而许多添加剂都含有害杂质，往往需要进行特殊处理。

目前，我国生产铈基稀土抛光粉的原料以含轻稀土的CeO_2为主，有下列几种：

1) 高品位稀土精矿(REO≥60%，其中CeO_2≥48%)，如内蒙古包头混合型稀土精矿，山东微山和四川冕宁的氟碳铈矿精矿。

2) 混合稀土氢氧化物$RE(OH)_3$，即稀土精矿(REO≥50%)经化学处理后得到的中间原料(REO≈65%，其中CeO_2≥48%)。

3) 稀土精矿经化学处理后，再用硫酸复盐分组所得的铈组混合稀土为原料。利用硫酸复盐的溶解度性质，可将稀土分为三类：①难溶的铈组稀土，如La、Ce、

Pr、Nd、Sm；②微溶的铽组稀土，如 Eu、Gd、Tb、Dy；③可溶的钇组稀土，如 Ho、Er、Tm、Yb、Lu、Y。轻稀土硫酸复盐的溶解度比重稀土的溶解度要小，工业上利用此差异，进行了稀土初步分组。在以轻稀土为主的包头矿处理时，浓硫酸焙烧产物用水浸出后得到复杂的硫酸盐溶液，然后利用其形成硫酸钠复盐，把轻稀土沉淀下来，少量重稀土硫酸盐可能被带下来，达到与杂质分离的目的。

4) 混合氯化稀土($RECl_3$)，即从混合氯化稀土中萃取分离得到的少铕氯化稀土（主要含 La，Ce，Pr 和 Nd，REO ≥ 45%，其中 CeO_2 ≥ 50%）。

5) 用混合稀土氧化物（成分为 CeO_2 2%~3%，La_2O_3＞10%，Pr、Nd 氧化物＞70%）制成镨钕刚玉型抛光粉。

6) 以混合稀土盐类经分离后所得 CeO_2(99%) 为原料制得纯氧化铈抛光粉。

我国具有丰富的铈资源，据测算，其工业储量约为 1800 万吨（以 CeO_2 计），这为我国持续发展稀土抛光粉奠定了坚实的基础，不仅是我国独有的一大优势，也可促进我国稀土工业持续发展。

生产抛光粉的原料按其含铈量分为三种：高铈抛光粉一般以硝酸铈或氯化铈为原料生产，硝酸铈生产的抛光粉颗粒性能更好；中铈抛光粉常采用富铈氯化物为原料生产；低铈抛光粉常采用混合碳酸稀土或氟碳铈矿为原料生产。

纯氧化铈抛光粉 CeO_2/TREO≥ 99%，外观颜色根据颗粒粗细为黄色或淡黄色，此类抛光粉多数不含氟；中(富)铈抛光粉 CeO_2/TREO= 70%~85%，外观颜色多为白色，也有个别含有镨变成微红的颜色；镧铈抛光粉 CeO_2/TREO= 65% ± 2%，颜色为白色；含镨少钕的低铈抛光粉颜色为棕红色。

在稀土抛光粉生产过程中，粒度是非常重要的指标，为了获得较好的粒度分布，通常是对原料进行预处理，特别是对原料的粒度加以控制。控制原料粒度的方法一般有两种：一种是从原料的生产工艺入手，通过控制沉淀条件和结晶速率以达到控制粒度的目的，这种方法通常称为化学方法，操作起来比较复杂，工艺参数要求严格，一般大规模的生产中对于通用低端的抛光粉较少采用，但对于某些高性能稀土抛光粉则需要采用化学方法，其目前已逐渐成为主流生产流程；另一种方法，就是对原料进行物理研磨，使其达到所需的粒度，这种方法通常称为物理方法，较为实用，易于实现工业化生产，但主要生产低端抛光粉。当用稀土矿物直接生产稀土抛光粉时均需要将矿物粉碎到一定的粒度，作为制备抛光粉的原料。

2. 前驱体制备

为制备出优质抛光粉往往通过沉淀法先制备出优质的前驱体，然后再焙烧成稀土抛光粉。前驱体的性能和状态决定了抛光粉晶粒的大小和形状，最终影响稀土抛光粉的抛光速率、耐磨性、流动性等应用性能。其沉淀过程与工艺是关键，通常采用碳酸氢铵或草酸两种沉淀剂生产抛光粉。草酸盐沉淀-焙烧得到的抛光粉具有单晶结构，粉体具有良好的流动性，易于沉降，可用水力方法进行分级，但其价格较贵，故应用并不普遍；碳酸盐沉淀-焙烧得到的抛光粉呈片状或球状团聚体结构，悬浮性较好，但耐磨性、流动性不如草酸盐生产的抛光粉，而因其生产成本较低而得到广泛采用。

通过添加少量氟而进行氟化处理制成含氟稀土抛光粉，将有利于提高抛光速率和改善抛光质量。因此往往在前驱体制备时加入一定量的氟化物，如 HF、NaF、NH_4F、H_2SiF_6 等。

3. 焙烧过程

焙烧过程对抛光粉晶粒尺寸、形貌、比表面积、密度等起关键作用，从而决定抛光粉的性能。抛光粉的物理化学性能在很大程度上与焙烧温度有关。焙烧温度是根据前驱体和抛光玻璃的物理化学性能决定的。以往对此缺乏足够的重视，其中存在着众多的固体化学问题，有关焙烧过程详见第 3 章的相关内容。

4. 后处理

后处理对抛光粉的质量，如粒度分布、颗粒大小和表面状态等均有重要影响。后处理包括水洗、包覆、破碎、分级等。其中，水洗将有利于洗去可溶性杂质；包覆将改善稀土抛光粉的表面特性；焙烧后产品往往容易结块，通过粉碎、分级以达到抛光粉颗粒尺寸的要求。

烧成品的破碎方法有干法和湿法两种，多数为干法粉碎，在对粒度分布要求严格时一般采用湿法破碎。进行粉碎可以更好地控制粒度分布及处理团聚体的颗粒表面状态。在成品混料过程中，加入表面活性剂等可对抛光粉表面改性，以提高稀土抛光粉在水中的分散性及防固性。

抛光粉在应用前需要严格控制颗粒范围，因此均需进行分级，也分湿法和干法分级。一般有水力沉降、湿式筛分、干式筛分、水力悬流分级、气流分级等方式。草酸盐生产的抛光粉一般采用湿式筛分或水力悬流分级；碳酸盐制得的抛光粉大多采用气流分级方式。目前有些企业已采用旋风分离来高效地将粒度分级。

2.2 稀土抛光粉前驱体的制备

高性能稀土抛光粉一般具有颗粒细、粒度分布窄、腐蚀性小、抛光能力强、稳定性好等特点。主要的制备技术路线大致分为两种：一种是通过高能球磨，高精度分级；另一种是控制化学反应条件制备适宜抛光粉的前驱体，然后焙烧成抛光粉。随着对抛光粉质量标准的提高，后者应用日益广泛。

控制原料粒度通常采用化学方法，一般是从原料的生产工艺入手，通过控制沉淀条件和结晶速率制备合适粒径的前驱体，再经过焙烧以达到控制铈基抛光粉粒度的目的，但这种方法，操作起来比较复杂，工艺参数要求严格，成本较高，仅在高性能抛光粉生产中采用，而在生产低品位抛光粉时较少使用。随着对抛光粉技术要求不断提高，化学方法越来越受到重视，也日益广泛使用。

制备铈基抛光粉前驱体的方法多种多样，有稀土硫酸盐、草酸盐、碳酸盐及稀土氢氧化物等沉淀方法。沉淀过程中采用溶液反应能使沉淀均匀。各种前驱体制备方法大致工艺过程为：先配置一定浓度的稀土盐溶液，在适宜的沉淀条件下，加入沉淀剂(草酸、碳酸氢铵、碳酸钠、氨水等)沉淀，经过滤、洗涤、烘干等工序，即可制得各类抛光粉前驱体。其中沉淀剂的选择至关重要，不同沉淀剂所采用的沉淀过程各异，制备出的前驱体也多种多样，由于铈基抛光粉的形貌与其前驱体具有遗传性，不同前驱体的结晶颗粒度、晶体形貌、晶型结构差别很大，直接影响后期的焙烧过程以及产品质量。

根据晶体生长理论，晶体的外观形貌取决于晶体中各晶面的相对生长速率，与各晶面的面网密度等因素相关。因此，晶体结构对晶粒的生长有决定性作用，而沉淀条件，如过饱和度、浓度、pH 值、温度以及杂质或添加剂的存在，对各晶面的生长速率会有直接影响。

通过溶液沉淀工艺制备稀土抛光粉前驱体时在固定组成和温度的条件下，晶体形态与晶体生长环境有密切的关系。

1) 在晶体生长时溶液的过饱和度有一定极限值：过饱和度越大，晶形越不均匀。

2) pH 值的变化对晶体生长形态有显著的影响：

3) 改变溶剂或助熔剂时生长的晶形不同：溶质与溶剂间相互作用不仅影响溶液的溶解度，而且对晶体生长形态会产生很大的影响。

4) 环境相成分改变使生长的晶体形态不同：由于在不同环境相成分中各生长晶面的生长速率发生变化导致晶体形态的改变。

5) 杂质影响晶体纯度和形状：存在杂质时，有的杂质对晶体生长极为敏感。

当杂质离子进入晶体后，不仅直接影响到晶体物理性质，而且会使晶体形态发生变化。杂质对晶体生长形态所产生的影响，一般多归结于生长晶面对杂质的吸附作用，从而导致生长速率的变化，并最终反映到晶体形态的改变。

常用的制备稀土抛光粉前驱体的沉淀剂有碳酸铵、碳酸氢铵、碳酸钠、氨水或它们的混合体，有少数工艺还采用草酸或硫酸铵进行沉淀。生产过程中可以根据不同抛光的需要，选择适宜的沉淀剂和工艺条件，制得具有合适粒径、硬度以及形状等的抛光粉。

程耀庚等[3]使用硫酸铵、碳酸氢铵及氨水、草酸、碳酸钠等多种沉淀剂，以不同的工艺制备出不同的抛光粉并作比较，综合各种指标得出采用$(NH_4)_2SO_4$复盐沉淀 NaOH 碱转化，硅氟酸氟化，并在 900℃下焙烧 3 小时所得抛光粉样品的抛光能力最强，其研削力为 60 mg/min，样品的平均粒径 3.6 μm，粒径分布基本在 1~10 μm 之间，颗粒形状不规则，有棱角，物相组成主要为CeO_2(面心立方)，并有La_2O_3(单斜)及 NdOF(立方)。

稀土抛光粉前驱体制备方法较多，选用以稀土碳酸盐为原料制备稀土抛光粉的优点在于原料易于采购，在稀土工业原料生产中稀土碳酸盐是多种稀土产品的中间原料，且在制备过程中，由原料产生的工业废弃物较少，对环境产生污染少，焙烧过程易于控制，特别是使用稀土碳酸盐制备出的抛光粉产品具有较好的物理化学特性，其密度和硬度适宜，比表面积较大，化学活性高，悬浮性好，具有较强的抛光能力。为此，对碳酸盐体系作重点介绍。

2.2.1　碳酸氢铵为沉淀剂

采用化学方法控制稀土抛光粉前驱体的合成条件，从而制备出理想的抛光粉是制备高性能抛光粉的常用方法，其中沉淀法是最主要的方法之一。碳酸氢铵是廉价的沉淀剂，通过控制沉淀工艺条件，可制备出所需晶形稀土碳酸盐前驱体。为此，研究碳酸氢铵沉淀法制备抛光粉前驱体的沉淀条件具有重大意义。选用碳酸氢铵作为沉淀剂有很多优点：

1)沉淀比较完全，且在酸性和中性条件下，过量的沉淀剂与稀土通常不生成可溶性的络合物；

2)碳酸氢铵价格便宜、易得，从而降低了前驱体的制备成本；

3)没有毒性，不污染环境；

4)沉淀的过程较为简单，易于操作；

5)通过控制沉淀温度、陈化时间等工艺条件可获得较为完整的晶形及粒径小的碳酸稀土；

6)稀土碳酸盐是十多种稀土生产工艺中的中间产品，采用稀土碳酸盐有利于与生产工艺衔接。

为此，在工业生产中常用碳酸氢铵沉淀法制备稀土抛光粉前驱体。

文献中用碳酸氢铵沉淀法制备前驱体已有许多报道[4-13]，由于稀土抛光粉主要成分为氧化铈，在以下讨论中均以铈化合物为例进行介绍。

通常采用碳酸氢铵沉淀法制备前驱体的步骤如下：将 CeO_2 或铈化合物用硝酸或盐酸溶解，或者经萃取工序分离出少钕、镧铈溶液或者富铈氯化物料液，配制成一定浓度(如 0.5 mol/L)的 $Ce(NO_3)_3$ 或 $CeCl_3$ 溶液，在一定温度下搅拌，按预定比例匀速加入一定浓度(如 1.0 mol/L)的 NH_4HCO_3 溶液，此时体系形成胶状沉淀物，将沉淀陈化、过滤，将滤饼干燥，高温焙烧得到稀土抛光粉。

碳酸氢铵沉淀制备稀土抛光粉前驱体时，初始形成无定形稀土复合碳酸盐，随着沉淀剂的加入和陈化时间的增加，复合无定形稀土碳酸盐转化为一定晶型稀土碳酸盐。研究表明：碳酸铈沉淀易于结晶，在 pH=6 以上，$NH_4HCO_3/Ce(NO_3)_3$ 摩尔比在 3∶1 附近，较短时间就能完全晶化并形成碳酸铈。反应过程可表示为：

$$CeX_3\cdot nH_2O + NH_4HCO_3 \longrightarrow Ce(CO_3)_{1.5}\cdot nH_2O + NH_4X + HX$$

其中，X 表示 Cl 或 NO_3。生成的 HCl 或 HNO_3 与过量的沉淀剂 NH_4HCO_3 反应放出二氧化碳。

沉淀条件对碳酸氢铵沉淀法制备碳酸铈前驱体的性质有很大的影响。为了得到粒度适宜、分散性好的抛光粉前驱体，众多文献报道了沉淀条件对制备碳酸铈前驱体的影响。

1. 稀土浓度对产物的影响

李中军等[6]研究了氯化铈浓度对产物粒径的影响，结果见图 2-1。

由图 2-1 见，氯化铈溶液浓度较低时，饱和度低，生成的晶核数目较少，有利于晶核生长，易生成较大粒径的沉淀；浓度较高时，过饱和度高，有利于晶核生成，得到晶体粒径较小，但同时晶粒之间碰撞概率增加，导致晶粒之间相互团聚的可能性也增加，所以当氯化铈浓度超过一定值时，得到团聚颗粒，呈现颗粒的粒径反而增大。

溶液沉淀分为两个过程：①晶核的形成；②晶核的生长。欲得到细小的晶体，要求沉淀环境有利于晶核形成和抑制晶核长大。

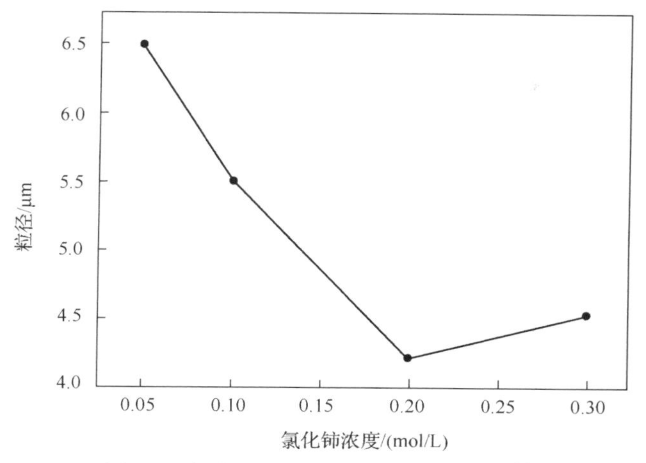

图 2-1　氯化铈浓度对 CeO_2 粒径的影响[6]

根据 Weimarn 成核与晶粒生成理论：

$$v_1=\frac{\mathrm{d}n}{\mathrm{d}t}=K_1\frac{c-S}{S},\quad v_2=K_2D(c-S)$$

式中，v_1 和 v_2 分别为成核速率和生长速率；n 为成核数目；t 为时间；S 为溶解度；c 为过饱和度，是引起沉淀作用的推动力；D 为溶质分子扩散系数；K_1，K_2 为常数，与沉淀的性质、介质及温度有关。

根据 Weimarn 经验公式可知，较高的过饱和度条件下生成晶体粒径较小。

又根据临界晶核粒度计算公式：

$$r=4V_{\mathrm{m}}\sigma/(vRT\ln S)$$

式中，V_{m} 为摩尔体积；σ 为比表面自由能；v 为每个分子中离子数目；S 为过饱和度比。提高过饱和度比 S 和降低比表面自由能 σ 均能使临界晶核粒度减小，有利于细小粒子的制备。

稀土浓度是能否形成均匀分散铈基抛光粉的关键。洪广言等[7]实验观察到，当 Ce^{3+}浓度较小时，沉淀过程非常顺利，碳酸盐沉淀经烘干、焙烧生成氧化铈纳米粒子。经透射电镜分析，粒径小、均匀、分散性好；当 Ce_2O_3 浓度＞80 g/L 时，初始沉淀就出现团聚，沉淀接近完全时搅拌都难以进行，当浓度再增大时形成的溶液黏度大，搅拌困难，需要功率较大的搅拌系统，碳酸盐经烘干或焙烧成氧化铈，经电镜分析表明，此时，碳酸盐严重团聚并呈条状，灼烧成氧化物仍然堆聚，而且颗粒较大。

提高溶液的浓度可以提高产能，节省能源和原料，降低生产成本，因此在工艺条件允许的情况下应尽量增大溶液的浓度。工业生产中为提高产量一般使用浓度 100 g/L 以上。

2. 初始料液 pH 值对产物的影响

初始稀土溶液 pH 值过小，则消耗 NH_4HCO_3，而 pH 值过高则会产生稀土氢氧化物沉淀，控制 pH 值在 3~4 之间较为合适。为防止沉淀前 $Ce(NO_3)_3$ 料液发生水解，可以加入少量的酸，使溶液偏酸性，将不会严重影响产物的粒度和分散性。

3. NH_4HCO_3 与 $Ce(NO_3)_3$ 摩尔比对产物的影响

研究 NH_4HCO_3 与 $Ce(NO_3)_3$ 在水溶液中的反应历程表明：

$$3NH_4HCO_3 \rightleftharpoons 3NH_4^+ + 3HCO_3^-$$

$$3HCO_3^- \rightleftharpoons 3H^+ + 3CO_3^{2-}$$

$$2Ce^{3+} + 3CO_3^{2-} \rightleftharpoons Ce_2(CO_3)_3$$

$$H^+ + HCO_3^- \rightleftharpoons CO_2 + H_2O$$

从反应历程得知，形成 $Ce_2(CO_3)_3$ 沉淀时，NH_4HCO_3 与 $Ce(NO_3)_3$ 的化学计量比为 3∶2。

当固定沉淀体系的总体积，室温下，在 $Ce(NO_3)_3$ 溶液中以一定的流速，按不同摩尔比加入 NH_4HCO_3 溶液，沉淀剂加完后，体系在 80℃下陈化 4 小时，干燥。不同 NH_4HCO_3 与 $Ce(NO_3)_3$ 摩尔比下制得的前驱体粉体 BET 粒径见表 2-1。

表 2-1　不同 NH_4HCO_3 与 $Ce(NO_3)_3$ 摩尔比下制备的前驱体粉体的粒径[5]

摩尔比	1.5	2.5	3.0	3.5	4.0
BET 粒径/nm	31.4	33.0	57.5	30.9	29.8

从表 2-1 可以看出，在 NH_4HCO_3 与 $Ce(NO_3)_3$ 摩尔比为 3∶1 时，BET 粒径达到最大值。说明不同 NH_4HCO_3 与 $Ce(NO_3)_3$ 摩尔比对沉淀的粒径有明显影响。

实验表明，当固定 $Ce(NO_3)_3$∶NH_4HCO_3=1∶3、碳酸氢铵浓度＜1 mol/L 时，形成的稀土碳酸盐粒径很小，而且均匀，当碳酸氢铵浓度＞1 mol/L 时，会出现局部沉淀，造成团聚，另外还会产生较多的 CO_2、NH_3，对操作及环境不利。

4. 溶液总浓度对产物的影响

溶液总浓度过高会使沉淀团聚，局部反应不完全，以致影响反应操作。选择合适的总浓度十分重要。

洪广言等观察了溶液总浓度变化对形貌的影响。在固定 $Ce(NO_3)_3$∶NH_4HCO_3=1∶3 时改变溶液浓度的电镜照片见图 2-2。从图 2-2 可见随着溶液总浓度的提高，产物形貌发生明显的变化，在低溶液总浓度时为棒状，而高溶液总浓度时呈片状。

图 2-2　固定 $Ce(NO_3)_3$: NH_4HCO_3=1 : 3 时改变溶液总浓度的电镜照片

(a) 0.05mol : 0.15mol；(b) 0.20mol : 0.60mol

总体积均为 100 mL，pH=4，60℃沉淀和陈化

5. 沉淀温度对产物的影响

在化学反应中，温度是关键性因素[7]。以碳酸氢铵为沉淀剂形成碳酸盐沉淀时，当温度低于 50℃时，沉淀形成较快，生成晶核多而粒径小，反应中 CO_2、NH_3 逸出量较少，但沉淀呈黏糊状，很难过滤，用乙醇洗沉淀多次后烘干，虽然粒径较小，但团聚严重，分散性不好。碳酸盐烘干后较硬，焙烧成 CeO_2 仍有块状存在，研细后，经电镜分析，团聚严重，粒径较大。当沉淀温度达到 60～70℃，在溶液中存在溶解-沉淀的双向反应过程，沉淀速率相对较慢，这时所生成的碳酸盐水洗、过滤较快，颗粒较松散，不形成堆积，经烘干、灼烧成氧化物的电镜分析表明，粒径较细，均匀，形态基本为球状。

洪广言等观察了沉淀和陈化温度对产物形貌的影响。图 2-3 为在 $Ce(NO_3)_3$: NH_4HCO_3=1 : 3(0.05 mol : 0.15 mol)，总体积为 100mL，pH=4 时，室温下沉淀和陈化与在 60℃下沉淀和陈化的电镜照片，从图 2-3 中可见，在室温下沉淀和陈化所得样品形貌不规则，而 60℃下沉淀和陈化的样品形成规则的棒状颗粒。

图 2-3　室温下沉淀和陈化与在 60℃下沉淀和陈化的电镜照片

(a) 室温沉淀和陈化；(b) 60℃沉淀和陈化

龙志奇等[5]在 $Ce(NO_3)_3$∶NH_4HCO_3=1∶3（0.05 mol∶0.15 mol），总体积 100 mL，pH=4 的条件下，沉淀温度对沉淀产物粒径的影响列于表 2-2。

表 2-2　不同沉淀温度下制备粉体的粒径[5]

沉淀温度/℃	14	30	50	75
BET 粒径/nm	30.9	37.4	60.1	46.9

从表 2-2 的数据结果可知，沉淀温度对 BET 粒径影响较大，这可能是溶解度、晶粒成核速率与晶粒生长速率等相互制约的结果。随着温度升高，溶质的溶解度增大，成核的速率与晶体生长速率减小，其中成核速率受温度的影响更显著。实验结果可知，一般在沉淀温度为＞50℃时得到的样品分散性较好。

6. 加料方式对产物的影响

溶液中沉淀粒子的大小主要取决于沉淀粒子的成核速率和生长速率，以及料液和沉淀剂浓度的相互作用。在通常的实验中往往是将沉淀剂滴加到稀土溶液中，有时也将稀土溶液滴加到沉淀剂溶液中，不同的加料方式需根据体系特点和工艺的合理性进行，一般情况所得产物下无明显差别，但加料方式对产物粒径会有明显的影响，而对于某些特殊体系具有重大影响。

在 $Ce(NO_3)_3$ 或 $CeCl_3$ 溶液中加入 NH_4HCO_3 与在 NH_4HCO_3 溶液中加入稀土溶液进行沉淀所得产物的形貌存在明显差别。这可能是在局部反应中反应物浓度之间的差异引起的。

沉淀方式一般分为三种，分别是正向沉淀（将沉淀剂加入到料液中），反向沉淀（料液加入到沉淀剂中），共沉淀（料液和沉淀剂按照一定的比例同时加到反应器中）。萧桐等[14]观察了沉淀方式对粒度的影响，结果列于表 2-3。

表 2-3　不同沉淀方式下前驱体及抛光粉粒

沉淀方式	前驱体 D_{50}/μm	抛光粉 D_{50}/μm
正向沉淀	1.364	1.080
反向沉淀	2.279	1.623
共沉淀	0.819	0.583

共沉淀所得的 D_{50} 粒径焙烧前后都比正向沉淀和反向沉淀的要小。萧桐等认为主要是因为在共沉淀过程中，一旦生成沉淀颗粒就可以快速地分散开，导致单位体积内沉淀物含量一直保持很低，团聚不容易发生，沉淀颗粒的成核速率大于生长速率，这样核的数目越多，形成的小颗粒就越多，而焙烧后的抛光粉和前驱体在大小和形貌上具有继承性。

7. 加料速率对产物的影响

观察到当沉淀剂加料速率过大时，虽然 BET 粒径减小，但团聚性增大。这是由于当沉淀剂加料速率增大时，局部地区的瞬时过饱和度增大，而 $Ce(CO_3)_3$ 的溶度积小，所以成核速率会明显增大，形成的 $Ce(CO_3)_3$ 颗粒减小。因此，当加料速率增大时，需要提高搅拌速率才能保证制备的产物具有好的分散性和均匀性。

在工业生产中，如果搅拌不充分，提高加料速率，会造成颗粒分布不均匀。

8. 陈化温度和时间对产物的影响

陈化是晶化过程。研究结果表明，碳酸铈前驱体的性状对制备分散性好的氧化铈粉体具有重要的影响。沉淀后需要在一定温度下陈化几个小时。这表明在碳酸铈沉淀后通过陈化能够改变晶粒的表面状态，使其团聚性发生较大的改变。在沉淀后添加不同添加剂，将会大大改变粉体的形貌和团聚性。

室温(18℃)下，固定 NH_4HCO_3 与 $Ce(NO_3)_3$ 摩尔比为 3.5：1，在 $Ce(NO_3)_3$ 溶液中以一定流速加入 NH_4HCO_3 沉淀剂，加料完全后的体系在不同的温度下进行陈化 4 小时，沉淀过滤、干燥、焙烧后制备的产物的 BET 粒径列于表 2-4。

表 2-4　不同陈化温度下制备产物的粒径[5]

陈化温度/℃	18	30	50	80
BET 粒径	54.4	64.9	28.8	30.5

从表 2-4 可以看出，当陈化温度较低时，陈化 4 小时得到的产物由 BET 测得的粒径较大，也容易形成大的团聚体。这可能是产物在低温下不能晶化或晶化不完全造成的。陈化温度以＞50℃为宜。

室温下，固定 NH_4HCO_3 与 $Ce(NO_3)_3$ 的摩尔比为 3.5：1，在 $Ce(NO_3)_3$ 溶液中以一定流速加入 NH_4HCO_3 沉淀剂。沉淀剂加完后，在 80℃下陈化不同时间，当温度升至 80℃时开始计时，不同陈化时间下制备的产物的 BET 粒径列于表 2-5。

表 2-5　不同陈化时间下制备的 CeO_2 粒径[5]

陈化时间	0	10 min	30 min	1 h	2 h	3 h	4 h
BET 粒径/nm	50.4	59.5	65.9	48.5	24.6	29.8	30.5

从表 2-5 可以看出，产物的 BET 粒径随陈化时间增加而趋于减小。表明晶化逐渐完善。

实验观察到当陈化时间短时，形成了大的团聚体，随着陈化时间延长，晶格收缩，团聚出现空洞，当陈化时间足够长时，晶化逐渐完臻、生长成单晶。由此可知，只有在一定温度下长时间陈化，才能生长成完好的 $Ce_2(CO_3)_3$ 晶体，克服颗粒表面强的分子间作用力，从而得到颗粒小、分散性能好的粉体。

柳凌云等[8]从生产的角度出发，详细研究了碳酸氢铵沉淀法制备少钕碳酸稀土时粒度的变化。通过改变料液浓度、加晶种和沉淀反应温度，利用碳酸氢铵沉淀法制备出 D_{50}= 20~30 μm 的少钕碳酸稀土。

实验所用的少钕氯化稀土溶液组成为：La_2O_3　30.42%，CeO_2　65.18%，Pr_6O_{11} 4.33%，Nd_2O_3　0.048%，$Sm_2O_3$0.01%，$Y_2O_3$0.01%。

少钕氯化稀土料液的配制是将少钕氯化稀土溶液用适量的纯水稀释至 REO 浓度为 1.2 mol/L、1.0 mol/L、0.8 mol/L、0.6 mol/L 备用。碳酸氢铵溶液的配制是用热水(40~45℃)将碳酸氢铵溶解，配制成 2.1 mol/L。

沉淀过程是取一定量的少钕氯化稀土溶液置于 5000 mL 烧杯中，将 2.1 mol/L 的碳酸氢铵溶液加到料液中，控制进料速率 7~30 mL/min，沉淀温度波动范围±2℃，直至料液 pH=6.8~7。静置 20 min 待分层完全后离心甩干，回收滤饼，并用 70℃热水 0.03 L 搅拌洗涤 30 min 后离心甩干，取样分析。用激光粒度分布仪测定粒度大小及分布，其中粒度大小用中位粒径 D_{50} 表示。

在沉淀温度 25℃，搅拌速率 420 r/min 下，测定了料液浓度对少钕碳酸稀土粒度大小及分布的影响，见图 2-4。

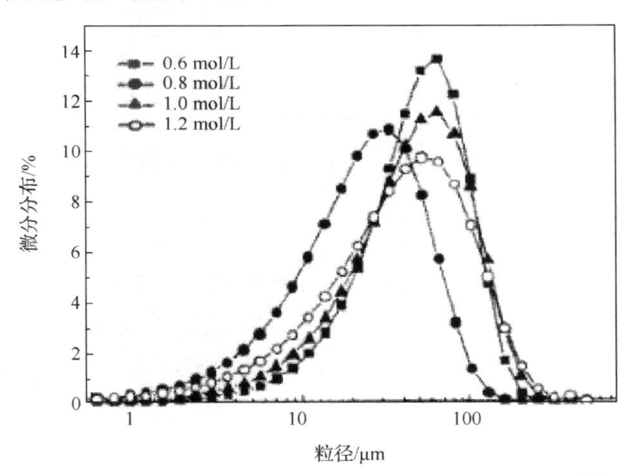

图 2-4　溶液浓度对少数钕碳酸稀土粒度分布的影响[8]

从图 2-4 可知料液浓度较小时，晶体平均粒度大且粒度分布广，大粒度颗粒的百分含量增加，这主要是因为，料液浓度对晶粒的成核和生长速率都有影响[15,16]，料液的浓度低时，成核速率慢，晶体的生长时间相对延长，所以料液浓度增加，粒度增大，但是当浓度太大时，颗粒间碰撞机会增加，则发生团聚现象，粒度增加。根据实验结果可知，料液浓度为 0.8 mol/L，少钕碳酸稀土的 D_{50}=20 ~30 μm。

以料液浓度为 0.8 mol/L 研究了沉淀温度对少钕碳酸稀土粒度的影响，见图 2-5。

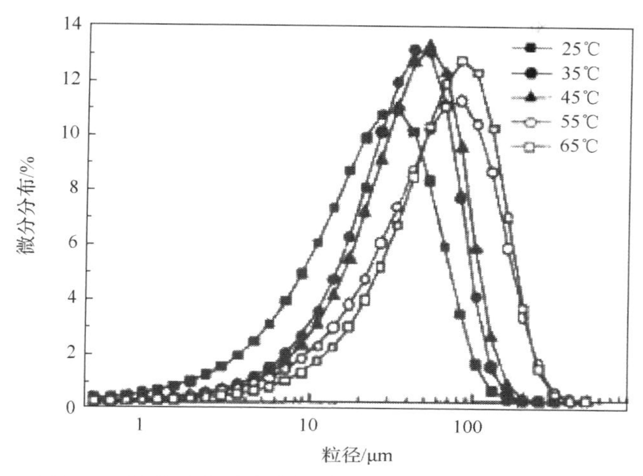

图 2-5　沉淀温度对少数钕碳酸稀土粒度分布的影响[8]

从图 2-5 可以看出，沉淀温度从 25℃升至 65℃时，少钕碳酸稀土的平均粒径逐渐增加，大粒径的少钕碳酸稀土颗粒百分含量增加，这主要是因为在沉淀反应中，温度是主要的影响因素之一，由晶粒的生成速率方程和过饱和度与温度之间的关系可知，当溶液中溶质含量一定时，溶液过饱和度一般是随着温度的下降而增大，当温度过低时，虽然过饱和度可以很大，但溶质分子的能量很低，所以晶粒的生成速率很小。随着温度的升高，晶粒的生成速率可以达到最大值。继续升高温度，一方面引起过饱和度下降，同时也引起溶液中分子动能增加过快，不利于形成稳定的晶粒，因此晶粒的生成速度又趋下降。因此在低温下有利于晶粒的生成，不利于晶粒的长大，一般得到细小的晶体。相反，提高温度，降低了溶液的黏度，增大了传质系数，大大加速了晶体的长大速率，从而使晶粒增大[9,17]。若继续升高温度，一方面会引起过饱和度下降，同时也引起溶液中分子动能增加过快，不利于形成稳定的晶粒，因此晶粒的生成速率又趋于下降。因此，在沉淀反应中，选择合适的反应温度对于沉淀的颗粒大小是至关重要的。通过实验可知，该体系沉淀反应温度在 25℃时，少钕碳酸稀土的 D_{50}=20 ~30 μm。

以料液浓度为 0.8 mol/L，反应温度为 20~30℃，碳酸氢铵的浓度为 2.1 mol/L，研究加晶种量对少钕碳酸稀土粒度大小的影响，图 2-6 为晶种量对少钕碳酸稀土粒度的影响。

从图 2-6 可以看出，加入晶种可以使少钕碳酸稀土的粒度增大，改变晶种的加入量时，当晶种加入量在 10%时，产品的粒度最大，其原因在于在晶种上继续生长晶体能量最低，晶体最易长大。适当增加晶种有利于沉淀晶粒的生长，但当晶种量太大时，颗粒间相互碰撞的概率增加，导致颗粒的粒度下降。

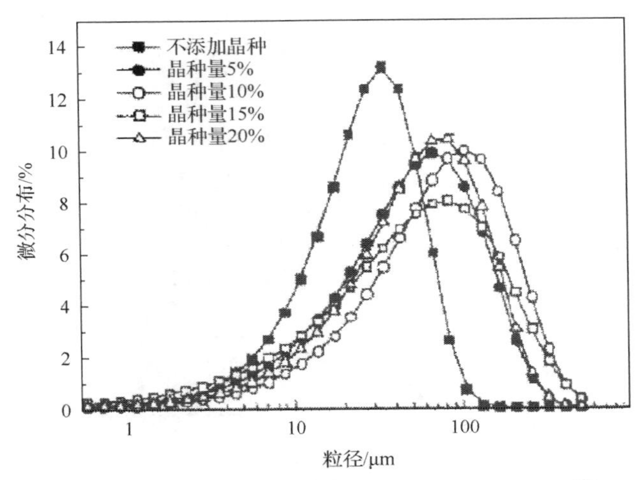

图 2-6　晶种量对少数钕碳酸稀土粒度分布的影响[8]

2.2.2　碳酸钠及碳酸氢钠为沉淀剂

以碳酸钠及碳酸氢钠为沉淀剂在控制实验条件下可以除去部分碱土金属等杂质，早期对此曾有报道，但由于工艺比较复杂，目前已较少研究和使用。

以含碱土金属杂质的稀土氯化物溶液（含 CeO_2 50%~55%）为原料，曾研究过稀土碳酸盐沉淀过程的参数对碳酸盐和氧化物性质以及抛光粉使用性能的影响。由于抛光用的稀土氧化物中含有碱土金属杂质时，将使其质量明显降低。为防止稀土和碱土碳酸盐共沉淀时稀土沉淀不完全，采用碳酸氢钠二次沉淀，即从预热的溶液中先用碳酸钠沉淀稀土碳酸盐，由于碳酸钠阴离子的水解，沉淀在低于 pH 区（4.2~4.9）内进行时导致剩余液中仍有少量稀土（4~8 g/L），再采用碳酸氢钠沉淀，即可降低稀土碳酸盐中碱土杂质的含量（Ca＜0.2%）。

实验表明，氧化物的平均粒径随沉淀温度的升高（由 20℃至 90℃）和沉淀时间的增加（由 60 min 至 180 min）而增大，分别由 1.31 μm 增至 2.56 μm 和由 0.99 μm 增至 1.94 μm，但随稀土溶液浓度的增加（由 20 g/L 增至 140 g/L）而减小（从 2.60 μm 减至 0.99 μm）。在溶液浓度高、沉淀时间长的情况下，反应介质的 pH 值增高，使稀土碳酸盐中的碱土杂质含量增加。在 90℃沉淀时，杂质含量也增加（Ca 0.5%, Na 0.3%, Cl 0.2%）。

沉淀制得的稀土碳酸盐经形态学研究表明，20℃沉淀的颗粒为针状，60℃时为细的六棱柱片状，90℃时为圆形。在浓度 100 g/L 和 140 g/L，沉淀时间 60 min 下得到无定形的细颗粒。

抛光粉的抛光性能随沉淀温度和稀土溶液浓度的变化而变化，当温度 60℃、浓度 60 g/L 时，其值最高，抛蚀量达 480~490 mg/30min。

2.2.3　草酸盐和 $NH_3 \cdot H_2O$ 为沉淀剂

草酸盐和 $NH_3 \cdot H_2O$ 沉淀制备前驱体是常规的制备方法，草酸盐制备过程能除去非稀土杂质，结晶较好，易于过滤，但由于成本较高，在抛光粉生产中应用较少。而氨水沉淀成本较低，但沉淀过滤性能较差，故在工业生产中存在一定的困难。

在工业生产上为除去非稀土杂质往往采用草酸或草酸铵作为稀土沉淀剂。直接加到稀土溶液中可产生草酸盐沉淀：

$$2RE^{3+}+3H_2C_2O_4\,(\text{或}\,(NH_4)_2C_2O_4) \xlongequal{} RE_2(C_2O_4)_3\downarrow +6H^+\,(\text{或}\,6NH_4^+)$$

如果稀土溶液酸度过大，草酸沉淀稀土不完全，应该用氨水调节 pH 为 2，可使稀土沉淀完全。轻稀土和钇生成正草酸盐，而重稀土则生成正草酸盐或草酸铵复盐。在含钠盐的溶液中，草酸沉淀稀土会形成草酸钠复盐，焙烧后会影响混合稀土氧化物纯度。

所生成的草酸盐一般都带有结晶水，轻稀土草酸盐和草酸钇带 10 个结晶水，而草酸钪和铒以后的重稀土则为 6 个结晶水。所有的轻稀土在草酸盐溶液中都能定量地沉淀出来。柳召刚等[18]研究了草酸盐沉淀法制备超细氧化铈。

往稀土盐的溶液中加入氨水或其他碱，可以立即产生稀土的氢氧化物，形成颗粒细小的稀土氢氧化物沉淀，它是胶体状的，其固液分离很艰难。沉淀中 OH^-/Lu^{3+}的摩尔比并不是正好等于 3，而是随着金属离子的不同，在 2.48～2.88 之间变化，说明沉淀并非化学计量的 $Ln(OH)_3$，而是组成不同的碱式盐，在过量碱或者长期与碱接触时才转化为化学计量的 $Ln(OH)_3$，稀土氢氧化物难溶于水。

李永绣等[13]以低铈混合氯化稀土为原料，配成溶液后(浓度 1 mol/L)，以氨水为沉淀剂，并结合空气和 H_2O_2 氧化的方法，控制溶液的 pH 值为 4.4~5.5，使料液中的 Ce^{3+}氧化成 Ce^{4+}，形成 $Ce(OH)_4$，而其他三价稀土离子保留在溶液中。$Ce(OH)_4$ 前驱体经洗涤、烘干、焙烧(温度 600~700℃)，得到 CeO_2 含量在 80%以上，中心粒径在 1.5 μm 以下，比表面积在 6 m^2/g 以上的半成品抛光粉，再经粉碎、分级即可得到抛光粉产品。

在 NH_4Cl 存在下加 $NH_3 \cdot H_2O$ 可生成 $Ln(OH)_3$ 沉淀，借此可与 Mg^{2+}等碱土金属分离。

2.2.4　添加剂的影响

在制备铈基抛光粉时一般要添加不同的添加剂以改变前驱体的表面特性，改善颗粒性质，有利于沉淀操作。又由于稀土抛光粉与前驱体的颗粒形状、大小及团聚性具有遗传性，为此，制备具有适宜物性的前驱体，往往通过加入添加剂来实现。

添加剂不仅影响前驱体的性能，而且在灼烧时也会给产物的形貌和分散性带来显著的影响。

常用的添加剂有无机盐和表面活性剂。表面活性剂可以利用其亲水基团与粉体表面的 OH^- 离子或者金属离子结合，利用大的疏水基团阻止粉体间形成氢键发生团聚。无机盐是制备稀土抛光粉常用的添加剂，通过添加大量的无机盐，改变沉淀物的双电层特性，从而可以改变制备粉体的形状及团聚性。

添加剂有两种加入方式：一种是在沉淀剂沉淀时加入添加剂起到沉淀隔离的作用，改善沉淀的表面特性；另一种是在沉淀形成后添加不同的添加剂，这将会大大改变制备粉体的形貌和团聚性。

1. 不同类型无机盐添加剂对制备前驱体的影响

朱兆武等[19] 研究了在碳酸氢铵沉淀时不同添加剂对制备前驱体的影响。将 NH_4HCO_3 与 $Ce(NO_3)_3$ 摩尔比固定为 3.2∶1，室温下(~20℃)进行沉淀，加入不同类型可溶性无机添加剂，使液相中添加剂的浓度为 0.1 mol/L，沉淀干燥后在 700℃下灼烧 2 h，制备的 CeO_2 粉体的 BET 粒径和 Zeta 电位列于表 2-6。

表 2-6　不同添加剂加入时碳酸氢铵沉淀制备 CeO_2 的粒径和 Zeta 电位[19]

添加剂	0	NH_3H_2O	$(NH_4)_2CO_3$	NH_4NO_3	NaOH
BET 粒径/nm	30.7	50.9	17.3	53.1	263.7
Zeta 电位/mV	2.1	−6.5	−20	17	19

从表 2-6 可以看出，当碳酸铈在进行沉淀时加入无机盐，在一定程度上都能改善产物的性状。其中 NH_3H_2O、NH_4NO_3、NaOH 增大了 CeO_2 粉体的 BET 粒径，而 $(NH_4)_2CO_3$ 则减小了粉体的 BET 粒径。尤其是加入 NaOH，粉体 BET 粒径增大显著。

一些无机添加剂在碳酸氢铵沉淀晶化过程中能够大大改变氧化铈前驱体表面电位(表 2-6)，从而使制备的氧化铈粉体具有较高的分散性。

加入无机盐可以大大改变粉体的形貌。一些无机添加剂还对粉体颗粒起到球化作用。当添加 NH_3NO_3、$(NH_4)_2CO_3$、NaOH 作添加剂时，粉体球化较明显，颗粒的单分散性增强。实验表明，氢氧化钠、铵盐的球化作用较明显，最佳加入量为 0.1~0.5 mol/L。尤其当添加 NaOH 时，粉体分散在水中的 Zeta 电位较大，单颗粒分散性强，粉体球化度高。

观察到无机添加剂用量对制备前驱体团聚粒径也有影响：添加一定量的 $(NH_4)_2CO_3$ 时团聚粒径有较明显地减小。当添加剂的量在 0.1 mol/L 以上时，增大无机添加剂的量，团聚粒径变化不显著。

采用 Na^+作添加剂制备的纯铈抛光粉易烧结，颗粒小而软，抛光能力弱，但具有好的抛光质量；而采用 NH_4^+作添加剂并用少量的氟将其氟化后制备的抛光粉具有较强抛光能力。

2. 表面活性剂对前驱体团聚粒径的影响

在制备粉体的过程中加入表面活性剂可以改善粉体的特性，特别是改变粉体的表面特性，从而改变粉体的分散性。添加表面活性剂后，活性剂分子包裹着颗粒，产生了空间位阻效应，从而使其处于均匀分散状态。表面活性剂有比水更小的表面张力，其亲水基键合颗粒表面的羟基，不能引起颗粒间的相互作用。在干燥时，颗粒之间形成化学键的可能性明显减小，表面活性剂随着干燥和焙烧温度的上升逐渐挥发，使粉末疏松，可制得无硬团聚的超细微粉。适宜的表面活性剂用量一般在 1%~10%，当表面活性剂用量为 15%/L 时，所制得产物的粒径较小。实验结果表明，加入不同类型的表面活性剂对粉体的团聚影响不同，加入适宜的表面活性剂对表观硬度、松装密度等有一定的影响。

刘志强等[12] 在研究碳铵沉淀法制备纳米氧化铈时，观察了表面活性剂对氧化铈粉末粒径的影响。通过添加不同数量的表面活性剂 PEG(聚乙二醇)，观察到随着 PEG 添加量的加大，氧化铈颗粒粒径减小，其原因在于 PEG 是一种长链式分子结构的高分子表面活性剂，能够包裹在碳酸铈颗粒的表面，在碳酸铈颗粒的表面形成一层大分子亲水保护膜，从而减少了碳酸铈颗粒之间的直接接触与结合，起到空间隔离作用，而且增加了溶液的黏度，延长了聚沉时间，提高了碳酸铈沉淀悬浊液体系的均匀分散性，达到了阻碍碳酸铈颗粒团聚的目的。

不同表面活性剂呈现不同的效果。添加 PEG 或十二烷基苯磺酸钠表面活性剂后对碳酸铈沉淀进行强力搅拌形成固体泡沫，这样制得的前驱体样品为大的球状颗粒，分散效果比其他添加剂要好。

分散介质具有高分子网络结构，起到了隔离碳酸铈颗粒之间的相互接触的作用。在焙烧过程中，随温度的升高，PEG 燃烧并以二氧化碳、水蒸气的形式从颗粒之间排出，从而起到了控制粉末硬团聚的作用。

实验表明，焙烧温度升高，比表面积逐渐减小，这是由于焙烧温度升高，晶粒尺寸增大，导致比表面积减小。

实验中观察到在沉淀过程中，表面活性剂的添加量对氧化铈颗粒的大小影响较大，添加 PEG、十二烷基苯磺酸钠表面活性剂对碳酸铈沉淀进行强力搅拌分散，制得的氧化铈的分散效果比采用无水乙醇洗涤等方法制得的更好；焙烧对粉末的性能有很大的影响，随着焙烧温度升高，氧化铈的晶粒尺寸增大，比表面积逐渐减小，通过优化工艺条件，在 700℃保温 3 h，制得单一粒径 50 nm 左右、表面积大于 15 m^2/g、团聚体中值粒径(D_{50})小于 150nm 的球形的氧化铈粉末。

李中军等[6]研究了表面活性剂用量对产物粒径的影响，实验结果见图 2-7。

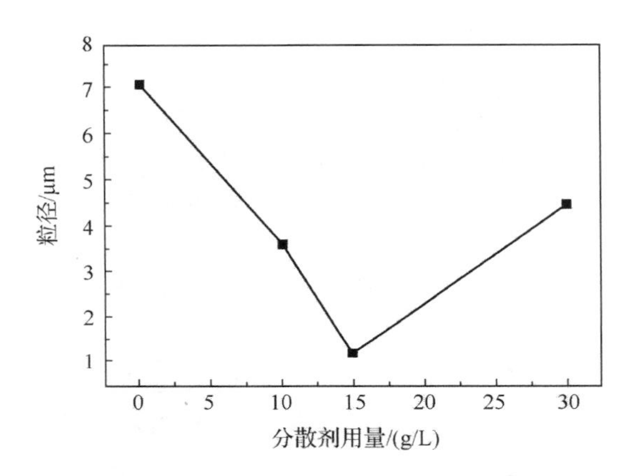

图 2-7　分散剂用量对沉淀粒径影响[6]

图 2-7 表明，当表面活性剂用量为 15%/L 时，所制得 CeO_2 的粒径较小。添加表面活性剂后，活性剂分子包裹着颗粒，产生了空间位阻效应，从而使其处于均匀分散状态。

2.3　氟 化 处 理

抛光粉中加入一定量的氟可以改变抛光粉的晶体结构，提高抛光粉的抛光能力。同时，氟组分能与被研磨材料玻璃发生反应，从而提高被研磨玻璃的平滑性，提高研磨效果。因此，氟成为铈基抛光粉的重要组成元素。目前含氟稀土抛光粉的应用十分广泛。

少量氟的加入可以使制备的 CeO_2 变白，并且比表面大大降低。氟的加入，尽管对团聚粒径影响较小，但可使分散性增强，粉体的硬度有可能增大，抛光强度增强。

另外，加氟也起到助熔剂的作用，能使反应温度降低。但加氟量必须有一个合适的范围，一般在 1%~10%。

氟元素的掺入有多方法，可以用氢氟酸进行氟化，也可以用氟化盐进行氟化。例如，在镧铈碳酸盐或少钕碳酸盐中加 H_2O 进行湿法球磨后，与 HF 反应进行氟化；少钕氯化溶液、镧铈氯化溶液或富铈氯化溶液加水、沉淀剂和氟化剂(氨水、草酸、碳铵、氢氟酸或氟化铵)共沉淀氟化。

制造铈基抛光粉焙烧之前，优选用氢氟酸或氟化铵进行氟化，其中更优选的是氟化铵，因为它能使氟化过程以适度速率进行，使氟更均匀地分配到原料中，由此焙烧得以在较低的温度下进行。

通常在铈基抛光粉中加入氟的量视产品不同而异。铈含量较低的混合稀土抛光粉通常掺有 3%~8%的氟，而纯氧化铈抛光粉通常不掺氟。

氟元素的掺入可以在很大程度上提高抛光粉的抛光性能，但氟在抛光粉中以何种化合物存在众说不一，在稀土抛光粉中的氟掺杂机理也有待深入研究。

稀土碳酸盐水合物在氟化过程中能够形成 CeF_3 沉淀。在 $CeXCO_3$(X 为 NO_3，Cl 等)陈化结晶时加入 F^-，F^-与 Ce^{3+}形成 CeF_3 沉淀。CeO_2 中的氟以 $CeOF_2$ 的形式存在。

2.3.1　氢氟酸氟化

柳召刚等[20]以 $Ce_2(CO_3)_3$ 为抛光粉前驱体，用氢氟酸进行氟化，湿法研磨，详细地研究了纯铈稀土抛光粉中氟的行为，氟加入量的影响，以及氟在纯铈稀土抛光粉前驱体中的作用机理。

在用沉淀法得到的 $Ce_2(CO_3)_3$ 中加入 HF，掺入氟元素后前驱体中生成 $CeFCO_3$。化学反应如下：

$$Ce_2(CO_3)_3+2HF=\!=\!=2CeFCO_3+H_2O+CO_2\uparrow$$

将含氟前驱体在马弗炉中 900℃恒温灼烧 5 h，产生如下反应：

$$6CeFCO_3+O_2=\!=\!=2CeF_3+4CeO_2+CO_2\uparrow$$

研究发现氟的掺入量对抛光粉有明显的影响，主要表现在：

1. 氟掺入量对抛光粉晶体结构的影响

随着氟加入量的增加，CeF_3 的衍射峰强度不断增加，当氟含量在 8%的时候，CeF_3 含量达到最大值。然而继续添加 HF，当氟掺入量达 10%时，XRD 谱出现 CeF_4 的峰。

CeF_3 属于六方晶系结构，晶胞常数为 a=7. 131(1)，b=7.131(1)，c=7.268(1)，α=90°，β=90°，γ=120°，具有尖锐的棱角，有助于抛光。但是随着氟加入量的增

加，抛光粉中开始产生 CeF_4，CeF_4 属于单斜晶系结构，晶胞常数为 a=12.5883(8)，b=10.6263(8)，c=8.2241(9)，α=90°，β=126°，γ=90°,其形貌近乎于棒状，抛光效果不如 CeF_3。

2. 氟掺入量对抛光粉形貌的影响

未掺入氟的时候，抛光粉颗粒成针状且团聚严重，平均粒径大约在 1.5 μm。随着氟掺入量的增加，SEM 观察得到，团聚逐渐减小，颗粒逐渐细化。掺氟量达到 6%后抛光粉颗粒细，粒径在 0.7 μm 左右且较均匀，呈葡萄串状，具有极强的化学活性，抛光效率高。可见氟的加入可以细化晶粒并且改变晶形，减少团聚。这主要是由于氟化物在高温焙烧中是常见的矿化剂，使熔点降低。

氟在纯铈稀土抛光粉中主要以氟化铈的形式存在。与铈结合的氟是稀土矿化的主要因素，氟在稀土抛光粉矿化中起到使籽晶长大的作用。所以其形貌由生长不完全的类棒状再结晶成为圆球状。与铈结合的氟在晶粒生长过程中起到使磨削力增大改变抛光效果的作用。

3. 氟掺入量对抛光粉松装密度和振实密度的影响

随着氟加入量的增加，松装密度和振实密度都不断增大，造成这种结果的原因是，HF 的加入可减少团聚、细化晶粒，同时降低焙烧温度，使焙烧过程中晶体生长更加完整，晶体的内部裂缝和空隙得到填充。所以松装密度和振实密度增加。

萧桐等[14] 研究了氟的加入对松装密度和振实密度的影响见表 2-7。

表 2-7　不同氟掺入量下抛光粉的振实密度和松装密度

掺氟量/%	振实密度/(g/cm^3)	松装密度/(g/cm^3)
0	0.45	0.28
2	1.19	0.70
5	1.38	0.76
8	1.62	0.90
10	1.89	1.08

从表 2-7 可以看出，随着氟含量的增加，抛光粉的振实密度和松装密度都同时增加，作者认为其主要有两个原因。首先，随着氟含量的增加，形成大量的小颗粒的团聚体(尤其是掺氟量在 8%和 10%时)，团聚体中颗粒与颗粒之间的空隙非常小，导致振实密度和松装密度增加。其次，氟是矿化剂，随着氟含量的增加，粉体更容易晶化，晶格畸变变小，晶粒表面和内部空隙消失，这也是导致振实密度和松装密度增加的原因。

4. 氟掺入量对抛光粉抛蚀量的影响

随着氟掺入量的增加，抛蚀量(mg/30 min)不断增加，当氟掺入量达到 8%的时候抛蚀量达到最大值，继续加 HF，抛蚀量反而下降。产生这种现象的原因是纯铈稀土抛光粉在被 HF 氟化后会生成 CeF_3，随着氟掺入量的增加，在抛光粉中生成的 CeF_4 含量增加。

CeF_4 形貌近乎棒状，其抛光效果不如 CeF_3，也不如 CeO_2，它的生成必将导致 CeF_3 和 CeO_2 含量的降低而使抛蚀量下降。

5. 氟掺入量对被抛玻璃表面光洁度的影响

随着氟掺入量的增加，具有尖锐棱角的 CeF_3 含量不断增加。从抛光研磨机理来看，抛光粉中具有尖锐棱角的物质含量越高，研磨过程中对被抛镜面的磨削就越大，同时抛蚀量也会随之提高。综合以上原因，对于高级光学玻璃，对被抛物品表面光洁度要求较高，选择氟掺入量为 6%最合适。

李学舜[4]研究了不同原料氟化过程的反应。结果表明，当以碳酸铈为原料加入氟后发生了氟化反应，产物的物相为两相，一个为未反应的 $Ce_2(CO_3)_3 \cdot 8H_2O$，另一个为新相 $CeFCO_3$。因此，铈基稀土抛光粉用碳酸铈加氟的氟化过程，只有部分碳酸铈参与反应生成氟碳酸铈，其反应方程式为：

$$Ce_2(CO_3)_3 \cdot 8H_2O+2HF \longrightarrow 2\,CeFCO_3+9H_2O+CO_2$$

以含有 $Ce_2(CO_3)_3 \cdot 8H_2O$ 和 $La_2(CO_3)_3 \cdot 8H_2O$ 两种碳酸盐的镧铈碳酸盐为原料，氟化反应后，其氟化产物的物相为三相，其中两相为未反应的 $Ce_2(CO_3)_3 \cdot 8H_2O$ 和 $La_2(CO_3)_3 \cdot 8H_2O$，第三个为新相 $CeFCO_3$，而没有发现 La_2CO_3F 相，因此铈基稀土抛光粉用镧铈碳酸盐为原料的氟化过程，只有部分碳酸铈参与反应生成氟碳酸铈，其反应方程式仍为：

$$Ce_2(CO_3)_3 \cdot 8H_2O+2HF \longrightarrow 2\,CeFCO_3+9H_2O+CO_2$$

该反应与氟含量有关。

2.3.2　氟化盐氟化处理

萧桐[21]对碳酸铈镧用氟化铵和氟化钠进行氟化开展了较详细的研究。实验中使稀土碳酸盐中的部分碳酸盐组分与氟化盐(研磨)反应，然后对含部分氟化的碳酸盐进行焙烧，焙烧过程中大部分碳酸盐分解，得到低密度、多孔、壳状的以 CeO_2 为主的稀土氧化物粒子。在灼烧过程中，氟能很好地溶入 CeO_2 晶格中。

用氟盐进行氟化处理时，注意到研磨后的稀土碳酸盐的粒度很细，氟化后产

生的 H_2O 使产物呈现浆状，不易洗涤和过滤。研究中观察到：

1) 氟化时氟化物种类对焙烧产物的表面形貌影响很大。氟化钠体系的产物单晶发育良好，团聚较少，粒度均匀且较大。氟化铵体系的产物单晶发育较差，团聚较严重，但粒度较小。详见图 2-8 和图 2-9。

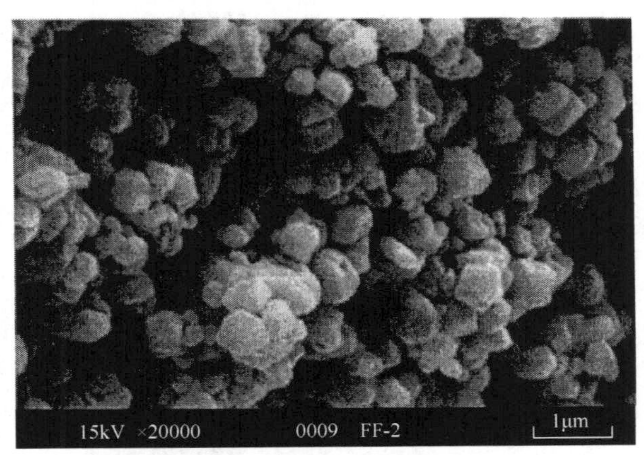

图 2-8　氟化钠体系焙烧后产物形貌(放大 20000 倍)

图 2-9　氟化铵体系焙烧后产物形貌(放大 20000 倍)

2) 在氟化过程中工艺参数，如氟化温度、氟化时间、氟化体系的 pH 值等因素对产物均有影响。

3) 在弱碱性、氟化铵存在条件下进行氟化，有利于提高抛光粉的综合性能。氟化过程工艺条件对于切削和划痕的相关性依次为：氟化体系 pH 值、氟化盐种类、氟化时间和温度。

氟化后的焙烧过程中，铵盐分解成为氨气挥发，在分解过程中，可以将碳酸盐颗粒破碎，在挥发过程中，又将碳酸颗粒形成内部中空类似于蜂窝的结构，钠

料中粗大粒径颗粒的研磨过程，粗大粒子的粒度下降很快，且效率较高，说明较粗大的颗粒在物料中的比例随时间不断降低，这一过程表现出物料中较大的稀土碳酸盐颗粒通过剪切断裂，晶格内部滑移、分离开裂变成粒度较小的颗粒。

粒径处于平均值左右的颗粒在球磨过程中，开始时粒度基本保持不变的水平，然而到一定阶段后出现转折。

原料中小颗粒在球磨过程中基本呈上升趋势，且变化缓慢。这说明较细的颗粒在物料的比例随时间不断增加，该过程也表现出了物料中较大的稀土碳酸盐颗粒通过剪切断裂，晶格内部滑移、分离开裂，变成越来越多的粒度较小的颗粒。这说明，此时大颗粒破碎的速率已经开始小于或等于颗粒继续破碎的速率。同时也说明，随着颗粒不断细化，其表面积和表面能增大，颗粒与颗粒间的相互作用力增加，相互吸附、黏结的趋势增大，最后颗粒处于粉碎与聚合的可逆动态过程中。

而在球磨过程的中后期，则是对所有颗粒综合作用的结果，最后达到粉碎与聚合的可逆动态平衡。

因此磨细原料中粗大粒子的过程并不是制约球磨时间的主要过程，制约球磨时间的主要过程是处于中心粒径左右的颗粒粒度调整过程，以及细小颗粒最终达到的粉碎与聚合的可逆动态平衡。

碳酸铈固体物料粉碎过程的粒度变化见图 2-10。

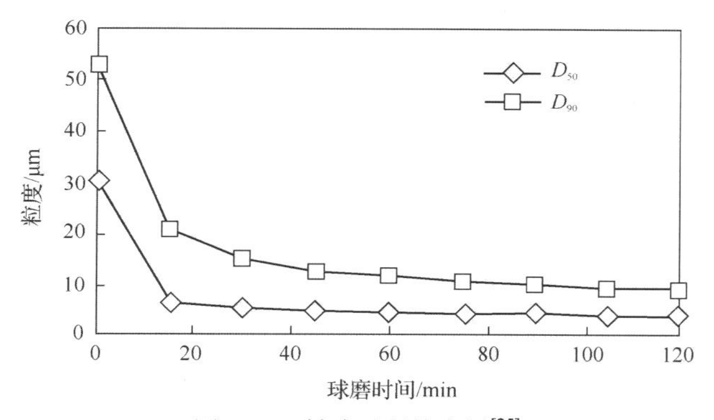

图 2-10　粉碎过程粒度图[25]

碳酸铈固体物料受外力作用，当内部应力大于其所能承受的极限时就会发生断裂从而达到粉碎的目的。随着球磨时间的进行，碳酸铈颗粒越来越细，其 D_{50} 和 D_{90} 逐渐趋于一定值(图 2-10)，其粉碎的难度越来越大。究其粉碎过程，主要是发展和产生结构缺陷，而晶粒越细，其结构缺陷越少，本体强度越高，进一步粉碎无疑需要消耗巨大的能量，因此其难度越来越大。

搅拌磨是 20 世纪 60 年代开始应用的粉磨设备，早期称为砂磨机，后来逐渐发展成为一种新型的超细粉磨设备，搅拌磨是超细粉碎机中最有发展前途，而且是迄今为止能量利用率最高的一种超细粉磨设备。它与普通球磨机在粉磨机理上的不同点是：搅拌磨的输入功率直接高速推动研磨达到磨细物料的目的。搅拌磨内置搅拌器，搅拌器的高速回转使研磨介质和物料在磨筒体内不规则地翻滚，产生不规则运动，使研磨介质和物料之间产生相互碰撞和摩擦的双重作用，致使物料被破碎且得到均匀分散的良好效果。搅拌磨的工作原理是由电动机通过高速装置带动磨筒内的搅拌器回转，搅拌器回转时其叶片端部的线速率约为 3~5 m/s，高速搅拌时还要大 4~5 倍。在搅拌器的搅动下，研磨介质与物料多维循环运动和自转运动从而在磨筒内不断地上下、左右相互转换位置产生剧烈的运动，由研磨介质材料及螺旋回转产生的挤压对物料进行摩擦、冲击、剪切作用而粉碎，因而能有效地进行超细粉磨，使产品细度达亚微米级。

在搅拌球磨机高频率周期性负荷作用下，碳酸铈固体颗粒的强度会有所降低，这是周期性负荷致使颗粒疲劳破坏的缘故。颗粒的实际强度还与其尺寸因素有关。

在外力作用下，碳酸铈颗粒内部的晶体结构会出现松弛现象，晶格缺陷是晶体物质结构的薄弱环节，也是颗粒粉碎的突破口。由于缺陷的存在，实际颗粒的强度远低于其理论强度，应变首先沿着晶体结构缺陷(位错)所占据的滑动面发展。由表 2-8 和表 2-9 中碳酸铈晶粒和镧铈碳酸盐晶粒粉碎过程中晶粒尺寸变化数据可以看出，其晶粒的断裂主要集中在碳酸铈晶粒及少部分碳酸镧晶粒的(200)和(002)晶面，说明原料碳酸铈晶粒中，结构缺陷主要集中在其(200)和(002)晶面上[25]。

表 2-8　碳酸铈球磨过程晶粒尺寸变化[25]

球磨时间/min	与下列晶面垂直方向的晶粒尺寸/Å		
	(020)	(200)	(002)
0	>1000	>1000	>1000
60	>1000	702	792
90	>1000	636	751
120	>1000	662	614

表 2-9　镧铈碳酸盐球磨过程晶粒尺寸变化[25]

球磨时间/min	与下列晶面垂直方向的晶粒尺寸/Å		
	(020)	(200)	(002)
0	>1000	>1000	>1000
60	>1000	655	676
90	>1000	612	640
120	>1000	200	622

研磨前后碳酸镧铈形貌发生明显变化。图 2-11 为研磨前后碳酸镧铈的电镜照片。从图中可知，经过研磨后，不仅颗粒明显减小，而且稀土碳酸盐的表面形貌从原始的不规则颗粒被研磨成粒径均匀的小颗粒。

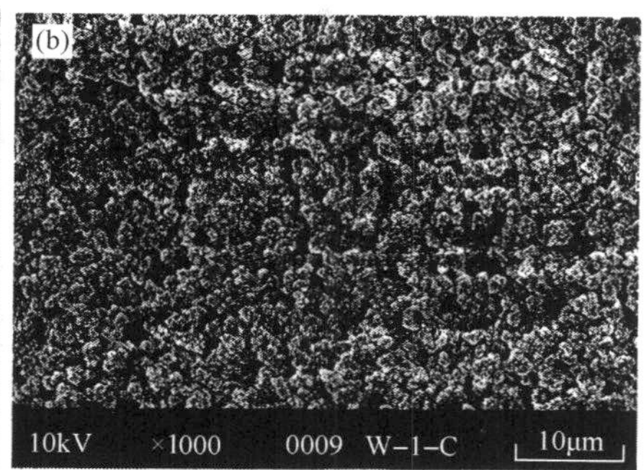

图 2-11　研磨前(a)后(b)碳酸镧铈的表面形貌

瓜生博美等[26]认为，前驱体最好在焙烧前进行过滤、干燥和破碎。粉碎优选使用湿式介质磨机，粉碎介质的尺寸优选直径为 0.2~5 mm。粉碎后进行的焙烧的温度优选 800~1200 ℃，焙烧时间优选 0.2~72 h。

李学舜等[27]研究了湿法粉碎时间对粒度的影响，大量的实验证明，在湿法粉碎的初期，原料的粒度随着粉碎时间的增加而减小，在粉碎 9 h 以后，粒度基本上不再减小(表 2-10)。

表 2-10　湿法粉碎时间与粒度关系

粉碎时间/h	6	7	8	9	10
D_{50}/μm	3.38	3.05	2.36	2.02	2.04
D_{max}/μm	12.31	10.53	9.02	8.33	8.25

李永绣等[28]以大颗粒碱式碳酸铈球团为前驱体，通过湿法球磨、焙烧，制备了中位粒径约为 100 nm 的单分散纳米氧化铈抛光粉。研究表明，产物粒径随焙烧温度的升高而增大，盐溶液作为球磨介质可以改善颗粒间的团聚现象。其中，氯化钠溶液为球磨介质，900℃焙烧所得纳米 CeO_2 粉体球形度好，粒度分布均匀，Zeta 电位绝对值大，在水中有较好的悬浮稳定性，其对 K9 玻璃抛光表面 RMS 粗度可达 0.482 nm。

球磨法处理前驱体工艺简单，已在个别企业中得到实施。

参 考 文 献

[1] 刘光华. 稀土材料与应用技术. 北京：化学工业出版社，2005：166-171

[2] 洪广言. 稀土化学导论. 北京：科学出版社，2014

[3] 程耀庚，魏绪钧. 以氯化稀土为原料制备稀土抛光粉的研究. 稀有金属与硬质合金，1998，(32):9-13
[4] 李学舜. 稀土碳酸盐制备铈基稀土抛光粉的研究. 沈阳：东北大学博士学位论文，2007
[5] 龙志奇，朱兆武，崔大立，等.碳酸氢铵沉淀法制备超细 CeO_2 粉体工艺条件研究.稀土，2005，26(5):4
[6] 李中军，彭翠，徐志高，等. 碳酸氢铵沉淀法制备 CeO_2 抛光粉. 稀土，2006，27(1):36-39
[7] 倪嘉缵，洪广言. 稀土新材料及新流程. 北京：科学出版社，1998：103-132
[8] 柳凌云，刘磊，谢军，等. 碳酸氢铵沉淀法制备少钕碳酸稀土粒度研究. 稀土，2013，34(6):87
[9] 周雪珍，程昌明，胡建东,等. 以碳酸铈为前驱体制备超细氧化铈及其抛光性能. 稀土，2006，27(1):1-3, 29
[10] 马莹，王秀艳，乔军,等.碳酸稀土生产工艺优化. 中国稀土学报，2002，(Z3):149-151
[11] 柳召刚，李梅，史振学，等. 碳酸盐沉淀法制备超细氧化铈的研究. 稀土，2010，31(6):27-31
[12] 刘志强，梁振峰，李杏英. 碳铵沉淀法制备纳米氧化铈的研究. 稀土，2006，27(5):11-14
[13] 李进，何小彬，李永绣,等. 光学玻璃抛光材料用超细 CeO_2 前驱体的制备. 稀土金属与硬质合金，2003，31(3):1-4
[14] 黄令漫，郝志庆，萧桐. 共沉淀法制备超细含氟铈基抛光粉. 稀土，2016， 37(3):100-104
[15] 方中心，苗雪玲，孙辛梅.超细氧化铈粉体的合成及粒度控制. 无机盐工业，2009， 39(1):34-35
[16] 周新木，王丽清. 晶状碳酸铈快速沉淀条件的研究. 无机盐工业，2002，34(3):13-17
[17] 岑治，夏长林，姬志强,等. 高浓度溶液共沉淀金属制备晶型碳酸镨钕工业化生产试验研究，稀土，2010，31(4):92-95
[18] 柳召刚，李梅，史振学,等. 草酸盐沉淀法制备超细氧化铈的研究. 中国稀土学报，2008，26(5)：666-670
[19] 朱兆武. 高性能稀土抛光粉的研制. 北京：北京有色金属研究总院博士后出站报告，2005
[20] 柳召刚，张盼，李梅，等. 纯铈稀土抛光粉中氟行为的研究. 稀土，2014，35(4)：13-18
[21] 萧桐. 用于平面显示的高性能稀土抛光粉的开发.上海：华东理工大学硕士学位论文，2009
[22] 周新木，岑志军，李静，等. 掺氟复合磨料的制备及对单晶硅抛光性能的影响， 稀土，2012，33(6):1-4
[23] 盖国胜. 超细粉碎分级技术. 北京：中国轻工业出版社，2000：51-59
[24] Griffith A A. The Theory of Rupture. Proc. First Int. Cong. for Applied Mechanics. Delft，1924
[25] 杨国胜，谢兵，任慧平，等. 无氟铈基稀土抛光粉制备过程的研究. 稀土， 2008，29(2):43-48
[26] 瓜生博美，三崎秀彦，小林大作，等. 铈系研磨材料.中国发明专利: CN101356284A.2009-01-28
[27] 李学舜，崔凌霄，杨国胜. TCE 高性能稀土抛光粉的制备及影响因素的研究，稀土，2003，24(6:) 48-51
[28] 李静，常民民，孙明艳，等. 以大颗粒碱式碳酸铈球团为前驱体制备单分散纳米氧化铈抛光粉. 稀土，2016，37(3): 1-6

第3章 稀土抛光粉前驱体焙烧过程及其固体化学

在铈基抛光粉制备过程中，前驱体的物化性质和焙烧工艺条件是影响最终产物和抛光粉质量的两大主要因素。其中前驱体的物化性质对抛光粉产品质量及其抛光性能影响是间接的，而前驱体的焙烧过程对抛光粉质量及抛光性能的影响是至关重要的。

稀土抛光粉作为一种重要的固体材料在其原料选择、化学组成、材料的结构与形貌、制备过程及其应用特性等方面均涉及一系列固体化学问题，特别是前驱体焙烧过程更是固相反应的过程，因此，固体化学是研究稀土抛光粉的基础。

3.1 铈基抛光粉的固体化学基础

铈基抛光粉中 CeO_2 是最主要的组成部分。CeO_2 之所以能作为抛光粉是由其独特的晶体结构和物理化学性质所决定的。因此，有必要首先了解氧化铈的性质及其结晶化学。

3.1.1 CeO_2 的化学和物理特性[1-4]

铈是地壳中含量最多的稀土元素，在轻稀土矿中 CeO_2 含量约占 50%。

四价铈(Ce^{4+})是除 Eu^{2+} 外唯一在水溶液中稳定存在的非三价镧系元素离子。由于 Ce^{4+} 带有较高的正电荷且离子半径较小，而使四价铈盐在水溶液中比三价的镧系元素的盐类更容易水解：

$$Ce^{4+}+2H_2O \longrightarrow Ce^{3+}(OH)+H_3O^+$$

由此，四价铈盐溶液呈强酸性。

稀土元素是亲氧的元素，以氧化物的形式普遍存在。铈与氧也能形成各种化合物，它们的结构列于表 3-1。Ce-O 相图示于图 3-1。

CeO_2 是晶格能较大的萤石结构化合物，其为四价阳离子提供了特别强的稳定性。在铈氧化物中优先稳定的是 CeO_2，而不是呈三价的 Ce_2O_3。

最稳定的铈氧化物是二氧化铈，当铈盐在空气中或在含氧的环境中焙烧可制备呈四价的二氧化铈，在强还原条件下则生成呈三价的倍半氧化铈 Ce_2O_3，但它在空气、水等介质中是不稳定的，易转化为二氧化铈。稀土氧化物难溶于水和碱液，而易溶于无机酸生成的盐，但纯 CeO_2 溶解在无机酸中比较困难。

表 3-1 Ce-O 化合物晶体结构[3]

相	氧原子分数/%	空间群	结构类型
(δCe)	0~0.6	*Im*3*m*	W
(γCe)	0~0.5	*Fm*3*m*	Cu
γCe_2O_3	57.3~59.3	…	…
βCe_2O_3	56.9~58.6	*P*3*m*1	La_2O_3
αCe_2O_3	56.9~60	*Ia*3	Mn_2O_3
Ce_7O_{12}	63.2	*R*3	…
Ce_3O_5	62.2~62.8	…	…
CeO_2	62.2~66.7	*Fm*3*m*	CaF_2
Ce_9O_{16}	64.0	…	…
$Ce_{19}O_{34}$	64.2	…	…
Ce_5O_{19}	64.3	…	…
$Ce_{31}O_{56}$	64.4	…	…
$Ce_{11}O_{20}$	64.5	*P*1	…

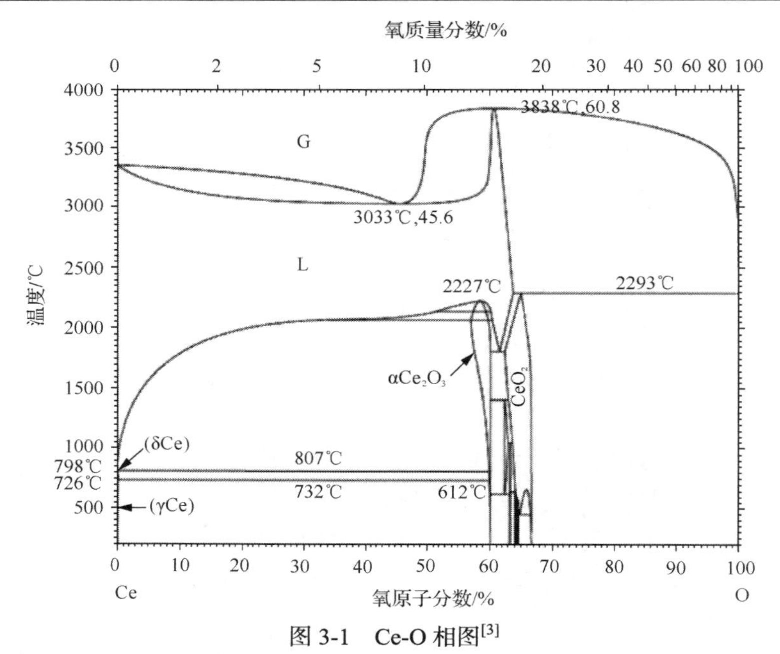

图 3-1 Ce-O 相图[3]

在氧分压低时，二氧化铈的组成与其化学计量比化合物有大的偏离，可用 CeO_{2-x} 表示（x 值可达 0.3），在空气或氧气中，二氧化铈的组成接近化学计量比化合物。

负离子缺失的萤石型二元稀土氧化物CeO_{2-x}是一类典型的非化学计量比化合物，人们对它已作过详细的研究。CeO_{2-x}体系的相图示于图 3-2，从该相图可见CeO_{2-x}在冷却时将析出一系列窄相区的CeO_{2-x}氧化物，如δ、ζ、τ相，它们都可看作整比相，但这些相的晶体结构并不相同。加热到一定温度，则形成宽限非整比的α相和σ相，它们相隔一个窄的混溶区覆盖整个组成范围，其中σ相是体心立方型的，α相是萤石型的MO_2。

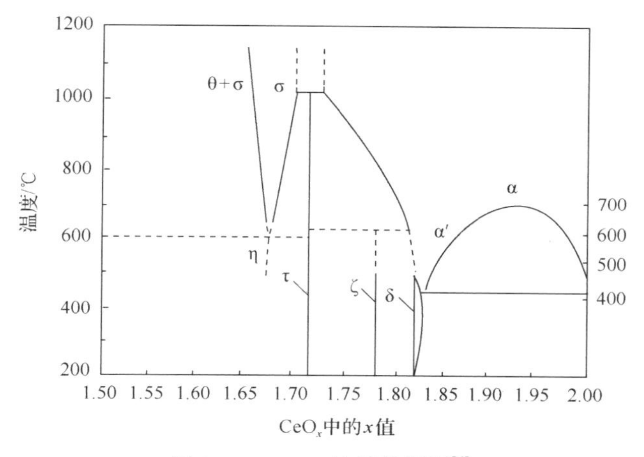

图 3-2　CeO_{2-x}体系的相图[4]

二氧化铈的缺陷结构也可通过掺杂来获得。二氧化铈与三价稀土离子（如La^{3+}或Y^{3+}）易形成固溶体，当三价稀土掺杂于二氧化铈中，每掺杂一个三价稀土离子产生一个氧空位，所产生的氧空位是可移动的，所形成的主要点缺陷与价态变换行为有关。其中氧空位的扩散快，而阳离子的扩散慢，所生成的有缺陷的萤石结构具有良好的氧化物离子传导性，在高于 600℃时是优良的新型固态电解质。

在CeO_2中掺Ln^{3+}取代Ce^{4+}所形成的缺陷化学反应为：

$$CeO_2+Ln^{3+} \longrightarrow Ln_{Ce}{}' + Vo^{\cdot\cdot} + O_2$$

二氧化铈在约 1400℃烧结时，通过加入微量（<1.0%）的氧化物（如TiO_2或Nb_2O_5）可制成理论密度大于 97%的CeO_2。

纯CeO_2呈很浅的黄色，这可能是Ce^{4+}-O^{2-}电荷转移所致。氧化物的颜色不仅对化学计量很敏感，而且对其他镧系元素的存在也很敏感，当存在很微量的镨（~0.02%）时，由于Ce^{4+}-Pr^{3+}的价态变换而呈浅黄色；当镨含量较高（~2%）时，该氧化物就变成了暗红色。据报道，非化学计量的二氧化铈样品呈蓝色，这与Ce^{4+}-Ce^{3+}价态变换有关。此外，因为二氧化铈通常是通过焙烧铈盐制备的，所以观察到的颜色取决于焙烧的温度。

3.1.2 CeO_2与三价稀土氧化物的晶体结构

晶体结构是指原子在晶胞中的分布方式，它与材料的物理化学性质密切相关，不同晶体结构的稀土氧化物表现出不同的性能。

1. CeO_2的晶体结构

CeO_2是最稳定的铈氧化物之一，二氧化铈为立方晶系，呈萤石(fluorite CaF_2)型立方体堆积的结构，如图 3-3(a)所示，空间群为 *Fm*3*m*，结构中金属 Ce^{4+}离子配位数为 4，采取立方密堆积，立方体的 8 个顶点和 6 个面的中心为 Ce^{4+}离子，氧离子填充在其形成的四面体空位内。该结构也可看成 Ce^{4+}形成密堆积而氧离子放在全部四面体空隙中，这样的四面体之间将共用全部 6 条棱。由这种方式描述该结构与一般阴离子形成密堆积而阳离子放在空隙中的情况相反。氧离子位于 8 个正四面体的中心。氧离子的配位数为 8，采取六方密堆积，Ce^{4+}离子填充了其形成的八面体空位。为面心立方结构的 CeO_2 晶胞的空间格子，有八配位阳离子和四配位阴离子，因此，结构决定的 OCe_4 配位四面体分担了三维空间的全部边线。图 3-3(b)~(d)分别是氧化铈各晶面方向的投影。

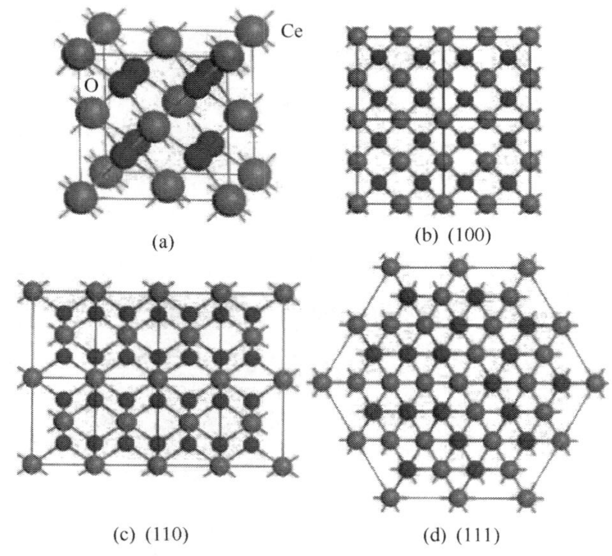

图 3-3 氧化铈晶胞结构(a)及其(b) (100)或(200)，(c) (110)和(d) (111)晶面方向的投影

面心立方 CeO_2 的晶胞常数 *a*=5.4113 Å，Ce—O 键长 2.347 Å，O—O 键长 2.710 Å，Ce—Ce 键长 3.832 Å。配位数 8 的 Ce^{4+}离子半径为 0.97 Å，配位数 4 的 O^{2-}离子

半径为 1.38 Å，两者之和为 2.35 Å。Ce—O 键长和 Ce^{4+}、O^{2-} 离子半径之和几乎相等，故 Ce 和 O 是紧密排列的。(111)面与(200)面的夹角为 125.2°。

2. 三价稀土氧化物的晶体结构[1]

大多数稀土氧化物通常以三价氧化物的形式存在，其晶体结构有 A、B、C 三种。图 3-4 为三价稀土氧化物的晶体结构与形成温度和离子半径关系的相图，从图 3-4 可见，在 2000℃以下，RE_2O_3 有三种不同结构，它们之间存在一系列的结构转变，稀土氧化物的结构主要取决于金属离子的大小和生成的温度。

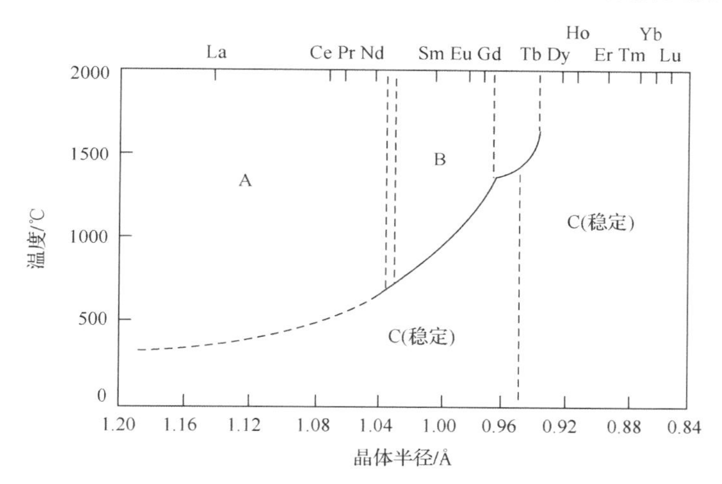

图 3-4　三价稀土氧化物 A、B、C 型结构的相图

图 3-5 为 R_2O_3 三种晶体结构的示意图。A 型为六方晶系，在 RE_2O_3 中，稀土离子是七配位的，6 个氧原子占据八面体的六个角，围绕稀土离子呈八面体排布，另外还有 1 个氧原子处在八面体的一个面中心上，La_2O_3、Nd_2O_3 等常以 A 型存在；B 型为单斜晶系，在 RE_2O_3 中，稀土也是七配位的，其中 6 个氧原子也是八面体排布，余下的 1 个氧原子与金属原子的键要比其他键长，Sm_2O_3 常以 B 型存在；C 型结构为体心立方，相当于从萤石结构的对角线上去掉 2 个氧原子，Y_2O_3 和 $(Eu\text{-}Lu)_2O_3$ 常以 C 型存在，则是在氟化钙型结构中移去 1/4 的阴离子，金属离子是六配位的。在氟化钙型结构中，每个金属原子被 8 个氧原子包围，它们分布在一个立方体的 8 个顶角上，每个氧原子又被 4 个金属离子包围，这 4 个金属离子分布在一个四面体顶角上。

其他稀土元素对铈基抛光粉的抛光能力起到了积极的作用。如面心立方 Pr_6O_{11} 与 CeO_2 结构相同，也适于抛光。稀土氧化物可以在不改变 CeO_2 的晶体结构的基础上，在一定范围内与氧化铈形成固溶体，使晶型变化在立方晶系萤石型和六方晶系之间。

洪广言研究了用草酸盐沉淀，经 850℃焙烧制备的 La_2O_3-CeO_2 体系组成与晶相的相关性，所得结果见图 3-6。

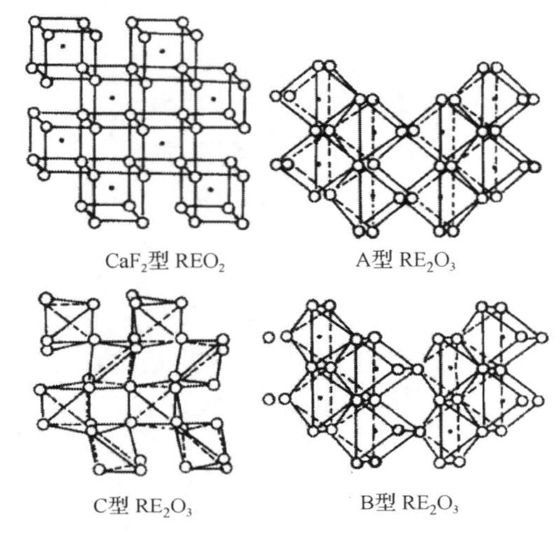

图 3-5　稀土氧化物的结构

· 稀土金属原子；　○氧原子

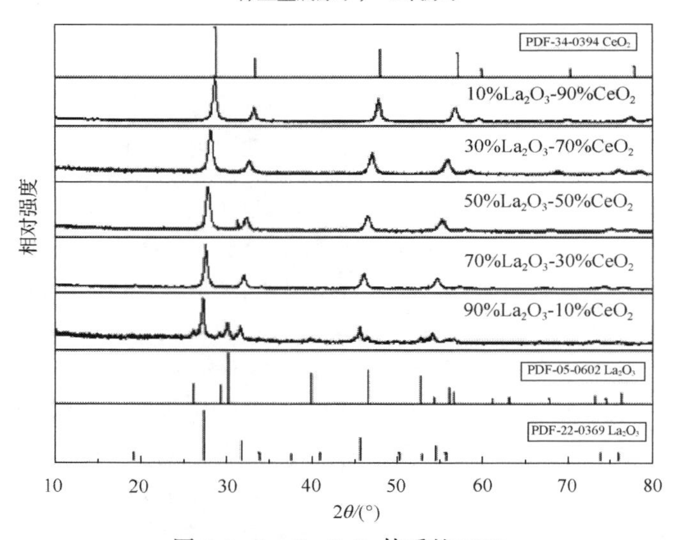

图 3-6　La_2O_3-CeO_2 体系的 XRD

从图 3-6 中观察到 La_2O_3 的含量增加至 70%仍能保持 CeO_2 的立方结构(PDF-34-0394)。有趣的是，由于 CeO_2 的存在，直至 La_2O_3 含量增加至 90%才呈现出 La_2O_3 两种结构并存。La_2O_3 的两种晶型分别为六方晶系(PDF-05-0602)和立方晶系(PDF-22-0369)。

加入 La_2O_3 后观察到衍射峰随 La_2O_3 的含量增加而向低角度位移，表明晶胞参数增大，同时，在与 CeO_2 共存时更易生成立方结构。

抛光粉中氧化铈以面心立方晶型存在，当有少量三价稀土存在时，在晶体内形成氧空位，造成晶体缺陷，导致晶体变形。当大量三价稀土存在时，则形成立方氧化铈和六方三价稀土氧化物的混晶。

朱丽丽等[5]研究了 $Ce_{1-x}La_xO_{2-\delta}$(x = 0.05～0.50) 中 La_2O_3-CeO_2 比例对晶胞参数的影响，结果见表 3-2。

表 3-2　在 $Ce_{1-x}La_xO_{2-\delta}$ 中 La_2O_3- CeO_2 比例对晶胞参数的影响

La_2O_3-CeO_2 比例	晶胞参数 a/nm
95：5	0.5428
90：10	0.5447
80：20	0.5478
70：30	0.5511
60：40	0.5553
50：50	0.5594

表 3-2 中晶胞参数与掺杂量 x 的关系表明，所有 $Ce_{1-x}La_xO_{2-\delta}$ 固溶体的晶胞参数都大于 CeO_2(JCPDS，34-394) 的晶胞参数(0.5413 nm)，而且随着掺杂量 x 的增加，晶胞参数增大，这是因为八配位的 La^{3+} 离子半径(0.130 nm) 大于 Ce^{4+} 离子半径(0.111 nm)，故当 La^{3+} 离子部分取代晶格中 Ce^{4+} 离子时引起 $Ce_{1-x}La_xO_{2-\delta}$ 固溶体晶胞参数增大。

两种组分要形成无限固溶体系必须满足下述条件：

1) 两种组分中金属原子或离子的半径必须接近，其半径差要小于 15%，否则，不同大小的原子或离子产生的晶格畸变将太大，以致影响其固溶度。

2) 两种组分必须具有相同的晶体结构，否则固体中将出现不同结构的相，或固溶度仅限于一定范围。

3) 金属原子必须具有相同的价电子数，否则价电子数之差有可能导致形成化合物而不形成固溶体。

4) 金属原子必须具有几乎相同的电负性，如果两种金属具有显著的电负性差，则将倾向于形成金属间化合物。

后两条是针对形成合金固溶体而言的，对化合物固溶体亦有一定参考价值。

一般认为，离子半径差值低于 15%，形成连续(或无限) 固溶体；15%~30%时，可形成有限固溶体；离子半径差值大于 30%，固溶度很小或可忽略。固溶体的晶体结构按照溶质原子位置不同，可分为置换固溶体和间隙固溶体；按固溶度不同，可分为有限固溶体和无限固溶体；按溶质原子分布不同，可分为无序固溶体和有序固溶体。

在氧化铈抛光粉中，Ce^{4+}离子处于八配位中，稀土离子取代 Ce^{4+}离子，其中 La^{3+} 离子半径(0.130 nm)大于 Ce^{4+}离子半径(0.111 nm)和 Ce^{3+}离子半径(0.128 nm)，故掺 La^{3+} 后晶胞体积增大；Nd^{3+}离子半径，Pr^{3+}离子半径和 Pr^{4+}离子半径分别为 0.125 nm ，0.127 nm 和 0.110 nm，故掺 Pr 和 Nd^{3+}后会使晶胞体积变小。在氧化铈抛光粉中掺杂稀土离子可形成无限固溶体或有限固溶体。

氧化铈抛光粉形成固溶体后将会改变抛光粉的物理化学特性，如使晶粒细化，强度提高，抗烧结性能提高，促进氧空位的生成，晶格畸变增加等。

3. CeO_2 晶体形貌

由晶体的自限性可知，所有的晶体都具有自发的形成封闭的几何多面体外形能力的性质。一切晶体都具有格子构造，其格子构造也可看作是由平行晶面组成的，并且这些平行晶面构成了晶体的最外层表面。

晶体在自由的生长体系中生长，晶体的各晶面生长速率是不同的，即晶体的生长速率是各向异性。晶体的晶面生长速率 R 是指在单位时间内晶面(*hkl*)沿其法线方向向外平行推移的距离(*d*)，也称为线性生长速率。

晶体生长形态的变化来源于各晶面相对生长速率(比值)的改变，或者说，晶体的各个晶面间的相对生长速率决定了它的生长形态。晶体几何形态所出现的晶面符号(*hkl*) 是一组互质的简单整数。按照 Bravais 法则在晶体生长到最后阶段所保留下来的一些主要晶面是面网密度较高，而面网间距 d_{hkl} 较大的晶面。如图 3-7 中，a_0 的面网间距大于 b_0。

在点阵结构中，结晶质点排列密集程度可用晶面面网密度来表示，即在单位平面点阵中质点的数目，晶体中优先发展的晶面应是面网密度最大的，而这类晶面生长速率最小。面网密度大的往往是常遇到的实际晶面，见图 3-7。

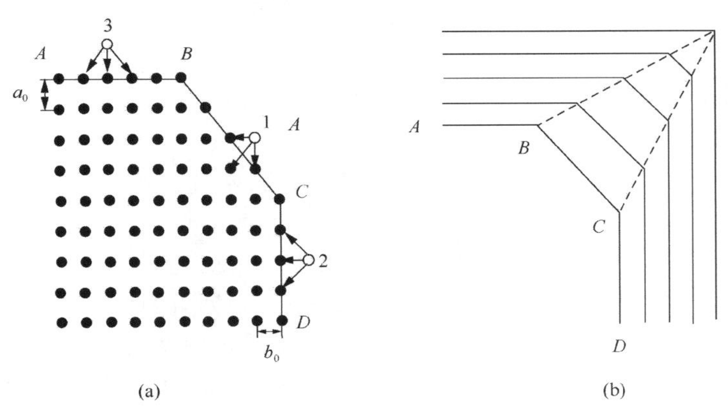

图 3-7　(a)面网密度小的晶面优先生长；(b)生长速率快的晶面在生长过程中被淹没[33]

从图 3-7 中可见，面网密度 $AB>CD>BC$，若要保持晶体的本征形态，其生长速率将为 BC 面最大，而 AB 面最小，否则 BC 面将会被淹没，见图 3-7。

CeO_2 晶体主要由(111)面和(200)面组成，设立方体的棱为 1，则(111)面网的间距为 0.577，(200)面网间距为 0.25。其中(111)面网的间距远远大于(200)面网的间距，所以(200)面的纵向生长速率大于(111)。由于晶面的生长速率越大，则表层晶面的面积越小，故一般情况下 CeO_2 晶体表面以(111)面为主。

晶面的生长速率会受到晶格缺陷、杂质原子、生长环境等因素的影响，使得晶面的生长速率发生较大改变，从而改变晶体的形貌。由此，通过改变(111)面和(200)面的生长速率，就可以改变 CeO_2 晶体的形貌。

晶面的表面能对晶体形貌有显著的影响。表面能不同，各晶面的发育不同，能生长出不同形貌的晶体(图 3-8)。如沿着(100)晶面方向生长呈立方体，沿着(111)晶面方向生长呈八面体，而沿着(110)晶面方向生长呈十二面体。

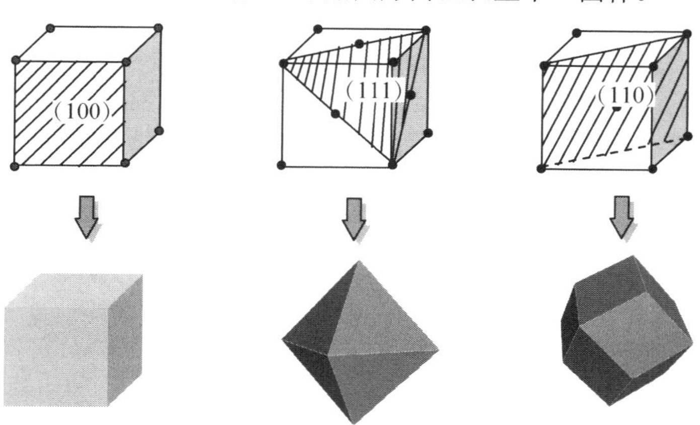

图 3-8　晶面的表面能对晶体形貌的影响

晶体形态取决于晶体结构的对称性、结构基元间的作用力、晶格缺陷和晶体生长的环境等因素，因此在研究晶体生长形态时，不能局限于某一方面，既要注意到晶体结构因素，又要考虑到复杂的生长环境的影响，并在很大程度上受到生长环境的影响。

即使成分与结构均相同的晶体，由于生长环境的差异，既能形成具有对称特征的几何多面体，又能生长成特殊的形态。同一种晶体会有不同的生长形态是与组分及其浓度、系统的黏度、温度、杂质等条件以及晶体生长习性等因素密切关联的。

同一种晶体在不同生长条件下其结晶形貌不同。反映出其结晶形貌上的多变性。晶体生长形态能部分反映它的形成历程，因此，利用晶体的形貌，有助于了解晶体生长机制。

3.1.3 铈基稀土抛光粉的晶体结构与形貌特征

通常认为在材料研究中主要考虑组成-结构-性能之间的关系，而随着科学技术的发展，高技术对材料的要求越来越严格，不仅考虑组成-结构-性能，而且开始更多地考虑形貌对材料性能的影响，故我们[6]提出当前材料的研究应该加强对形貌的研究，应该考虑组成-结构-形貌-性能。稀土抛光粉的形貌对其抛光性能起着十分重要的作用是一个典型的例子。

许多抛光粉为微米级颗粒，但其往往是由更小的纳米级的晶粒集合而成。在用微米级抛光粉高速抛光时颗粒粒度分布为 2~3 μm，低速抛光时为 1~2 μm。超出此范围而混入粗粒子时抛光中会产生划痕。理想的抛光粉应是 50 nm 左右的单晶粒凝聚成 0.5~5 μm 的颗粒，并且能破裂而形成新的晶粒参与抛光。

抛光粉在抛光过程中能否保持抛光效率，取决于大的颗粒凝聚的坚固程度和初始晶体的强度，由凝聚颗粒组成的抛光粉比没有凝聚的抛光粉抛光效率高，耐久性好。带有明显尖角，良好结晶度和平板状结构的抛光粉显示出特别好的抛光速率。

氧化铈抛光粉的优越性在于其结晶形状。文献[7,8]中提出结晶形状为 A 型和 B 型的两种类型的抛光粉(图 3-9)。当晶粒表面以(111)面为主，则为 A 型；当晶粒表面以(200)为主则为 B 型，其中在理想情况，B 型被认为是优良的抛光粉。并认为立方晶系球状 CeO_2(晶粒直径为 45 nm)和立方晶系尖形八面体 CeO_2(晶粒直径 70 nm 左右)的两种结晶形状的抛光粉中，球状晶体更适于作抛光材料。

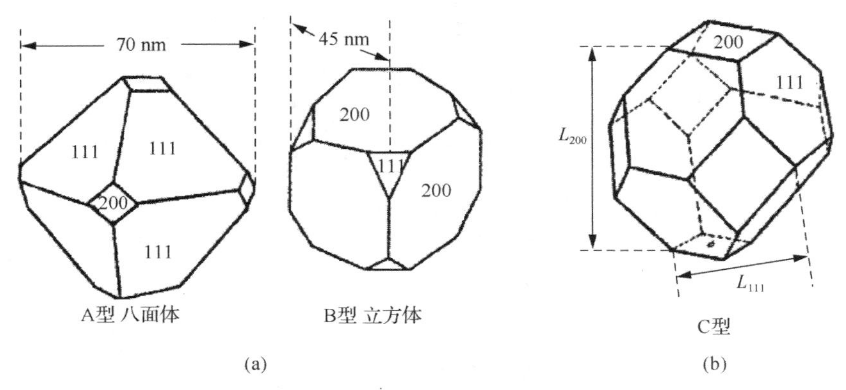

图 3-9 (a) A 型和 B 型抛光粉的晶体形状[8]；(b) C 型抛光粉的晶体形状 L_{111}/L_{200}=1.1547

李学舜[9]研究了晶粒直径和结晶形状之间的关系。用衍射分别测出(200)面和(111)面的晶粒直径 L_{200} 和 L_{111}，然后再计算出 L_{111}/L_{200} 比值。根据几何结晶学计算认为，对于 CeO_2 两种晶形 A 型和 B 型来说，L_{111}/L_{200} 比值在 0.5774~1.1547 范围内，则结晶形状为 A 型；在 1.1547~1.7321 范围内，则为 B 型；当 L_{111}/L_{200} 比值近似为 1.1547 时，也可看作 A 型和 B 型的过渡状态 C 型(图 3-8)。

对优质抛光粉形貌的要求，不同文献持有不同的认识，其原因在于抛光对象、抛光阶段及对质量要求不同，而所需抛光粉的形貌不同，以及实际制备过程中较难获得理想的晶形。

不同晶面发育的差异及 CeO_2 晶体形貌的变化可用 XRD 观察，详见第 5 章。

文献[10]认为对纳米氧化铈，当颗粒 Ce_nO_{2n} 的 $n<50$，即 $d<0.2$ 时,CeO_2 将不再是面心立方的萤石结构。当粒径在纳米范围内时，晶胞参数 a 随粒径的减小而增大，这主要是由短程斥力引起的。

3.1.4　前驱体焙烧过程中的固相反应基础[6]

优质的抛光粉要求抛光质量好、效率高、使用寿命长、成本低，而获得优质抛光粉的关键在于合成出具有优良物化特性的材料。

稀土抛光粉的制备过程中存在一系列固体化学问题。焙烧过程在铈基稀土抛光粉的制备过程中非常关键，物料在这一过程发生相变，随着温度、时间等因素的变化，新相成核并不断长大，形成铈基稀土抛光粉的微晶粒，也能通过焙烧过程制成纳米晶及其团聚体。

前驱体焙烧过程使原有的晶体发生彻底的破坏(变化)，稀土原子与氧及氟原子重新组合排列，形成新化合物，即稀土氧化物的晶体生长过程。此结晶过程造就了最终产物的晶体形貌、结构、粒度、硬度，而这些性质又都直接影响铈基抛光粉的产品质量及抛光粉性能。

前驱体焙烧过程是典型的固相反应，其包括热分解反应和复分解反应，它们的反应过程很复杂。对于固相反应来说，因为参与反应各组分的原子或离子受到晶体内聚力的限制，不可能像在液相反应中那样可以自由地迁移，因此，它们参与反应的机会不能用简单的统计规律来描述，而且对于多相的固态反应，反应物质浓度的概念没有意义，无需加以考虑。一个固相反应能否进行和反应进行的速率快慢，是由许多因素决定的。包括内部的因素有：各反应物组分的能量状态(化学势、电化学势)，晶体结构、缺陷、形貌(包括粒度、孔隙度、比表面积等)。外部的因素有：反应物之间充分接触的状况，反应物受到的温度、压力以及预处理的情况(如辐照、研磨、预烧、淬火等)，反应物的蒸气压或分解压，液态或气态物质的介入，等等。

固相反应一般经历四个阶段：扩散—反应—成核—生长。影响固相反应速率的主要因素是：①反应物固体的表面积和反应物间的接触面积；②生成物相的成核速率；③相界面间特别是通过生成物相层的离子扩散速率。

由于固相反应主要在界面间进行，反应控制步骤的离子在相间扩散，又受到不少未定因素的制约，因而固相反应生成物的组成和结构往往会呈现非计量比和非均匀性。这种现象几乎普遍存在于高温固相反应的产物中。

对高温固相法合成材料来讲，焙烧的温度、环境气氛、焙烧的时间以及后处理过程都会影响到材料的性质。不同的焙烧温度可能导致不同的物相产生，从而影响材料性质；焙烧时炉料周围的环境气氛对材料性能的影响也很大，如炉丝金属蒸气有可能引入杂质，空气中的氧气有可能使材料氧化变质，因此根据材料的性质选择焙烧气氛是很重要的；焙烧时间取决于反应速率和反应物量的多少，因此焙烧工艺是保证良好材料性质的重要条件。另外，后处理过程能够除去所用的助熔剂、过量的激活剂和其他杂质，从而改善材料的性质。

由于固相反应合成具有选择性高、产率高、工艺过程简单、成本较低等优点，已成为人们制备固体材料的主要手段之一。到目前为止，高温固相法仍是材料工业生产中应用最广泛的一种合成方法。但高温固相法也存在一些不足之处。例如，反应温度太高，耗时又耗能，反应条件苛刻；温度分布不均匀，难以获得组成均匀的产物；产物易烧结，晶粒较粗，颗粒尺寸大且分布不均匀，难以获得球形颗粒，需要球磨粉碎，而球磨粉碎在一定程度上破坏了材料的结晶形态，影响材料性能；高温下容易从反应容器引入杂质离子；高温下某些离子具有挥发性，造成材料性能降低；反应物的使用种类也受到一定程度的限制。

另外，用高温固相反应法合成分散性好的纳米粒子，特别是氧化物和氧化物之间的固相反应是相当困难，其原因在于完成固相反应需要较长时间的焙烧或采用提高温度来加快反应速率，但在高温下焙烧易使颗粒长大，同时颗粒与颗粒之间牢固地连接，为获得粉末又需要进行粉碎。

为了促进高温固相反应进行，通常在反应物中添加助溶剂，即选择某些熔点比较低、对产物性能无害的碱金属或碱土金属卤化物、硼酸等添加在反应物中。助熔剂在高温下熔融，可以提供一个半流动态的环境，有利于反应物离子间的互扩散，有利于产物的晶化。一般硼酸盐类和磷酸盐的熔点比较低，合成时不需要添加助熔剂。

固体反应一般要在高温下进行数小时甚至数周，因而选择适当的反应容器材料是至关重要的，所选的材料在加热时对反应物应该是化学惰性和难熔的材料。常用石英坩埚、刚玉坩埚(氧化铝)或莫来石-堇晶石坩埚等。

近些年来为改善材料的性能，采用沉淀法或其他方法先制备均一的前驱体，然后再以高温固相反应合成所需的材料。

固体化合物的热分解是一个常见而获得广泛应用的固相反应，例如碳酸铈前驱体分解为 CeO_2 和 CO_2 就是这类反应。有些热分解反应从热力学看是可能的，加热(或辐照)只是提供给它活化能以引发反应，而有些反应则需要从外界不断地供给它能量。

热分解反应总是从晶体的某一点开始，首先形成核。在晶体中晶核是容易成为初始反应核心的地方，也是晶体的活性中心。它总是位于晶体结构缺少对称性的地方，例如，晶体中那些存在着点缺陷、位错、杂质的地方，或晶体的表面、晶粒间界、晶棱等处。这些都属于所谓局部化学因素。故用中子、质子、紫外线、X 射线、γ 射线等辐照，或者使晶体发生机械变形等都有利于增加这种局部化学因素，从而能促进固相的分解反应。

热分解反应主要受控于核的生成数目和反应界面的面积这两个因素。

核的形成速率以及核的生长和扩展的速率，决定了固相分解反应的动力学。核的形成活化能大于生长活化能，因此，当核一旦形成，便能迅速地生长和扩展。

铈基稀土抛光粉的晶核形成于焙烧过程。焙烧过程中，稀土碳酸盐、稀土氟碳酸盐发生化学反应和固态相变形成稀土抛光粉的晶核，然后晶核随焙烧温度升高，焙烧时间延长，逐渐长大成为稀土抛光粉的晶粒。究其成核过程，主要依靠非均匀成核，这是由焙烧前驱体在结构组织方面先天的不均匀性决定的。

在固体中形成晶体时，由于局域环境的变化，温度的波动，周围界面或表面的影响，有时所得到的并非单晶晶粒，而是包含大量缺陷，如孪晶，含有小角晶体、众多晶面的聚集颗粒。

晶界处原子偏离平衡位置，具有较高的动能，并且晶界处存在较多的缺陷，如空位、杂质原子和位错等，故晶界处原子的扩散速率比在晶体内快得多。另外，杂质原子，第二相或夹杂物的作用往往也对晶界活动性产生很大的影响。

晶界的位置可用两个晶粒的位向差来确定，可分为两类：①小角度晶界：相邻晶粒的位相差小于 10°；②大角度晶界：相邻晶粒的位相差大于 10°的晶界。亚晶界均属小角晶界，一般小于 2°，分为倾斜晶界、扭转晶界和重合晶界，其晶界可看成是由刃型位错构成。多晶体中 90%以上的晶界属于大角度晶界，大角度晶界的结构较复杂，其中原子排列较不规则，不能用位错模型来描述。

晶界处点阵畸变大，存在着晶界能。因此，晶粒的长大和晶界的消融都能减少晶界面积，从而降低晶界的总能量，这是一个自发过程。然而晶粒的长大和晶界的消融均需通过原子的扩散来实现，因此，温度升高和时间延长，均有利于这两个过程的进行。

在焙烧的前驱体中晶体缺陷的密度很大，而且分布极不均匀，各区域所具有的能量高低也不一样，这就给非均匀成核创造了极好的成核条件。显然晶格中能量较高的缺陷易于促进成核。相对来说，界面是各种缺陷中能量最高的一类，所以晶体的外表面、内表面(缩小孔、气孔、裂纹的表面)、晶界、相界以及栾晶界和亚晶界等往往是优先成核的地方，相变也最易在这里开始和扩展。在焙烧前驱体的结构中，稀土碳酸盐、稀土氟碳酸盐的晶粒的生长错综复杂，前驱体中晶界、相界、亚晶界等界面随处可见，这为铈基稀土抛光粉焙烧过程的相变和成核提供了良好的“温床”。

新相形成后，在一定温度下，就会发生一个新的过程，即晶粒长大过程。这是系统中储存着大量界面能的缘故。母相全部转变为新相后，往往晶粒细小，界面能高，继续加热保温，由于晶界移动的驱动力是界面曲率，晶界移动的总趋势是各晶界都趋于能量最低。晶界向小晶粒推进，即形成大晶粒“吃掉”小晶粒的现象，实际上是小晶体融入大晶体中。

不同于溶液中均相反应易于控制成核，使晶体长大，粉体热分解或复分解反应往往在多部位同时进行反应、成核，且晶体有限地长大，最终形成新相的多晶粉末。从局域可观察到新相成核、生长得到所需的晶体。

在铈基稀土抛光粉的合成中反应温度是关键因素之一，反应温度不仅与产物形成密切相关，而且与抛光粉的粒径大小及均匀程度、颗粒形貌、硬度、化学活性、杂质含量等均有关。一般说来，提高温度有利于提高反应速率，但需要注意有些产物温度过高会分解，有些组分(如碱金属氧化物和卤化物)在高温下易挥发，因此，控制反应温度是关键。焙烧温度可以参考热分析的数据确定，稀土抛光粉的焙烧温度一般在 850~1200℃之间。焙烧温度也可结合抛光玻璃的物理机械性能确定。例如对于一般成分的平板玻璃(垂直拉伸、连续轧制、片状)来说，抛光粉最适宜的焙烧温度为 1190℃。

经验证明，在高温合成抛光粉时，升降温度的速率，恒温焙烧的时间长短，对于抛光粉的性质也有显著的影响。有的合成反应需要缓慢地升温到所需的反应温度，在反应温度下恒温加热一定时间，然后停止加热，让产物在加热炉中缓慢冷却下来；有时在加热反应完成后立即将产物从加热炉中取出冷却，以保持该高温度下产物的晶体结构；有时制备反应必须将反应物在较低的温度下保温一段时间，然后再升温至反应温度进行反应。因此应根据对反应机理的认识和实验经验来确定每一种高温固相反应的升降温度工艺。

除温度以外，气氛也有很大的影响，不同的材料合成需要不同的气氛。有些组分有各种氧化态，如当希望产物的物相是某一种确定的氧化态时，就需要控制反应的气氛。控制反应的气氛往往是在高温反应时在反应体系中通入惰性气氛(如 N_2，Ar)，还原气氛(如 CO，N_2+5%H_2 混合气)或氧化气氛(如 O_2，空气)等。

一般铈基抛光粉在空气或氧化气氛中进行。

气体压力对所制备的材料也有明显的影响，众所周知，不同的温度和压力可得到不同产物。

3.2 前驱体干燥过程

前驱体的干燥过程对于制备优质抛光粉是十分重要的环节。不同成分前驱体的干燥条件有所不同，试验中干燥温度是关键，不同干燥温度可以得到不同的干燥产物。干燥过程中气氛、压力对产物也有明显影响。干燥温度可参考热分析曲线得到。以干燥后的产物为原料进行焙烧时，不同干燥条件所得产物的灼减量会不同，用于控制抛光粉质量时需引起注意。

稀土碳酸盐前驱体含有结晶水，一般含有结晶水的数量 n 依稀土元素的不同而不同，例如对 Ce 而言 n 为 5，对 La 而言 n 为 8，对 Y 而言 n 为 3。除了结晶水以外，一般稀土碳酸盐还含有一定量的游离水。由碳酸稀土制备稀土氧化物的实践证明，这些水分在焙烧过程中不仅产生大量的水蒸气使稀土的细粉随其飞扬至炉外，降低了稀土收率，而且水蒸气对炉衬的腐蚀也十分严重。因此，在焙烧前对稀土碳酸盐进行脱水是非常必要的。稀土碳酸盐脱水温度不同，所得产物也不同。一般干燥温度均大于 100℃。

李学舜等[9,11]研究了在 200℃不同组分碳酸铈物料的干燥过程，得知不同组分碳酸铈干燥的产物和反应不同，结果如下：

1）碳酸铈前驱体干燥过程的原料为碳酸铈经球磨粉碎后的产物，其 XRD 图谱见图 3-10。

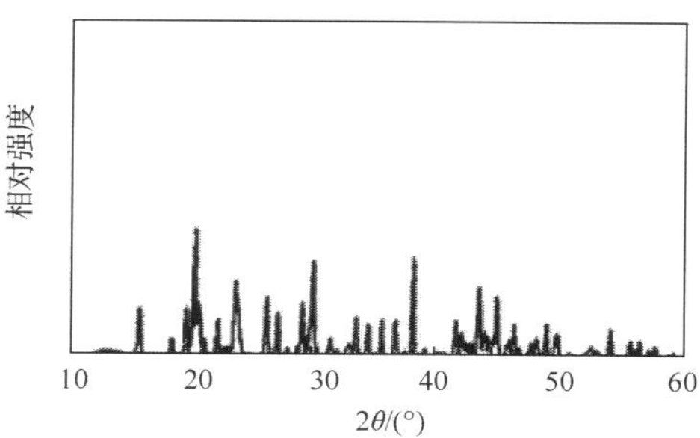

图 3-10 碳酸铈原料 XRD 图[11]

由图 3-10 可知，原料是由单一物相 $Ce_2(CO_3)_3 \cdot 8H_2O$(PDF-38-0377)构成。

图 3-11 是原料经 200℃干燥 24 h 所得干燥产物的 XRD 图。

由图 3-11 可知，原料经 200℃干燥 24 h，干燥过程中，在除去游离水的同时部分分解和氧化，干燥产物由三个物相组成，其一是残余的 $Ce_2(CO_3)_3 \cdot 8H_2O$ (PDF-38-0377)，两个新相中一个为 $Ce(CO_3)_2O \cdot H_2O$ (PDF-44-0617)，另一个为 $Ce_2O(CO_3)_2 \cdot H_2O$ (PDF-28-897,43-0602)。其反应程式为：

$$2Ce_2(CO_3)_3 \cdot 8H_2O + 3/2O_2 \longrightarrow 2Ce(CO_3)_2O \cdot H_2O + Ce_2O(CO_3)_2 \cdot H_2O + 13H_2O$$

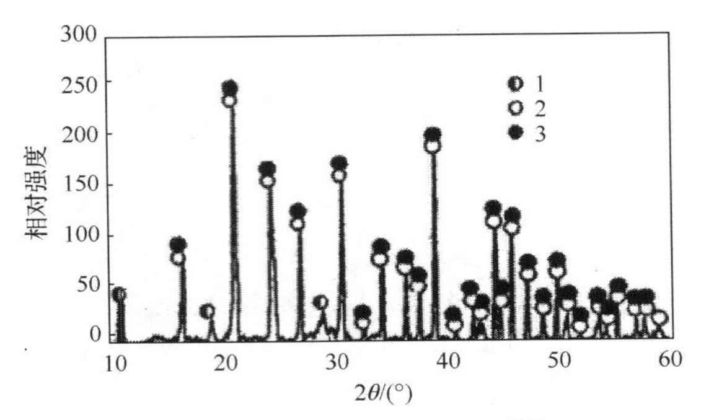

图 3-11　干燥产物 XRD 图[11]

2) 碳酸铈镧前驱体干燥过程的原料为经球磨、粉碎后的镧铈碳酸盐，其主要物相为 $Ce_2(CO_3)_3 \cdot 8H_2O$ 和 $La_2(CO_3)_3 \cdot 8H_2O$(PDF-25-1400)。前驱体中的 $Ce_2O(CO_3)_3 \cdot 8H_2O$ 在 200℃、24 h 干燥过程的产物与碳酸铈干燥过程相同，但是 $La_2(CO_3)_3 \cdot 8H_2O$ 没有分解。其中 $Ce_2(CO_3)_3 \cdot 8H_2O$ 分解反应方程式仍为：

$$2Ce_2(CO_3)_3 \cdot 8H_2O+3/2O_2 \longrightarrow 2Ce(CO_3)_2O \cdot H_2O + Ce_2O(CO_3)_2 \cdot H_2O +13H_2O$$

3) 氟化碳酸铈干燥过程的原料为碳酸铈经氟化后的产物，其主要物相为 $Ce_2(CO_3)_3 \cdot 8H_2O$ 和 $CeCO_3F$(PDF-11-340)。经 200℃干燥 24 h 产物的 XRD 结果表明，氟化碳酸铈干燥后的产物中 $CeCO_3F$ 物相的量增加，这说明干燥过程中由于温度升高加快了氟化反应速率，使物料中部分未反应的 $Ce_2(CO_3)_3 \cdot 8H_2O$ 和物料中游离的 HF 充分反应，以致氟化反应更加完全。其反应方程式为：

$$Ce_2(CO_3)_3 \cdot 8H_2O+2HF \longrightarrow 2CeCO_3F+9H_2O+CO_2$$

4) 氟碳酸铈镧干燥过程的原料为经氟化的镧铈碳酸盐，其物相为 $Ce_2(CO_3)_3 \cdot 8H_2O$、$La_2(CO_3)_3 \cdot 8H_2O$ 和 $CeCO_3F$。经 200℃干燥 24 h 后产物的 XRD 结果表明，氟碳酸铈镧干燥后产物的物相仍为 $Ce_2(CO_3)_3 \cdot 8H_2O$、$La_2(CO_3)_3 \cdot 8H_2O$ 和 $CeCO_3F$。但 $CeCO_3F$ 的衍射峰强度明显增强，而 $Ce_2(CO_3)_3 \cdot 8H_2O$ 和 $La_2(CO_3)_3 \cdot 8H_2O$ 两相的衍射峰强度相对减弱。说明物相 $CeCO_3F$ 比例增大了，而物相 $Ce_2(CO_3)_3 \cdot 8H_2O$ 和 $La_2(CO_3)_3 \cdot 8H_2O$ 的比例减小了。从 XRD 物相分析表明，其干燥过程是在氟碳酸铈镧升温时，加速其反应的过程，使物料中未反应的 $Ce_2(CO_3)_3 \cdot 8H_2O$ 和物料中游离的 HF 更充分反应，进一步生成 $CeCO_3F$ 的过程。其反应方程式仍为：

$$Ce_2(CO_3)_3 \cdot 8H_2O+2HF \longrightarrow 2CeCO_3F+9H_2O+ CO_2$$

值得注意的是在进行干燥过程中能观察到碳酸铈的干燥条件对 Ce 的价态有显著影响，在空气中干燥时部分 Ce^{3+} 会氧化为 Ce^{4+}，并与干燥温度、气氛有关。

3.3 铈基稀土抛光粉的焙烧过程

铈基稀土抛光粉可由称为前驱体(稀土碳酸盐、草酸盐、碳酸钠复盐、硫酸盐及氢氧化物等)的化合物或矿物经高温焙烧后生成具有一定物理化学性质的稀土氧化物抛光粉。不同组分的原料制备工艺不同。由于焙烧过程的控制因素不仅多而且复杂，对产物也特别敏感，因此给深入研究带来了一定的困难。

在铈基抛光粉的制备过程中，稀土碳酸盐前驱体的物性和焙烧过程条件，是影响最终产物和抛光粉质量的两大主要因素。前驱体的焙烧过程对抛光粉质量及抛光性能的影响是至关重要的。焙烧过程对抛光粉的组成、颗粒度、形态、硬度、均匀性等具有决定的影响，

获得优质稀土抛光粉与选用的稀土化合物前驱体化学处理工艺参数和焙烧成稀土氧化物抛光粉的温度、时间、设备等工艺条件密切有关。焙烧温度可参考热分析曲线和被抛光玻璃的物理机械性能决定。

铈基抛光粉前驱体焙烧主要是固体的热分解反应和复分解反应过程。热分解反应的最关键因素是焙烧温度和组分，不同组分的前驱体焙烧温度不同。

实验中观察到在焙烧过程加入添加剂对焙烧产物的性能会有一定影响。

3.3.1 碳酸铈前驱体的焙烧过程

采用 $Ce_2(CO_3)_3$ 为原料生产稀土抛光粉的生产工艺中关键是控制焙烧条件。在焙烧过程中，碳酸铈受热分解，产生 CO_2 气体，同时作为主要成分的 CeO_2 结晶生成，形成具备一定性能的稀土抛光粉。碳酸铈焙烧化学反应方程式：

$$Ce_2(CO_3)_3 \longrightarrow 2CeO_2+CO\uparrow+2CO_2\uparrow$$

为使分解反应更好地进行，重要的是控制焙烧温度和焙烧时间，焙烧温度和时间过度将使结晶过度增长，结晶与结晶之间产生烧结或半熔融，导致研磨体表面被划伤。特别是反应产生的 CO_2 气体(600~700℃)，随着 CO_2 气体的急剧产生会破坏物料的稳定性和一致性。因此，控制合适的温度，可获得稳定的产品。不同焙烧温度对晶粒尺寸的影响见表 3-3。

表 3-3 焙烧温度对晶粒粒径的影响[12]

焙烧温度/℃	600	700	800	850	900
粒径/nm	23.3	32.9	46.0	53.1	61.3

由表 3-3 可见，随着焙烧温度的升高，晶粒粒径增大。

李学舜等[9]研究了不同组分前驱体的焙烧条件对抛光粉性能的影响。对碳酸铈前驱体所用的焙烧原料为经 200℃干燥 24 h 后的干燥产物，主要物相为 $Ce_2(CO_3)_3 \cdot 8H_2O$、$Ce(CO_3)_2O \cdot H_2O$ 和 $Ce_2O(CO_3)_2 \cdot H_2O$。测定的碳酸铈前驱体的 DTA 曲线示于图 3-12。

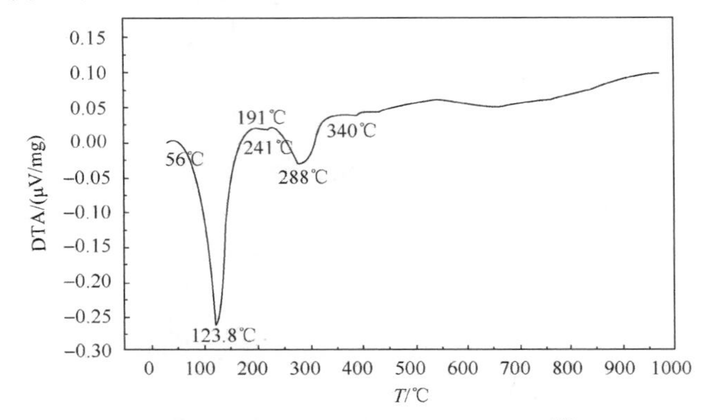

图 3-12　碳酸铈前驱体的 DTA 曲线[9]

从图 3-12 可以看出，在 56~191℃温度区间内存在一个很大的吸热峰，峰值温度为 123.8℃，主要是碳酸铈前驱体的脱水过程；241~340℃温度区间内，存在一个较大的吸热峰，峰值温度为 288℃，主要由 $Ce_2(CO_3)_3$ 脱 CO_2 生成 $Ce_2O(CO_3)_2$ 和部分氧化为 $Ce(CO_3)_2O$，以及开始分解为 CeO_2；600~800℃温度区间内，存在一个不太明显的吸热峰，其峰形较为平缓，表明样品分解完全和晶化完整。

碳酸铈前驱体经 950℃焙烧后的 XRD 图示于图 3-13。

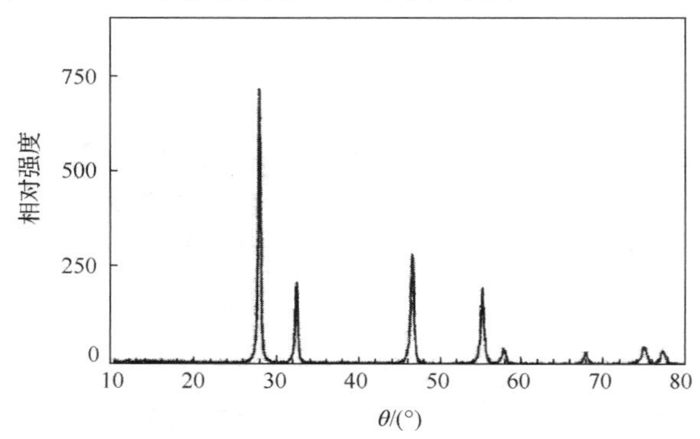

图 3-13　碳酸铈在 950℃焙烧后的 XRD 图[9]

由图 3-13 可以看出，碳酸铈焙烧后产物为 CeO_2(PDF 43-1002)。结合 DTA 曲线和 XRD 物相分析，其焙烧过程分三个阶段进行，分别为稀土碳酸盐脱水过程，稀土碳酸盐分解过程，稀土氧化物的最终转变生成过程，即 $Ce_2(CO_3)_3 \cdot 8H_2O$

脱水生成 $Ce(CO_3)_2O \cdot H_2O$ 和 $Ce_2O(CO_3)_2 \cdot H_2O$；$Ce(CO_3)_2O \cdot H_2O$ 和 $Ce_2O(CO_3)_2 \cdot H_2O$ 继续分解，开始生成 CeO_2；CeO_2 的最终转变生成。其反应方程式为：

$$2Ce_2(CO_3)_3 \cdot 8H_2O+3/2O_2 \longrightarrow 2Ce(CO_3)_2O \cdot H_2O+Ce_2O(CO_3)_2 \cdot H_2O+13H_2O$$

$$Ce(CO_3)_2O \cdot H_2O+Ce_2O(CO_3)_2 \cdot H_2O \longrightarrow 3CeO_2+4CO_2+2H_2O$$

柳召刚等[13]研究了碳酸盐沉淀法制备超细氧化铈的过程。前驱体碳酸铈热分析与上述结果类似。由热分析结果可知，DTA 曲线在约 100℃有一个吸热峰，归属于前驱体脱水，在 258℃有一大的吸热峰，对应于 TG 曲线在此范围内总失量约为 20%，而 $Ce_2(CO_3)_3 \rightarrow CeO_2$ 理论失重率为 25.2%，说明该阶段 $Ce_2(CO_3)_3$ 已开始分解为 CeO_2。而失重率与理论失重率的差别是由于碳酸铈在干燥过程中可能有少量样品发生了分解。试验中观察到在碳酸铈干燥后颜色稍微变黄，部分铈已发生氧化，也说明在干燥过程中样品已发生了部分分解。当温度升至 600℃左右，热分析曲线无明显变化，表明碳酸铈分解过程基本结束。

以碳酸铈在 100℃下干燥 2 h 得到的前驱体，在不同的温度下焙烧 2 h，得到的产物分别测定了它们的 XRD，结果示于图 3-14。

由图 3-14 可见，随着焙烧的温度升高，衍射峰逐渐变尖锐，衍射峰的半峰宽逐渐变窄，衍射强度增强。根据 Scherrer 公式 $D=K\lambda/(\beta \cdot \cos\theta)$，不考虑由仪器等引起的宽化，晶粒尺寸与半峰宽成反比关系，即衍射峰半峰宽越宽，晶粒越细。由此可知，随着焙烧温度的升高，氧化铈粉体的粒径逐渐增大。另一方面，XRD 曲线的平滑程度与晶格发育情况有关，晶格发育比较完整的晶粒，其 XRD 曲线的基线均十分平整，而当晶粒发育不完整时，XRD 曲线不平滑，出现毛刺，说明晶粒发育不好，结晶不完全。由衍射图可见，随着焙烧温度的升高，CeO_2 的衍射曲线变得更平滑，说明随着温度的升高，CeO_2 晶化得更好。

在低温下焙烧时，得到晶粒的粒径较小，小晶粒具有较高的比表面能，易于通过表面分子键形成较大团聚颗粒使表面能降低，体系趋于稳定，所以小晶粒有变大的趋向。当在高温下焙烧时，晶粒尺寸较大，晶粒的表面能降低，晶粒团聚程度变小。随着焙烧温度升高，粉体的晶粒粒径逐渐增加，粉体的比表面积会逐渐减小。实际测试的比表面积值除表面面积外，内孔表面积也是一个重要部分，焙烧温度高时，晶化完全，内孔比表面积会显著减小，同时晶体表面发生了烧结。综合这两方面的因素，比表面随着焙烧温度的增加急剧减小。

焙烧温度对粒度和比表面积的影响列于表 3-4 中。从表 3-4 中可见，碳酸铈焙烧，温度逐渐升高，比表面积减小。

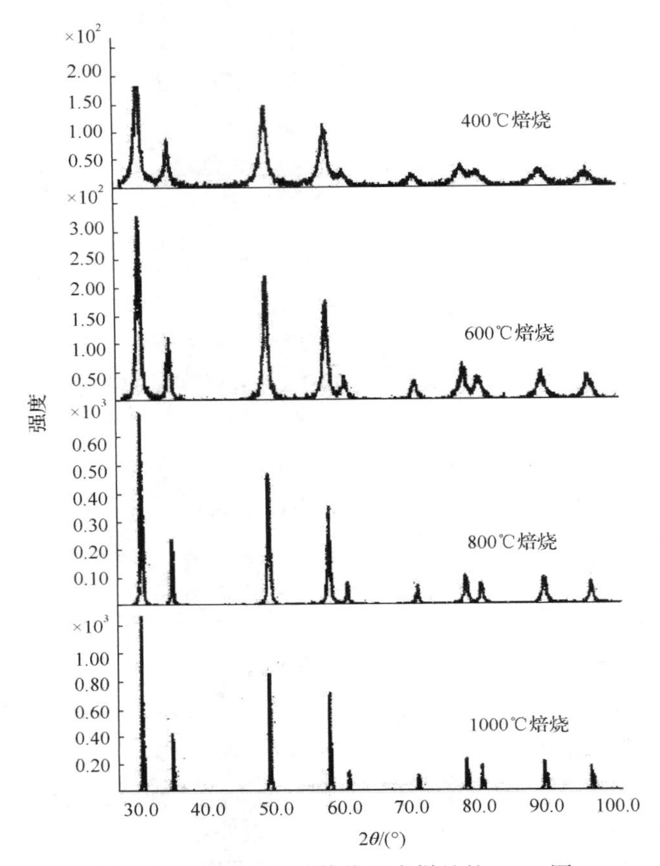

图 3-14　碳酸铈不同焙烧温度样品的 XRD 图

综合焙烧过程的反应方程式为：

$$Ce_2(CO_3)_3 + Ce(CO_3)_2O \cdot H_2O + Ce_2O(CO_3)_2 \cdot H_2O \longrightarrow CeO_2 + CO_2 + H_2O$$

焙烧产物的 XRD 分析表明[11]，焙烧产物的物相为 CeO_2。CeO_2 的晶体结构如图 3-15 所示，属面心立方，空间群为 *Fm*3*m*。CeO_2 晶体属 CaF_2 型八配位体的典型结构，这个结构可以看成 Ce^{4+}形成密堆积，而 O^{2-}放在全部四面体空隙中，这样的四面体之间将共用全部 6 个棱。在 CeO_2 结构中直到 $O_{1.72}Ce$ 仍维持 CaF_2 型八配位体结构，但是这种非整比性使得结构上有时变得很复杂。如 $O_{1.8}Ce$ 实际上是 O_2Ce 和 $O_{29}Ce_{16}$ 的复合物，而 $O_{29}Ce_{16}$ 是 CaF_2 结构，有规则地空出 3/32 O^{2-}，少一个 O^{2-}，必有两个 Ce^{4+}变为 Ce^{3+}。这表明在 CeO_2 晶体结构中可能存在少量非整比的 CeO_{2-x} 化合物。

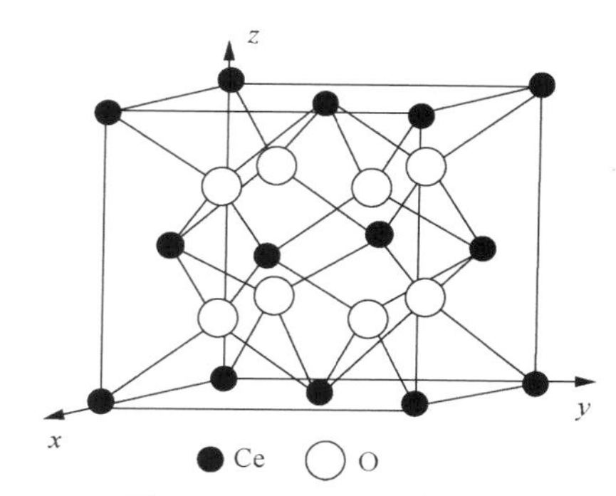

图 3-15　CeO_2 的晶体结构

表 3-4　碳酸铈焙烧温度对粒度和比表面积的影响

编号	焙烧温度/℃	粒度			比表面积/（m^2/g）	晶粒尺寸/nm	衍射峰相对高度
		D_{10}	D_{50}	D_{90}			
CC-V	碳酸盐	8.782	57.367	115.107			
	700	7.802	21.262	40.41	7.8	30.38	5280
	750	7.014	20.985	40.9590	4.22	39.37	6229
	800	6.871	19.21	37.071	2.48	49.45	7176
	850	6.599	20.944	41.978	1.54	55.93	9667
	900	7.755	21.572	42.022	1.11	58.35	11398
CC-2	碳酸盐	4.775	27.812	87.465			
	700	4.439	16.762	37.771	11.47	27.12	4531
	750	4.199	16.203	37.008	5.59	35.88	6063
	800	4.512	17.441	39.777	2.48	47.71	7827
	850	4.265	17.459	42.779	1.58	54.80	9309
	900	4.194	16.203	37.008	1.13	58.35	11226

注：实验条件：室温→升温 5 h→保温 2.5 h→降温，温差 20℃以内

无氟氧化铈抛光粉焙烧过程中 CeO_2 晶格常数随时间的变化示于图 3-16，由图 3-16 可知，其晶格常数在焙烧 210 min 后，基本保持恒定。测定了焙烧产物的 XRD 观察到焙烧产物的面间距整体高于 CeO_2 标准卡片(PDF-43-1002)的面间距，认为焙烧产物的物相并不单纯，而是在 CeO_2 结构中可能固溶有 Ce^{3+}的成分，由于 Ce^{3+}离子半径大于 Ce^{4+}，使 CeO_2 面间距增大。这表明无氟铈基稀土抛光粉应该是一种固溶体，是在 CeO_2 中固溶 Ce^{3+}的固溶体，也说明焙烧 210 min 后就形成了在 CeO_2 中固溶 Ce^{3+}的固溶体结构，而且此结构相对稳定。

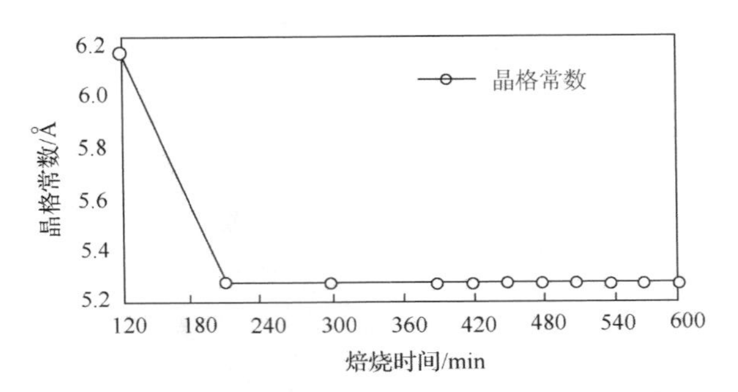

图 3-16 晶格常数随焙烧时间的变化[11]

周雪珍等[14]以水合碳酸铈为原料研究了制备的超细氧化铈及其抛光性能，水合碳酸铈分别于 800℃、900℃、1000℃、1100℃、1200℃直接焙烧 2 h 后所得氧化铈的 XRD 示于图 3-17。

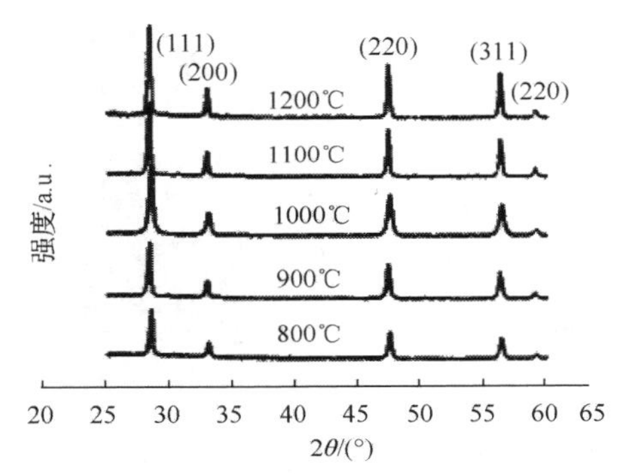

图 3-17 水合碳酸铈经不同温度煅烧所得氧化铈的 XRD 图[14]

由图 3-17 可见，所得氧化铈均为单一的立方萤石结构，且随着焙烧温度的升高，衍射峰强度逐渐增强，半峰宽减小，峰形变得更加尖锐。由此可知氧化铈的平均粒度随焙烧温度的升高而增大，晶化逐渐趋于完全。

测定经不同温度 800℃、900℃、1000℃、1100℃、1200℃焙烧后的氧化铈样品的激光散射粒径表明，所有抛光粉的中位(D_{50})粒径均小于 3 μm，这种颗粒度适合光学玻璃的抛光。

图 3-18 示出氧化铈抛光粉对三种玻璃的切削速率随焙烧温度的变化均呈现出极大值，焙烧温度为 900~1000℃时得到的氧化铈具有较高的切削速率。切削速率从 800~1000℃的上升可归因于产品结晶性的提高，从而 1100~1200℃之间的下降可能是因为焙烧温度提高后颗粒度和晶体表面活性的降低。在较高温度下，颗粒表面的孔洞收缩会导致表面化学活性和界面摩擦力的降低，抛光时不容易在玻璃表面形成 Ce—O—Si 活性中间体，不利于与表面氧化硅产生强相互作用，造成抛

光速率减小。

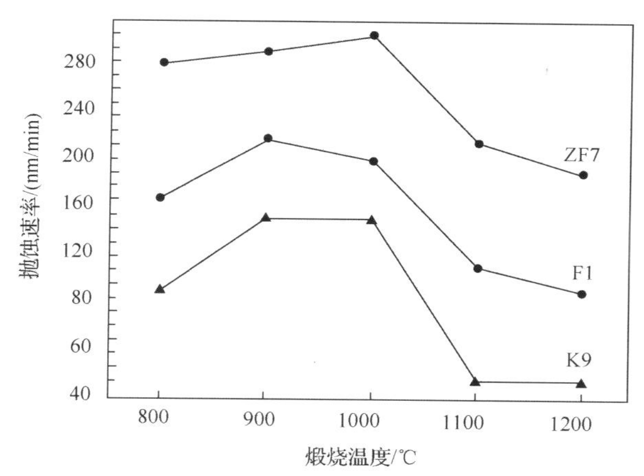

图 3-18 经不同温度煅烧制备的氧化铈样品对三种光学玻璃的抛蚀速率[14]

李中军等[15]考察焙烧温度在 300~600℃范围内对粒径的影响。焙烧温度增加，粒径先降低后增加，碳酸铈分解时 $Ce_2(CO_3)_3 \longrightarrow CeO_2$ 导致体积收缩。温度低时碳酸铈分解不够完全，颗粒较大，当温度为 500℃，颗粒平均粒径达到 1.05 μm，继续升高焙烧温度，使晶粒长大，导致颗粒粒径增大。

不同温度下焙烧的 CeO_2 XRD 表明：当焙烧温度在 400℃时 $Ce_2(CO_3)_3$ 已经完全分解，CeO_2 的萤石晶体结构已经形成。粉体在 500℃以下焙烧时，XRD 具有宽化的衍射峰，说明粉体晶粒较小，晶化度较低，在 600℃以上焙烧时，晶化度较高。

从不同温度焙烧后，制备 CeO_2 粉体的比表面、真密度以及 BET 计算粒径结果可知：粉体的比表面随焙烧温度升高迅速下降，真密度逐渐增大，当焙烧温度升高到 800℃以上时真密度几乎接近理论值(7.28 g/cm^3)，而由 BET 测得的比表面计算的粉体粒径大于测定的团聚粒径，这可能是由于颗粒的不规则性或颗粒与颗粒接触形成了死比表面造成的。

3.3.2 碳酸铈镧前驱体的焙烧过程

李学舜等[9]以碳酸铈镧经 200℃干燥产物为原料，研究了碳酸铈镧前驱体焙烧过程。前驱体的主要物相为 $Ce_2(CO_3)_3 \cdot 8H_2O$、$La_2(CO_3)_3 \cdot 8H_2O$、$Ce(CO_3)_2O \cdot H_2O$ 和 $Ce_2O(CO_3)_2 \cdot H_2O$。碳酸铈镧前驱体的 DTA 曲线示于图 3-19。

由图 3-19 可见，在 91~271℃温度区间内存在一个很大的吸热峰，峰值温度为 177℃，主要为样品的脱水过程；294~347℃温度区间内，存在一个较小的吸热峰，峰值温度为 314℃；457~498℃温度区间内，存在一个吸热峰，峰值温度为

475℃；650~850℃温度区间内，存在一个不太明显的吸热峰，其峰形较为平缓。

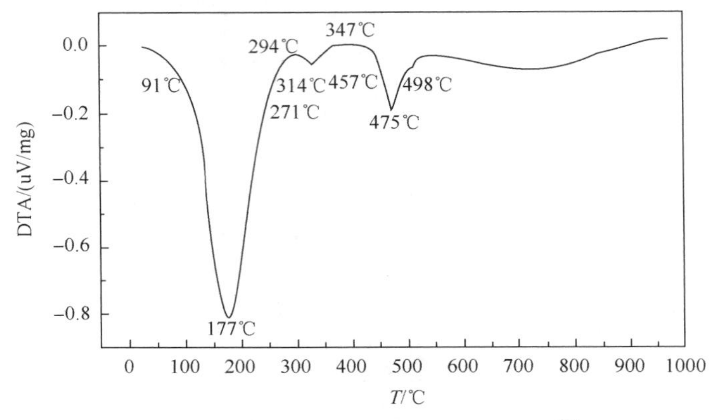

图 3-19　碳酸铈镧前驱体的 DTA 曲线[9]

图 3-20 是碳酸铈镧前驱体在 950℃焙烧后的 XRD，由图 3-20 可见，碳酸铈镧前驱体焙烧产物为 CeO_2(与标准卡片 PDF 4-0593 符合)。结合 DTA 曲线和 XRD 物相分析，其焙烧过程分三个阶段进行，分别为稀土碳酸盐脱水过程，碳酸盐分解过程，稀土氧化物的最终转变生成过程，即 $Ce_2(CO_3)_3 \cdot 8H_2O$ 脱水生成 $Ce(CO_3)_2O \cdot H_2O$ 和 $Ce_2O(CO_3)_2 \cdot H_2O$，然后 $Ce(CO_3)_2O \cdot H_2O$ 和 $Ce_2O(CO_3)_2 \cdot H_2O$ 进一步热分解为 CeO_2，而 $La_2(CO_3)_3 \cdot 8H_2O$ 分解后，La 成分进入到了 CeO_2 的晶格中形成固溶体。其反应方程式仍为：

$$2Ce_2(CO_3)_3 \cdot 8H_2O+3/2O_2 \longrightarrow 2Ce(CO_3)_2O \cdot H_2O+Ce_2O(CO_3)_2 \cdot H_2O+13H_2O$$

$$Ce(CO_3)_2O \cdot H_2O+Ce_2O(CO_3)_2 \cdot H_2O \longrightarrow CeO_2+CO_2+H_2O$$

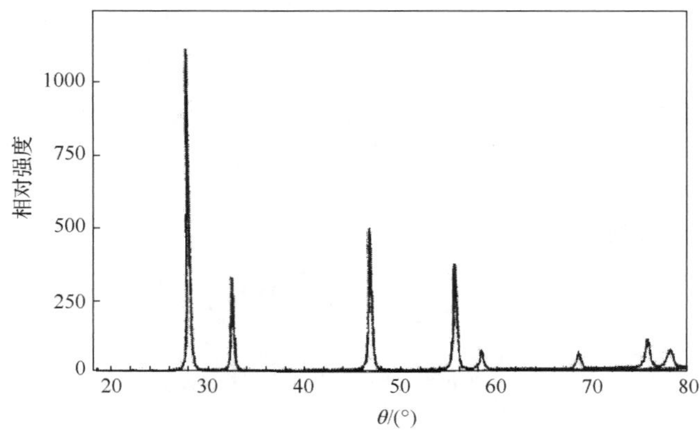

图 3-20　碳酸铈镧前驱体在 950℃焙烧后的 XRD[9]

3.3.3 氟碳酸铈前驱体的焙烧过程

李学舜等[9]以氟碳酸铈经过 200℃ 5 h 干燥后产物为原料研究了氟碳酸铈前驱体焙烧过程。氟碳酸铈前驱体的干燥产物的主要物相为 $Ce_2(CO_3)_3 \cdot 8H_2O$ 和 $CeCO_3F$。测定了它们的 DTA 曲线(图 3-21)。

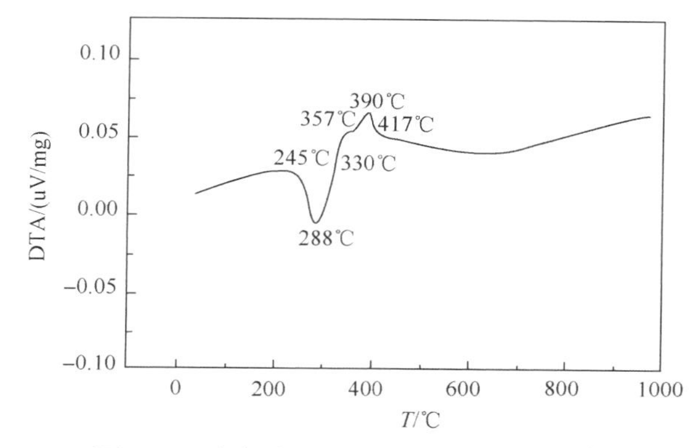

图 3-21　含氟碳酸铈前驱体的 DTA 曲线[9]

从图 3-21 的 DTA 曲线可知，在 245~330℃温度区间内，存在一个较大的吸热峰，峰值温度为 288℃，主要为原料开始分解；357~417℃温度区间内，存在一个放热峰，峰值温度为 390℃；600~800℃温度区间内，存在一个不太明显的吸热峰，其峰形较为平缓。

氟碳酸铈前驱体经 950℃焙烧产物的 XRD 示于图 3-22 。

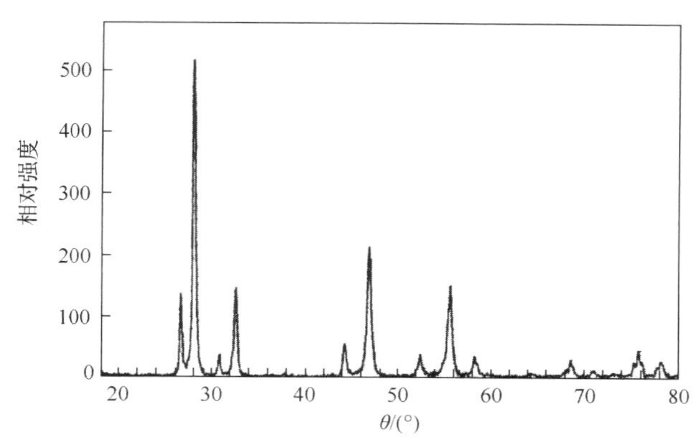

图 3-22　含氟碳酸铈前驱体在 950℃焙烧产物的 XRD 图[9]

由图 3-22 可见，氟碳酸铈前驱体焙烧产物 CeO_2 和 CeOF。结合 DTA 曲线和 XRD 物相分析，其焙烧过程分三个阶段进行，分别为氟碳酸盐分解过程，稀土氟氧中间化合物的生成过程，稀土氧化物的最终生成过程。$CeCO_3F$ 加热分解为 CeOF

和 CO_2；温度为 357~417℃时，$CeCO_3F$ 在有氧条件下热分解为 CeO_2 和 CeF_3 并放出 CO_2，CeF_3 与干燥产物中残余的水或空气中的水作用生成 CeOF。其反应方程式为：

$$CeCO_3F \longrightarrow CeOF + CO_2$$

$$6CeCO_3F + O_2 \longrightarrow 2Ce_3O_4F_3(\text{即 } 2CeO_2 \cdot CeF_3) + 6CO_2$$

$$CeF_3 + H_2O \longrightarrow CeOF + 2HF$$

李学舜等[9]计算了氟碳酸铈前驱体的稀土氟氧中间化合物生成过程在 357~417℃温度范围的动力方程为 y_1=—4.4×10^2x+0.45，表观活化能 E_1=8425 kJ/mol，反应级数为 n_1=0.45。含 F 的碳酸镧铈前驱体的稀土氟氧中间化合物生成过程在 425~452℃温度范围的动力学直线方程为 $y_2=-3.4\times10^3x+0.69$，表观活化能为 E_2=65104 kJ/mol，反应级数为 n_2=0.69。

朱兆武等[16]研究了氟碳酸铈前驱体焙烧温度对制备含氟氧化铈的影响。不同条件下制备氟碳酸铈前驱体的 TG 分析表明，主要失重温区在 150~250℃，失重率在 20%~25%。$Ce_2(CO_3)_3$ 焙烧变为 CeO_2 的理论失重率为 25.2%，含 F(F/CeO_2，质量比)5%的 $CeF_{2x}(CO_3)_{1.5-x}$ 变为 $CeO_{2-x}F_{2x}$ 的理论失重率为 24.8%。

文献[8]认为对于氟碳酸铈前驱体的抛光粉在大于 950°时，氟化物粘连在一起，凝聚的粒子粗大，抛光能力迅速下降，这种抛光材料的焙烧温度最好控制在 850~950℃。

3.3.4 氟碳酸镧铈前驱体的焙烧过程

氟碳酸镧铈前驱体热分解相对比较复杂，杨国胜等[11,17]较详细地研究了氟碳酸镧铈前驱体焙烧过程。氟碳酸镧铈前驱体的 DTA 曲线见图 3-23。

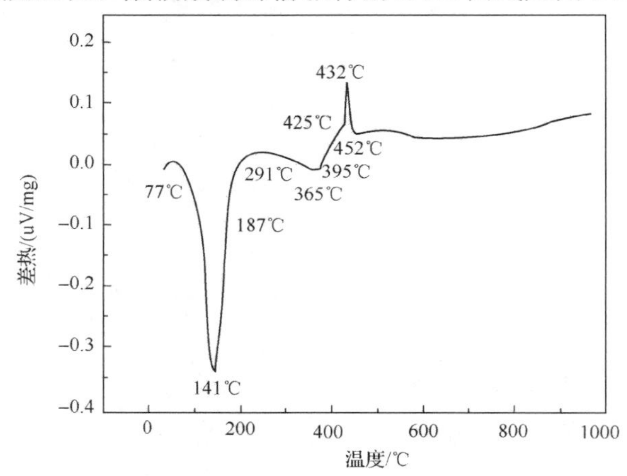

图 3-23 焙烧过程的 DTA 曲线

由图 3-23 可见，在 77~187℃温度区间内存在一个很大的吸热峰，峰值温度为 141℃；291~395℃温度区间内，存在一个较小的吸热峰，峰值温度为 365℃；425~452℃温度区间内，存在一个明显的放热峰，峰值温度为 432℃；600~800℃温度区间内，存在一个不太明显的吸热峰，其峰形较为平缓。

图 3-24 和图 3-25 分别列出前驱体和 950℃焙烧后的 XRD。

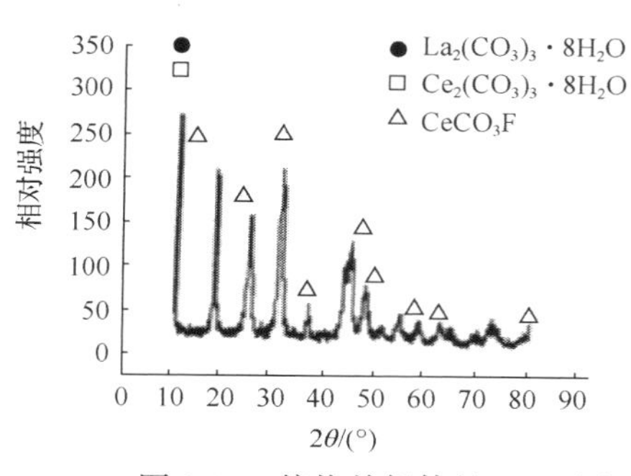

图 3-24　焙烧前驱体的 XRD 图

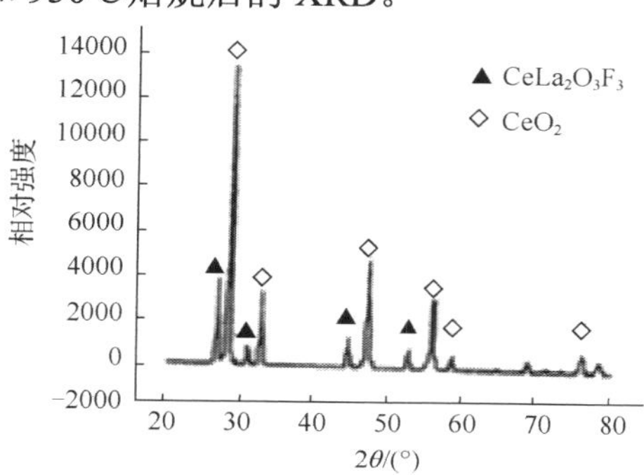

图 3-25　焙烧产物的 XRD 图

由图 3-24 和图 3-25 的 XRD 物相分析可知，氟碳酸镧铈前驱体的干燥产物，主要物相为 $Ce_2(CO_3)_3 \cdot 8H_2O$、$La_2(CO_3)_3 \cdot 8H_2O$ 和 $CeCO_3F$。氟碳酸镧铈前驱体焙烧后产物主要有两相构成：主相为 CeO_2，另一相为 $CeLa_2O_3F_3$(PDF 21-182)。

含氟铈镧抛光粉的焙烧过程主要分四个阶段进行，稀土碳酸盐的脱水过程，氟碳酸盐分解过程，稀土氟氧中间化合物的生成过程，稀土氧化物的最终转变生成过程。$Ce_2(CO_3)_3 \cdot 8H_2O$ 热分解为 CeO_2，以及 $La_2(CO_3)_3 \cdot 8H_2O$ 和 $CeCO_3F$ 作用生成 $CeLa_2O_3F_3$。其主要反应方程式为：

$$Ce_2(CO_3)_3 \cdot 8H_2O + 1/2O_2 \longrightarrow 2CeO_2 + 3CO_2 + 8H_2O$$

$$6CeCO_3F + 2La_2(CO_3)_3 \cdot 8H_2O + O_2 \longrightarrow 4CeO_2 + 2CeLa_2O_3F_3 + 12CO_2 + 8H_2O$$

从图 3-25 焙烧产物的 XRD 可见，CeO_2 的衍射峰整体向低角度方向偏移，说明晶胞体积增大。

向掺不同镧量的碳酸铈中加入过量的氢氟酸氟化后(氟碳酸镧铈)，进行高温(950℃,4 h)焙烧，发现焙烧产物的氟含量与原料中的镧含量的关系基本成直线关系，因此可以得出氟与镧在其焙烧过程中存在一定的关系。

柳召刚等[18]用含 CeO_2 为 60.2%~68.2%，La_2O_3 为 31%，Pr_6O_{11} 为 0.8%~8.8%的碳酸铈(镧、镨)为前驱体，经 HF 氟化(6%)，高温焙烧(950℃)，机械湿磨的方法制得稀土抛光粉。经 XRD 分析表明，La_2O_3、Pr_6O_{11} 固溶于 CeO_2 的晶格结构中，并出现了新的物相 LaOF；随着镨掺入量的增大，LaOF 的衍射峰强度增强，晶化强度增加，CeO_2 的衍射峰向高角度偏移，晶胞参数变大，晶面间距增大。通过粒度分析表明，随镨掺入量的增加，抛光粉的中位粒径出现先减小后增大。掺镨稀土抛光在镨含量 4.8%抛蚀量最大。

对四种不同组分前驱体焙烧过程研究表明，碳酸铈前躯体分解为氧化铈，氟碳酸铈前躯体分解生成氧化铈和氟氧化铈，碳酸镧铈前驱体除碳酸铈分解为氧化铈外，镧固溶于氧化铈晶体中，含 F 的碳酸镧铈前驱体分解为氟碳酸铈和碳酸镧共同作用生成的氧化铈和 $CeLa_2O_3F_3$。

杨国胜等[11,17]研究了铈基稀土抛光粉的晶粒生长过程，并认为铈基稀土抛光粉的晶粒形成于焙烧过程。焙烧过程中，稀土碳酸盐、稀土氟碳酸盐反应形成稀土抛光粉的晶核，就其成核过程而言，主要是非均匀成核，这是由焙烧前驱体在结构组织方面先天的不均匀性决定的。透射电子显微镜显示出铈基稀土抛光粉焙烧前驱体的高分辨晶核结构图像，这些焙烧前驱体中晶体缺陷的密度很大，而且分布极不均匀，各区域所具有的能量高低也不一样，这就给非均匀成核创造了极好的成核条件，显然晶格中能量较高的缺陷易于促进成核。相对而言 ，界面是各种缺陷中能量较高的部位，所以晶体的外表面、内表面(收缩孔、气孔、裂纹的表面等)、晶界、相界以及孪晶界和亚晶界等往往都是优先成核的地方，相变也最易在这里开始和扩展。新相晶核形成后，在一定温度下，就会发生晶粒长大过程。

肖桐等[19]考虑到在传统焙烧工艺中，使用一步焙烧法，即炉温由室温直接升到焙烧所需要的温度。这种工艺存在着两种缺陷：一种是氟碳酸盐的分解时间过短，晶体成核、生长不够充分，导致粒子生长不足；另一种是焙烧速率过快，导致粒子会异常生长。从碳酸稀土的热重分析曲线和稀土氟碳酸盐的差热分析曲线(图 3-26，图 3-27)可知，在 100℃附近和 400~600℃区间内有失重，前一个失重区间是碳酸盐脱水过程，后一个失重区间是碳酸盐分解脱去 CO_2 的过程。这表明稀土碳酸盐或者

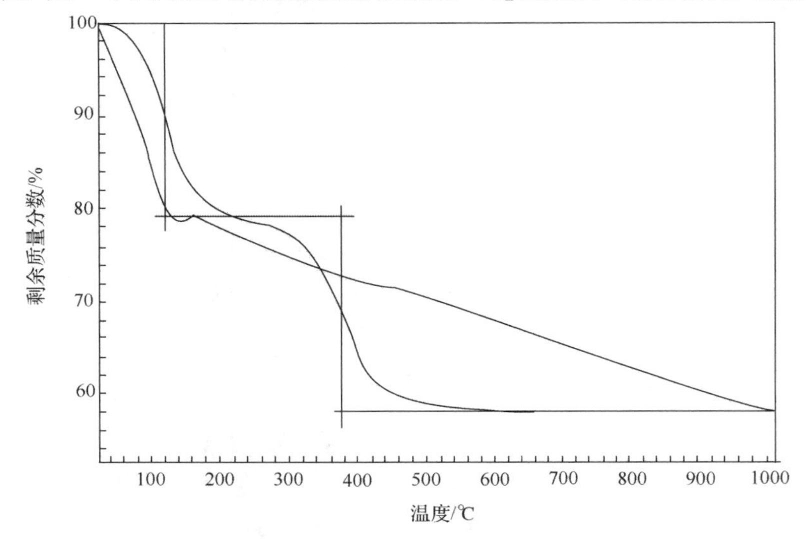

图 3-26 $(LaCe)_2CO_3$ 的热重分析曲线

$(LaCe)_2CO_3$ 成分：REO% 50.37，其中 La_2O_3 占 35.74%，CeO_2 占 64.26%，Pr_6O_{11}、Nd_2O_3 等均小于 0.02%

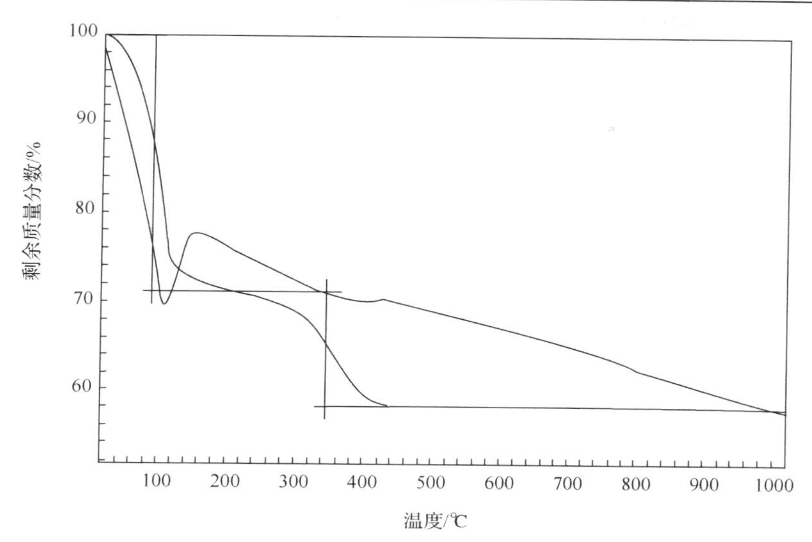

图 3-27　$LaCeCO_3F$ 的热重分析曲线[19]

$LaCeCO_3F$ 成分：REO% 43.37，其中 La_2O_3 占 34.14%，CeO_2 占 65.86%，Pr_6O_{11}、Nd_2O_3 等均小于 0.02%

氟碳酸盐在焙烧过程中是分步进行的，首先是在 100℃附近脱水，这主要是游离水的蒸发；其次是在 400~600℃区间内分解，逐步脱去 CO_2；再次是在高温区的焙烧过程，晶体成核、长大。

肖桐等[19]对比了碳酸盐或氟碳酸盐的热重分析曲线，并观察到它们的焙烧过程均是分步进行的，依据热重分析曲线设计了升温-恒温的焙烧曲线和工艺(见图 3-28)。将焙烧过程分成 A、B、C、D、E 五个阶段。

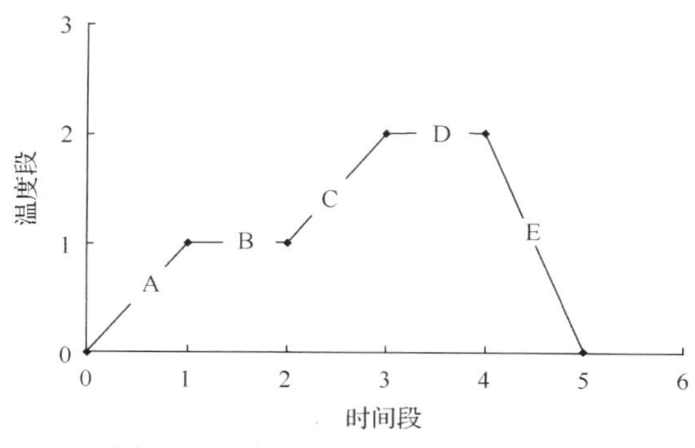

图 3-28　升温-恒温(KTO)焙烧曲线

A 为预热段(~100℃)。在该区域内，主要是稀土碳酸盐脱水去除游离水的过程。其反应为：

$$RE_2(CO_3)_3 \cdot nH_2O \longrightarrow RE_2(CO_3)_3 + nH_2O$$

B 为分解段(400~600℃)。在该区域内，主要是稀土碳酸盐分解、脱气过程。由 XRD 分析可知，分解段产物为：(CeLa)FCO_3(PDF-2-1433)，Ce$(CO_3)_2$(PDF-22-542)，$La_2O(CO_3)_2$(PDF-41-672)；其主要反应为：

$$RE_2(CO_3)_3 \longrightarrow RE_2O(CO_3)_2 + CO_2$$

$$RE_2O(CO_3)_2 \longrightarrow RE_2O_2(CO_3) + CO_2$$

C 为升温段。该区是过渡段，主要是炉子升高温度。

D 为焙烧段。由 XRD 分析可知，焙烧段产物为：CeO_2 和 $CeLa_2O_3F_3$($2LaOF + CeOF_2$)(PDF 21-182)主要反应为：

$$RE_2O_2(CO_3) \longrightarrow RE_2O_3 + CO_2$$

E 为冷却段。通过该区域的降温，使得焙烧后的产物冷却到室温。所得产物主要是三种物相组成：CeO_2、LaF_3(PDF-32-483)和 $CeLa_2O_3F_3$。

从实验结果得知：

1)氟碳酸盐分解时间延长，不仅可以提高 $CeLa_2O_3F_3$ 含量，而且可以同时降低 LaF_3 含量。可充分地利用升温-恒温焙烧曲线提高 $CeLa_2O_3F_3$ 含量，又降低 LaF_3 含量，由此，改变了样品中物相的组成。

2)在灼烧过程中晶化时杂质脱溶出来，离子半径大的 La 在固溶体中的含量变小，以 LaF_3 形式析出。

3)在高温区焙烧时，生成 CeO_2 和析出的 LaF_3 与 CeO_2 共同以 $CeLa_2O_3F_3$ 相生长。

$$CeO_2 + LaF_3 \longrightarrow CeLa_2O_3F_3$$

4)按照升温-恒温曲线焙烧可得到具有较高比表面积的样品。其颗粒是蜂窝状团聚体。蜂窝状团聚体以其表面是蜂窝状微小面的优势，在抛光过程中，不仅能提高切削率，而且更重要的是能减少划痕，即提高抛光粉样品的综合性能。

观察到高温区的焙烧温度和氟碳酸盐分解时间对样品的比表面积有显著影响，氟碳酸盐分解时间较长，有助于提高比表面积。这是由于长时间的氟碳酸盐分解过程，升温速率较为缓慢，使得氟碳酸盐完全按照分步分解机理进行分解，并且可以完全分解。在这个缓慢升温过程中，随着 CO_2 的逐步溢出，将颗粒塑造成蜂窝状结构。

肖桐等[19]观察到切削率与 LaF_3 含量成反比，即 LaF_3 含量越少切削率越大。$CeLa_2O_3F_3$ 与 CeO_2 的比值在 25%~30%之间可以得到最大的切削率。

抛光粉中 $CeLa_2O_3F_3$ 的含量与反应温度、反应时间、氟化盐和氟化体系的 pH

值等实验条件有关，其中氟化盐的影响最为显著。

氟化后的焙烧过程中，铵盐分解成为氨气挥发，在分解过程中，可以将碳酸盐颗粒破碎；在挥发过程中，又将碳酸颗粒形成内部中空类似于蜂窝的结构，钠盐在焙烧过程中起到类似于助熔剂的作用，有助于初始晶粒的生长。

周雪珍等[20] 研究了混合碳酸稀土两步焙烧法制备超细 CeO_2 的工艺。

考虑到用稀土氧化物作原料制得的铈基抛光粉，尽管研磨性能优良，但往往会在研磨表面产生细小的划痕，为此，研制既具有足够的研磨性能又不留下细小划痕的铈基抛光粉，伊藤昭文等[21]提出以铈族稀土碳酸盐和铈族稀土氧化物的混合物为原料，通过在特定温度下焙烧(所谓部分焙烧法)使稀土碳酸盐部分转化为稀土氧化物而制得稀土抛光粉。注意到稀土碳酸盐和氧化物性能之间的差别，并观察到铈基磨料的研磨性能和原料的烧失量(LOI)之间存在一定的关系，其关键在于如何将稀土碳酸盐氧化至所需的程度。在焙烧过程中若过度加热，稀土碳酸盐会完全转化成氧化物，造成氟化不均匀；若加热不足，会使壳状粒子不能充分解体。为此，利用烧失量来控制产品质量。伊藤昭文等设定的焙烧条件为焙烧温度在 400~850℃的范围内，焙烧时间为 0.1~48h。该过程配制的混合物原料于1000℃加热 1 h 测得的烧失量以干重计为 0.5%~25%，该原料能够在较低的焙烧温度进行烧结，并且不会发生异常的粒子生长。

瓜生博美等[22] 为抑制抛光粉研磨损伤的同时提高抛光速率，利用含有碳酸铈及一氧化碳酸铈的原料(也可含有碱式碳酸铈)以灼减量为标准来确定抛光粉的质量，认为较好是灼减量(以在 105℃充分干燥样品后的质量为基准，表示于1000℃加热 2 h 后的质量减少率)为 25%~40%(质量分数)的原料。如果不足 25%，则一氧化碳酸铈的产生量过多。

粉碎后进行的焙烧温度优选 800~1200℃。未满 800℃时，研磨速率下降，如果超过 1200℃，则有研磨损伤大量出现的倾向。焙烧时间优选 0.2~72 h。未满 0.2 h时，所得研磨材料的研磨速率有下降倾向，即使超过 72 h，所得研磨材料的特性也几乎没有变化。该抛光粉的氧化铈含量在 95 %(CeO_2/TREO)以上的铈基抛光粉，利用激光衍射-散射法测得的从小粒径侧开始的累积体积 50%的粒径(D_{50})值为 1.3~4.0 μm。

3.3.5 焙烧后铈基稀土抛光粉的结构与形貌特征

稀土抛光粉的形貌对其抛光性能起着十分重要的作用。随着科学技术发展，高技术对材料的要求越来越严格，不仅考虑组成-结构-性能，而且开始更多地考虑形貌的作用，故我们[6]提出当前材料研究中应该加强形貌的研究，应该考虑组成-结构-形貌-性能之间的关系。

铈基稀土氧化物的晶体结构对其抛光性能有重要影响，其中颗粒形貌与尺寸、晶粒形貌与尺寸、晶格常数、晶格畸变等都是与抛光性能有关的重要因素。

晶格常数作为表征晶体点阵结构的一个最基本的参数，通过晶格常数可以计算晶胞体积，也可了解晶体的畸变情况。对固溶体来说，晶格常数的变化往往也可以间接说明固溶体的固溶度大小。

李学舜等[9]对不同组分铈基抛光粉的结构与形貌特征进行了详细的研究。

1. 不同组分铈基抛光粉的结晶学特征

1) 含氟氧化铈抛光粉晶粒取向错综复杂，在 CeO_2 与 CeOF 层之间的界面没有形成很好的外延关系，而是存在一定的界面混合。混合层存在的原因可能是由于两者的晶格常数相差比较大，在界面处很难形成较好的晶格匹配关系。

2) 氧化铈镧抛光粉内部晶格点阵结构良好，对应于 CeO_2 单晶在(111)方向上的晶格间距为 3.178 nm，这说明 CeO_2 晶粒(111)方向的晶面间距变大。由于镧和铈离子半径相近，易固溶，故产生晶格畸变较小。氧化铈镧抛光粉基本符合原料 La 和 Ce 的比例，表明 La 固溶于 CeO_2 晶粒。

3) 在氟氧化铈镧抛光粉中，La 的存在形式有两种：一种是存在于 CeO_2 晶格中形成固溶体(和无氟氧化镧铈型稀土抛光粉的情况一样)；另一种是和掺杂的 F 共同形成新相 $CeLa_2O_3F_3$ ($2LaOF+CeOF_2$)。

4) 氧化铈抛光粉 CeO_2 的晶粒尺寸随焙烧时间的增加，其变化趋势不同于氧化铈镧抛光粉、氟氧化铈镧抛光粉和氟氧化铈抛光粉，晶粒尺寸的三个方向的生长基本处于不断长大的趋势，而掺杂铈基稀土抛光粉在焙烧 420 nim 后，其晶粒尺寸基本稳定，这主要是由于掺杂元素第二相钉扎于晶界处，限制了掺杂稀土抛光粉中 CeO_2 晶粒的生长。

2. 不同组分时焙烧温度和时间对结晶结构的影响

李学舜等[9]观察到在 950℃下焙烧四种铈基稀土抛光粉均随焙烧时间的延长，晶粒尺寸不断增大，其中氧化铈抛光粉的晶粒尺寸增长率高于掺镧氧化铈抛光粉、氟氧化镧铈抛光粉和氟氧化铈抛光粉。氟对 CeO_2 晶粒尺寸影响大于 La，同时掺 La 和氟的铈基稀土抛光粉中的物相 $CeLa_2O_3F_3$ 将大量地固定在稀土氧化物中，使氟主要以镧铈氟氧化物存在，因此在氟氧化铈镧抛光粉和氧化镧铈抛光粉中的 CeO_2 固溶体的结构基本相同，使得二者的晶粒尺寸生长趋势基本一致。

李学舜等计算了不同组分抛光粉的 CeO_2 晶格常数。结果表明，随焙烧温度和时间的增加，氧化铈、掺氟氧化铈、氧化铈镧和掺氟氧化铈镧等四种抛光粉中 CeO_2 的晶格常数总的变化趋势是逐渐减小并趋于稳定。这主要是由于温度升高、焙烧时间增加，原子逐渐迁移到能量相对稳定的正常晶格点阵位置，晶体内部的缺陷减少，晶化完全，CeO_2晶粒的结晶度也越来越高，其晶格常数也逐渐趋于稳定。四种稀土抛光粉中 CeO_2 晶格常数的大小次序为氟氧化铈镧＞氧化铈镧＞氟氧化铈＞氧化铈。

文献中对此也有不同看法，认为晶格常数应该是氧化镧铈＞氟氧化镧铈，其解释为不加氟时，镧全部固溶到铈里，晶格常数最大，当加入氟后，生成氟氧化镧的相，会把一部分镧带出铈的晶格，剩下的氧化铈的晶格常数会慢慢变小。

李学舜等[9]研究了氧化铈、氟氧化铈、氧化铈镧和氟氧化铈镧等四种抛光粉中 CeO_2的晶格畸变，结果表明：

1）晶格畸变的变化总趋势是随焙烧温度和时间的增加，晶格畸变逐渐减小。这是由于温度的升高，焙烧时间的增长，通过原子和分子的热运动使晶格内的晶体缺陷逐渐减少，使晶格应变减少或缩小，致使得晶化逐渐完善，晶格畸变逐渐减小。

2）掺杂氟对 CeO_2晶格畸变的影响大于掺杂 La 的影响。四种铈基稀土抛光粉中掺氟的氧化铈稀土抛光粉的晶格畸变最大，无掺杂氧化铈稀土抛光粉的晶格畸变最小。处于它们之间的是氧化铈镧稀土抛光粉和掺氟氧化铈镧稀土抛光粉，同样掺氟氧化铈镧稀土抛光粉的晶格畸变又略大于氧化铈镧稀土抛光粉，这说明在形成的新相 $CeLa_2O_3F_3$固定在氧化铈镧稀土抛光粉中，氟元素对 CeO_2晶格畸变的影响远大于 La 元素。

杨国胜等[17]认为焙烧过程中，稀土碳酸盐、稀土氟碳酸盐发生反应，成核主要依靠非均匀成核，成核后 CeO_2晶粒生长过程中，焙烧 450 min 之前(111)面晶粒尺寸的生长速率要大于(200)晶面，450 min 之后整个晶粒形状基本呈球形。且随焙烧时间的增加，晶格常数和晶格畸变的变化趋势是逐渐减小并趋于稳定。

杨国胜等使用 Jade5.0 软件对样品中 X 衍射图谱精密计算得出不同焙烧时间的 CeO_2晶格常数的数据，结果列于图 3-29，由图 3-29 分析可以看出，随焙烧时间的增加，CeO_2的晶格常数逐渐减小并趋于稳定，这主要是由于稳定升高、焙烧时间增加，能量较高的原子由不稳定的位置运动迁移到能量相对稳定的位置，晶内的缺陷越来越少，CeO_2晶粒的晶化度越来越高、晶格常数也逐渐趋于稳定。

同时，杨国胜等使用 Jade5.0 软件计算出焙烧过程中 CeO_2晶粒中晶格畸变的变化情况。晶格畸变的变化趋势是随焙烧时间的增加，晶格畸变逐渐减小并趋于稳定。这主要是由于温度的升高，焙烧的时间的增长。由于分子热运动，晶格内的晶体缺陷逐渐减少，致使晶格应变减少或缩小，使得 X 衍射统计结果的晶格畸变值逐渐减少并趋于稳定。

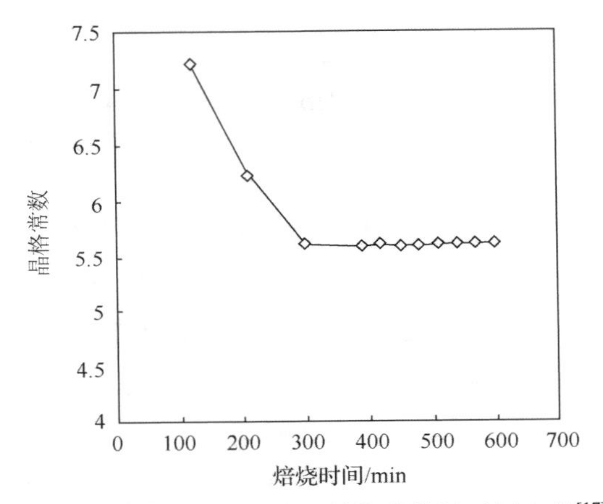

图 3-29　焙烧过程中 CeO_2 晶格常数随时间变化[17]

3. 不同组分铈基抛光粉的形貌

李学舜等[9]研究了不同组分对铈基抛光粉形貌的影响。以碳酸铈、氟碳酸铈、碳酸铈镧、氟碳酸铈镧为前驱体焙烧后所得的氧化铈、氟氧化铈、氧化铈镧、氟氧化铈镧等四种铈基稀土抛光粉的形貌及其聚集状态。结果归纳如下：

扫描电镜(SEM)对四种铈基稀土抛光粉的颗粒形貌观察发现：四种铈基稀土抛光粉的颗粒由球形晶粒组成，其中氧化铈抛光粉晶粒聚集紧密，常为粗大颗粒，不易区分单个晶粒；氧化镧铈抛光粉晶粒聚集紧密度仅次于氧化铈抛光粉，其晶粒聚集较紧密，但不同于氧化铈抛光粉，其粗大颗粒的粗大程度要逊色于氧化铈抛光粉；氟氧化铈抛光粉晶粒聚集相对松散，晶粒分散性较好，晶粒之间的粘连少；氟氧化镧铈抛光粉其晶粒细小、分散，相似于氟氧化铈抛光粉，晶粒聚集紧密度大于氟氧化铈抛光粉。氧化铈抛光粉、氧化镧铈抛光粉的焙烧颗粒聚集呈片状和针状；氟氧化铈和氟氧化镧铈抛光粉的烧结颗粒呈球形团聚状态，说明 F 对颗粒形貌和聚集状态有极大的影响。

CeO_2 晶体格子构造的最外层主要是由(111)晶面和(200)晶面组成的，其结晶形状基本上分为 A 型和 B 型(见图 3-9)。因此，通过测出(111)晶面和(200)晶面的晶面宽度——晶粒尺寸 L_{111} 和 L_{200}，并根据 L_{111}/L_{200} 的比值可模拟出晶粒的结构形貌。

氟氧化铈抛光粉、氧化铈抛光粉、氟氧化镧铈抛光粉和氧化镧铈抛光粉四种铈基抛光粉不同焙烧时间的焙烧产物的 L_{111}/L_{200} 比值均近似为 1，其结晶形状基本介于 A 型和 B 型之间的 C 型过渡状态(见图 3-9)，其结晶形状近似于球体。

氟氧化铈抛光粉、氧化铈抛光粉、氟氧化镧铈抛光粉和氧化镧铈抛光粉四种铈基稀土抛光粉的焙烧产物的(111)和(200)晶面的晶粒尺寸都随焙烧时间的延长而增大，但增大至一定值，随着焙烧时间的延长而略减小。

加入其他稀土元素(Ln)会使 CeO_2 抛光粉的晶粒尺寸变小，但对掺镧铈基稀土抛光粉中 CeO_2 的晶粒尺寸影响不大；加入非稀土元素 F 会也使 CeO_2 抛光粉的晶粒尺寸变小。

杨国胜等[11]认为在焙烧过程中，CeO_2 新相晶粒均匀生长，新相形态是克服相变阻力而表现出来的综合结果，它既受母相结构组织的影响，也受应变能和界面能的影响。在焙烧过程 CeO_2 晶格中(111)面与(200)面按晶面生长速率比例生长，使晶粒保持固有形貌，使 CeO_2 晶粒的形貌，大致呈球形。

日本昭和电工株式会社的专利(ZL01819652.7)介绍了以稀土氧化物为原料的铈基抛光粉的晶体结构，观察到焙烧前原料氧化铈结晶中固溶了 La、Nd 等稀土元素而形成的以化学式 $Ce_xLn_yO_z$ 表示的立方氧化铈晶体(Ln 表示含铈的稀土元素，x、y、z 的关系满足关系式 $2x \leqslant z \leqslant 2(x+y)$)。另外，焙烧前原料中的氟，可与稀土元素化合生成稀土氟化物(LnF)，该稀土氟化物可以作为单独相存在，也可固溶于氧化铈晶体中。经过焙烧后该原料将使作为单独相存在的稀土氟化物被氧化，其一部分或全部转变成 LnOF，与此同时，固溶于立方氧化铈晶体中的稀土氟化物也转变成 LnOF、稀土氧化物等组成，此状态与碳酸稀土的情况不同。但是，在焙烧过程中，稀土氟碳酸盐和稀土碳酸盐转变成立方氧化铈结晶后，其变化与焙烧氧化稀土时相同，稀土氟化物被氧化及释放出稀土氟化物，焙烧后的抛光粉将由固溶了稀土氟化物的氧化铈、LnOF 和稀土氟化物等组成。

4. 铈基抛光粉的高分辨透射电子显微镜

李学舜等[9]测定了 CeO_2 晶粒的高分辨透射电子显微镜(HRTEM)，结果列于图 3-30。从图 3-30 中可以看到整齐的晶格条纹，内部晶格点阵结构良好，对应于 CeO_2 单晶在(111)方向上的晶格间距为 3.205 nm，比纯 CeO_2 晶粒(111)方向的晶面间距变大。可以推测其晶格结构中不是严格的 CeO_2 结构，其中可能固溶体有 Ce^{3+}成分，而 Ce^{3+}的半径大于 Ce^{4+}，若 Ce^{3+}离子进入 CeO_2 晶格形成固溶体，则其晶面间距必然增大，因此可以判断，纯氧化铈抛光粉的物相实际是在 CeO_2 晶格基础上固溶体部分 Ce^{3+}的固溶体，并且结晶状况良好。

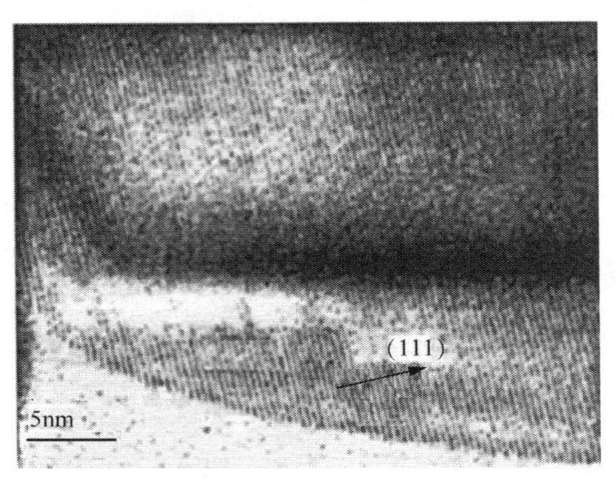

图 3-30　氧化铈型稀土抛光粉中 CeO_2 晶粒的 HRTEM 照片[9]

由氟氧化镧铈抛光粉的 HRTEM(高分辨率透射电子显微镜)分析可知[17]，晶粒取向错综复杂，在 CeO_2 与 $CeLa_2O_3F_3$ 之间的界面，没有形成很好的外延关系，而是存在一定的界面混合。可标定出 CeO_2(111)晶面的方向和 $CeLa_2O_3F_3$(200)晶面的方向，CeO_2 的(111)晶面间距为 3.119 nm，$CeLa_2O_3F_3$ 的(200)晶面间距为 2.886 nm。上述结果反映出，在稀土抛光粉中 La 一方面存在于 CeO_2 晶格中形成固溶体；另一方面与氟共同形成新相 $CeLa_2O_3F_3$。TEM 高分辨显像区域的能谱图分析进一步证明 $CeLa_2O_3F_3$ 存在。

综合 HRTEM 和 XRD 的研究结果表明：氧化铈抛光粉的物相是在 CeO_2 晶格基础上固溶部分 Ce^{3+} 的固溶体，且 CeO_2 晶粒内部晶格点阵结构良好；氟氧化铈抛光粉晶粒分布错综复杂，掺氟后发生相变；氧化镧铈抛光粉中 La 可固溶于 CeO_2 晶格中；同时含有氟和 La 时，部分 La 固溶于 CeO_2 晶格中形成固溶体，部分 La 和氟共同形成新相 $CeLa_2O_3F_3$。

程磊等[23]研究了铈基稀土抛光粉组织结构认为：以碳酸铈镧和少钕碳酸稀土为前驱体制备出的铈基稀土抛光粉是由基体相 La 固溶于 CeO_2 生成的 $Ce_{1-x}La_xO_2$ 和其他相组成，其结构仍为 CeO_2 的晶体结构，即立方面心结构。其他相组成与氟含量有关，当含氟＜4%时抛光粉由 $Ce_{1-x}La_xO_2$ 和 CeF_2 相组成；当含 4%≤F≤8%时抛光粉由 $Ce_{1-x}La_xO_2$、LaF_2、CeF_2 相组成；当 8%＜F≤10%时抛光粉由 $Ce_{1-x}La_xO_2$、LaF_3、LaF_2 相组成。

铈基稀土抛光粉颗粒呈多边形存在，有尖锐的棱角，并随着掺氟量的增加棱角数量和尖锐程度逐渐增加，颗粒均匀性先增加后减小，当含氟量为 6%时达到最优值。研磨实验前后基体相晶体结构没有发生变化，只是颗粒棱角明显磨削，磨削主要发生在(001)晶向方面，磨削后颗粒露出{100}晶面，与其相接的(111)晶面减少。

5. 温度对氟氧化铈镧抛光粉的晶格常数和含氟量的影响

洪广言等归纳了以碳酸铈镧加氢氟酸氟化使 F 含量为 6.5%的前驱体为原料，在固定焙烧时间为 5 h，进行不同温度的焙烧实验。综合大量实验数据得到一些规律性的结果，现将温度对氟氧化铈镧抛光粉的晶格常数和含氟量的变化列于表 3-5 中。从表 3-5 中看出在固定焙烧时间 5 h 的条件下，随着温度升高晶格常数变小，并趋于恒定，其原因在于随着温度升高，晶化程度提高而到达一定程度并趋于完全晶化，而保持稳定；随着温度升高半峰宽减小，这也证明材料晶化更加完全；随着温度升高观察到，采用谢乐公式计算的氧化铈的(111)晶面和(220)晶面的单晶粒径随之增大。这也反映出随着温度升高晶体的晶化程度提高，同时反映出晶体在不断长大，晶粒尺寸有所增加。

表 3-5　焙烧温度对对含氟的铈、镧抛光粉晶格常数和含氟量的影响

焙烧温度/℃	稀土总量/%	F 含量/%	晶格常数/nm	半峰宽	(111)晶面粒径/nm	(220)晶面粒径/nm	$LaOF/CeO_2$
800	94.12	4.99	0.5497	0.443	20.0	15.7	25
850	94.93	4.82	0.548	0.379	24.3	18.1	32.8
900	95.38	4.92	0.5475	0.321	29.8	23.0	39.3
950	95.76	4.62	0.5472	0.292	34.1	24.4	37.6
1000	95.54	4.86	0.5465	0.235	49.1	29.6	35.6
1050	95.48	4.1	0.547	0.227	52.7	32.6	28.5
1100	95.58	4.75	0.547	0.233	50.0	28.9	27.1

对于含氟量来说，随着温度升高粉体中含氟量减小，这表明稀土氟化物的熔点较低，在焙烧过程中会引起挥发，为此，会降低粉体中实际的含氟量。从表 3-5 中可知，$LaOF/CeO_2$ 的比值，随温度升高先增加后减小，说明在一定的温度下形成 LaOF，随着温度升高含氟稀土化合物分解，同时氟化物挥发使稀土氧化物的量增加，而 $LaOF/CeO_2$ 的比值减小。

图 3-31 中列出不同温度 890℃、960℃、1030℃焙烧的氟氧化铈镧抛光粉电镜照片，从中可以看出随着温度升高晶体逐渐长大。

890℃

960℃

1030℃

图 3-31　不同温度焙烧的氟氧化铈镧抛光粉电镜照片

3.3.6　草酸铈前驱体的焙烧过程

稀土草酸盐热分解时，依分解温度的不同产物差别很大，一般先脱水，生成碱式碳酸盐，最后在 800～900℃温度转化为氧化物。但不同稀土的草酸盐焙烧分解时，中间产物不是都一样。

$$Ln_2(C_2O_4)_3 \longrightarrow Ln_2(C_2O_4)(CO_3)_2+CO \longrightarrow Ln_2(CO_3)_3+CO$$

$$\longrightarrow Ln_2O(CO_3)_2+CO_2 \longrightarrow CO, CO_2, Ln_2O_3$$

稀土草酸盐受热时首先脱水，$RE_2(C_2O_4)_3 \cdot 10H_2O$ 的热稳定性随稀土离子半径的减小而减小，而含 2、5、6 个分子水的草酸盐的热稳定性则相反。无水草酸盐约在 400℃时迅速分解成氧化物，只有镧的草酸盐有中间产物碱式碳酸盐生成。为保证得到的氧化物中不含碳酸盐，分解温度一般均控制在 800℃以上。

$RE_2(C_2O_4)_3$ 加热(>800°C)分解：

$$RE_2(C_2O_4)_3 \cdot 2H_2O = RE_2O_3+3CO_2+3CO+2H_2O$$

在空气中灼烧 Ce、Pr、Tb 的氢氧化物或稀土草酸盐，则得到四价的 CeO_2，而镨和铽则是以四价和三价共存形式的 Pr_6O_{11} 和 Tb_4O_7。

胡艳宏等[24,25] 对草酸盐前驱体热分解制备大颗粒氧化铈的研究认为焙烧是影响颗粒大小的重要因素，由 X 射线衍射图看出(图 3-32)，通过与草酸铈和 CeO_2 的标准衍射图卡片(PDF-4-0593)进行对比，草酸铈前驱体焙烧后的粉末为 CeO_2 粉体，其晶体结构为立方晶系、CaF_2 萤石型结构，空间群为 O_h^5-F_{M3M}。从图 3-32 可以得到证实：随着焙烧温度的升高，衍射峰逐渐变窄，变高，晶体的晶化程度增加，粒径也增大。

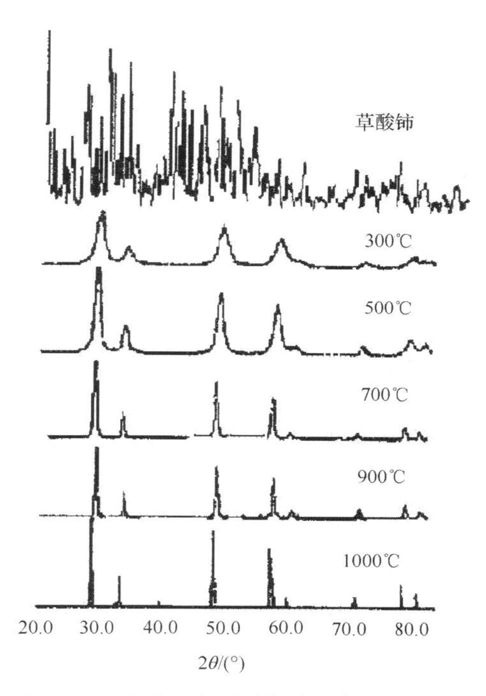

图 3-32　草酸铈在不同灼烧温度下的 XRD

从 TC-DSC 曲线可知，草酸铈的分解反应分两步进行，先脱水后分解：

$$(C_2O_4)_3 \cdot 8.5H_2O \longrightarrow Ce_2(C_2O_4)_3 \longrightarrow CeO_2$$

1963 年，钟焕邦、顾浩等先将粗草酸铈(CeO_2 97.0%)或混合稀土草酸盐(CeO_2 39.2%)在 800℃灼烧成氧化物，后将氧化物 220 g 放入高温炉中在制定温度下灼烧一定时间后，取出在炉外冷却，经磨细到粒度约为 1.5 μm，制得稀土抛光粉。并以氧化铁“红粉”为标准，用直径为 59 mm 的 K_8 平面玻璃为测定抛光速率的对象，机器摆速 138 次/min，转速 169 r/min，摆矩 15，压力 1775*g*，抛光时间 3.5 h，室温 21~23℃测定抛光速率，结果列于表 3-6。

表 3-6　灼烧温度和时间对抛光速率的影响

抛光粉编号	氧化物灼烧温度/℃	氧化物灼烧时间/h	抛光速率/(mg/h)	抛光速率比	光洁度
氧化铁“红粉”	—	—	22.0	1.00	2
氧化铈-1	920	60.0	45.8	2.08	1
氧化铈-2	1050	2.5	38.7	1.75	2
氧化铈-3	1050	5.3	42.0	1.91	2
氧化铈-4	1050	10.0	47.4	2.15	1
氧化铈-5	1150	2.0	46.2	2.10	2
氧化铈-6	1150	8.0	53.2	2.42	3
氧化铈-7	1200	2.0	50.8	2.31	2
氧化铈-8	1200	4.0	57.5	2.61	2
混合稀土-1	1200	2.0	35.0	1.59	1
混合稀土-2	1200	4.0	44.0	2.00	2

从表 3-6 中可见，氧化铈抛光粉比氧化铁红粉的抛光速率快 1 倍，随着温度升高，抛光速率增加；在相同的温度下随着焙烧时间增加、抛光速率增加。

3.3.7　氟碳铈矿的焙烧过程

吴志颖等[26] 研究了氟碳铈矿焙烧过程中空气湿度对氟逸出的影响，对比结果列于表 3-7 和表 3-8。

表 3-7　通入干燥空气状态下氟碳铈矿焙烧过程中氟的逸出率(%)

焙烧温度/℃	500	600	700	800
氟的逸出率/%	1.01	1.14	1.23	1.60

表 3-8　通入饱和水蒸气状态下氟碳铈矿焙烧过程中氟的逸出率(%)

焙烧温度/℃	700	750	800	850	900	950	1000
氟的逸出率/%	14.34	42.50	55.23	71.48	86.64	95.27	98.36

从表 3-7 可见，氟碳铈矿(在空气中)氧化焙烧过程中有氟逸出，氟的逸出率随焙烧温度的升高和焙烧时间的延长而增加，主要受焙烧温度的控制。

对比表 3-7 和表 3-8 可以看出，在通入干燥空气状态下，氟碳铈矿分解过程中氟的逸出率较低。在 800℃下焙烧 120 min，氟的逸出率仅为 1.60%，而在通入饱和水蒸气状态下，氟大量逸出，说明氟碳铈矿分解过程氟逸出的基本条件是水蒸气的存在，水蒸气与氟碳铈矿中的氟发生反应生成 HF，HF 以其他形式逸出到空气中。另外，在通入饱和水蒸气状态下，焙烧温度对氟的逸出率影响很大，随着焙烧温度的升高，氟的逸出率显著提高，从 700℃的 14.34%提高到 1000℃的 98.36%，说明在此状态下，控制一定的温度，可以使氟碳铈矿中的氟基本上完全脱出，进入到气相中，再通过碱液吸收达到资源的充分利用。

XRD 分析表明，在 800℃通入干燥空气状态下的氟碳铈矿焙烧产物中，氟碳铈矿相($REFCO_3$)消失，焙烧产物主要以稀土氟氧化物 REOF(CeOF)、稀土氟化物 REF_x(REF_3)和稀土氧化物 REO_x(CeO_2、CeO_{2-x})形态存在。说明对氟碳铈矿在 800℃通入干燥空气状态下逐渐发生分解反应和铈的氧化反应同时进行，反应式如下：

$$REFCO_3 \xlongequal{\quad} REOF+CO_2\uparrow$$

$$Ce_2O_3+O_2 \longrightarrow CeO_{2-x}$$

$$3CeOF+1/2O_2 \xlongequal{\quad} 2CeO_2+CeF_3$$

在 60%湿度下，800℃氟碳铈矿焙烧产物中，氟碳铈矿相($REFCO_3$)消失，焙烧产物主要以稀土氧化物 REO_x(CeO_2)和稀土氟氧化物 REOF(CeOF)的形态存在。说明当氟碳铈矿在 800℃、60%湿度下除发生上述反应外，还发生了稀土氟氧化物的脱氟反应：

$$2REOF+H_2O \xlongequal{\quad} RE_2O_3+2HF$$

在 1000℃通入水蒸气状态下的氟碳铈矿焙烧产物中，氟碳铈矿相($REFCO_3$)消失，焙烧产物主要是以稀土氧化物 Ce_7O_{12}($2Ce_2O_3 \cdot 3CeO_2$)形态存在。说明氟碳铈矿在 1000℃通入水蒸气状态下发生的反应是氟碳铈矿的分解反应和铈的氧化反应：

$$2REFCO_3+H_2O \xlongequal{\quad} RE_2O_3+2HF+2CO_2\uparrow$$

$$7/2Ce_2O_3+3/4O_2 \xlongequal{\quad} Ce_7O_{12}(\text{即 } 2Ce_2O_3 \cdot 3CeO_2)$$

以上的结果进一步证明了氟碳铈矿在焙烧过程中氟逸出的基本条件是水蒸气的存在，其机理是水蒸气和氟碳铈矿中的氟生成 HF 逸出。

结果表明，氟碳铈矿焙烧过程中氟的逸出率与环境湿度有关，随着湿度的增加，氟的逸出率大幅度提高，并证明水蒸气的存在是氟逸出的基本条件，氟以 HF 的形式逸出，在通入饱和水蒸气 1000℃焙烧 120 min 的条件下，可以将氟碳铈矿中的氟完全脱出。

氟碳铈矿在焙烧过程中主要发生氟碳铈矿的分解反应、水蒸气与氟的反应和铈的氧化反应。这为用氟碳铈矿制备稀土抛光粉提供了理论依据。

何松等[27]认为在大量 F 存在时，氟碳铈矿用物理方法制备的抛光粉为面心立方的 CeO_2 和 CeOF 混晶，而沉淀剂中加氟制得的抛光粉为 CeO_2 和 CeF_3 的混晶。

3.4　纳米级稀土抛光粉

目前，纳米级稀土抛光粉已经问世，其应用规模有实质性的增长，但仍属于研发阶段，其市场份额还很小。随着现代科学技术的发展，其应用前景不可估量。

近年来，人们对纳米 CeO_2 的制备已进行了大量的研究工作，但许多研究仍停留在实验室阶段。随着高新技术的发展，对纳米 CeO_2 的要求越来越高，因此，纳米 CeO_2 的制备和应用已成为近年来人们研究的热点[28-34]，报道也很多。

纳米材料的制备技术是当前纳米材料科学研究中的基础，占据极为重要的地位。一般的制备要求是获得单分散而表面洁净的纳米粒子，粒子的形状及粒径、粒度分布可控(防止粒子团聚)，易于收集，有较好的稳定性，产率高等。

制备技术及其工艺过程的控制对纳米粒子的结构、形貌及物化特性具有重要的影响。纳米粒子的制备方法分类也各不相同，如分为干法和湿法、粉碎法和造粒法、物理方法和化学方法等。制备纳米粒子中最基本的原理应分成两种类型：一是将大块的固体如何破碎成纳米粒子，二是在形成颗粒时如何控制粒子的生长，使其维持在纳米尺寸。

纳米氧化铈既是一种新材料，又能作为新材料的原料。对纳米氧化铈的制备及其性能的研究，已有许多报道，制备方法甚多，如水热法、水解法、醇盐法、热分解法、沉淀法、溶胶-凝胶法、微乳液法等，也报道了一些多种方法组合的技术，如沉淀-水热法，微乳液-水热法等。有些方法作为工业生产尚存在许多技术问题。

3.4.1　纳米级稀土抛光粉制备技术

1. *沉淀法*

沉淀法是一种简单、易行的工业化生产方法。中国科学院长春应用化学研究所[35]的“碳酸盐沉淀法制备稀土氧化物超微粉末”(ZL93103702.6)具有操作简便、成本较低和适于工业化生产的特点(图 3-33)。在 300 L 反应釜中每次处理稀土氧化物 3 kg。试验证明，该方法具有设备简单、工艺成熟、质量稳定等特点。经测定稀土氧化物粒径为 30~40 nm，团聚颗粒为 300 nm。该法可用于制备各种稀土氧化物，若与现有分离流程相结合，将有利于降低成本。作者曾研究了稀土浓度、沉淀剂浓度、沉淀温度、沉淀酸度、沉淀剂滴加速率等对稀土纳米粒子粒径与形态的影响。其中稀土浓度、沉淀温度、沉淀剂浓度是主要影响因素。

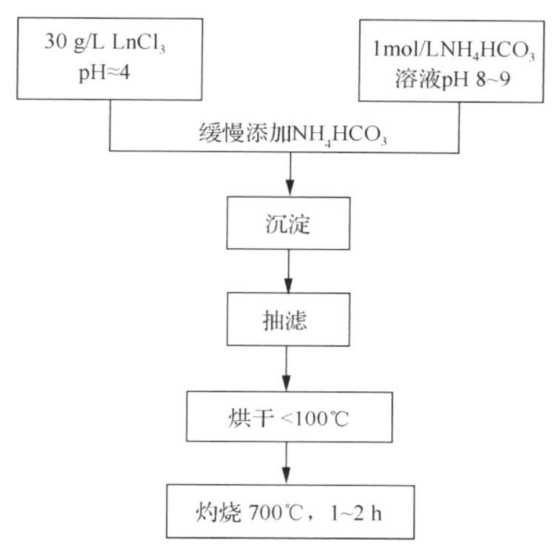

图 3-33 碳酸氢铵沉淀法制备稀土氧化物纳米粉流程

实验结果表明，在合适的条件下，可制备出粒径为 0.01～0.5 μm 的氧化铈纳米粉末。X 射线衍射分析表明，纳米氧化铈为立方晶系，焙烧温度达 800℃时完全晶化。其电镜照片列于图 3-34 中，该方法适应于制备稀土抛光粉。

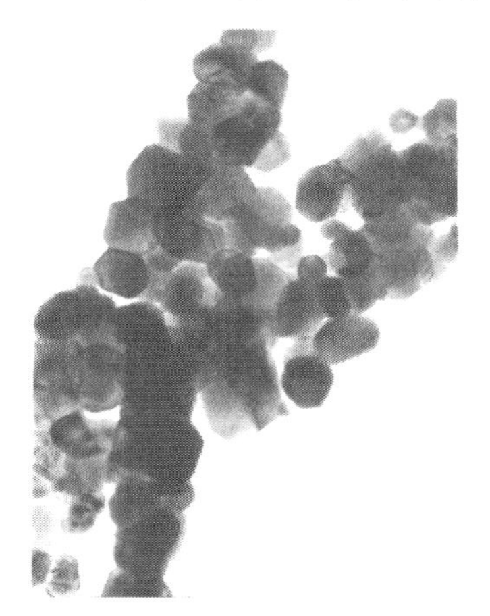

图 3-34 氧化铈的电镜照片

龙志奇等[36] 报道了碳酸氢铵沉淀法制备超细 CeO_2 粉体工艺条件。

2. 溶胶-凝胶法

溶胶-凝胶法是一种温和的方法[37,38]。溶胶-凝胶法合成的CeO_2纳米粒子是：称取 10.6 g 草酸铈，用蒸馏水调成糊状，滴加浓HNO_3和H_2O_2溶液，使其完全溶解，加入 18.6 g 柠檬酸，使其溶解成透明溶液。过滤后于 50～70℃下缓慢蒸发形成溶胶，继续加热，观察到有大量气泡产生和白色凝胶形成，体积膨胀，并有大量棕色烟放出，将凝胶于 120℃干燥 12 h，得到淡黄色的干凝胶，将干凝胶在不同温度下进行热处理，可得到CeO_2的纳米粒子。

为了研究CeO_2合成温度和相变化，对干凝胶在不同温度下焙烧 2 h 的样品进行 X 射线衍射分析。结果可见，热处理温度低于 230℃时为无定形，而焙烧温度在 250～1000℃时均为纯相的面心立方CeO_2纳米粒子。随着焙烧温度的升高，衍射峰逐渐变窄，其原因在于晶化完全，粒径变大。

为了研究反应过程中样品重量的变化，测定了干凝胶在不同焙烧温度下焙烧 2 h 的样品的重量变化(图 3-35)，结果可见，在 250℃以前，随着焙烧温度的增加，烧失量明显地增加，250℃时失重约为 50%，250～800℃焙烧失重仅略有增加，失重也不明显，这表明在 250℃分解反应基本完成。

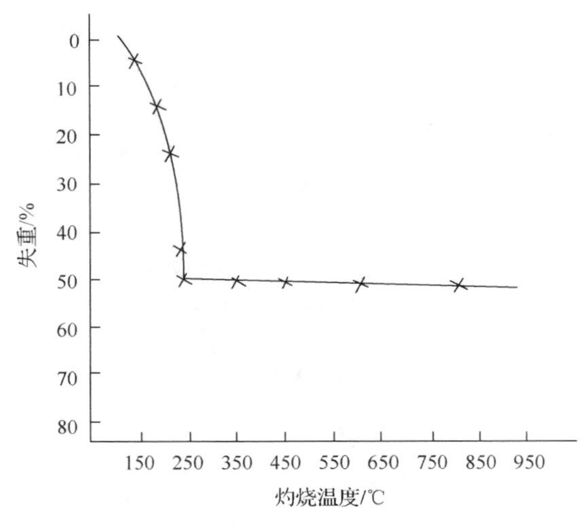

图 3-35　不同灼烧温度干凝胶的重量变化(2 h)

不同温度焙烧 2 h 后样品的颜色明显不同。在 230℃以下，随着焙烧温度的升高，样品的颜色加深，这与干凝胶逐渐分解有关。至 240℃时部分生成CeO_2，但仍有少量碳存在，焙烧温度高于 250℃时，CeO_2粒子逐渐增大，颜色由深黄色逐渐过渡到黄白色(表 3-9)。

表 3-9　不同温度焙烧后样品颜色的变化

样品	干凝胶	150℃	200~230℃	240℃	250~600℃	700~800℃	1000℃
颜色	淡黄色	土黄色	深土黄色	灰黄色	深黄色	浅黄色	黄白色

从电镜照片可知 CeO_2 纳米粒子基本呈球形，其粒径与焙烧温度有关(图 3-36)。从图 3-36 中可见，粒径随焙烧温度的升高呈指数增加。

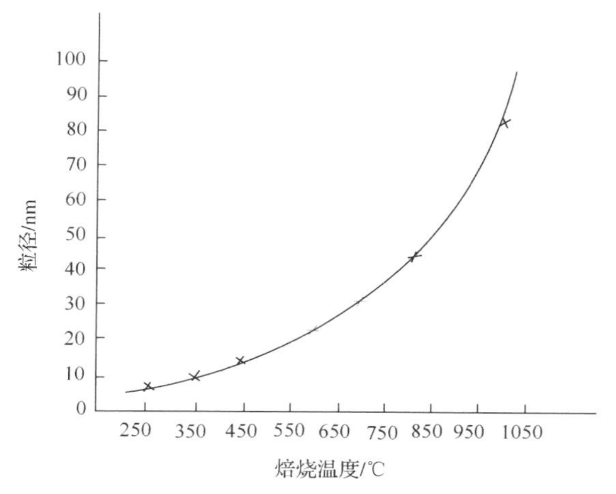

图 3-36　不同焙烧温度 CeO_2 粒径的变化

铈是一种变价元素，有+3 或+4 两种价态，用溶胶-凝胶法制备 CeO_2 纳米粒子的过程中 Ce 的价态变化是一个有趣的问题。从样品的 X 射线衍射图可知，当焙烧温度低于 230℃时，样品均为无定形，在 250℃时生成 CeO_2 纳米粒子，平均粒径为 8 nm。用 XPS 研究 Ce 的价态和含量随焙烧温度的变化，示于图 3-37。

从图 3-37 中可知，Ce^{3+}的 $3d_{5/2}$ 结合能约为 885.3 eV，Ce^{4+}的 $3d_{5/2}$ 的结合能约为 882.5 eV。不同样品中 Ce^{3+}、Ce^{4+}的相对含量明显不同，随着焙烧温度的升高，Ce^{3+}含量降低，Ce^{4+}含量增加，结果列于表 3-10 中。

表 3-10　Ce^{3+}和 Ce^{4+}含量与焙烧温度的关系

样品	干凝胶	200℃	210℃	220℃	230℃	250℃
Ce^{4+}/%	31.5	33.6	35.0	51.1	56.1	100
Ce^{3+}/%	68.5	66.4	65.0	48.9	43.9	0

董相廷等[39]归纳用溶胶-凝胶法制备 CeO_2 纳米晶形成过程进行的研究结果表明：柠檬酸干凝胶在低于 230℃下热处理，产物为非晶，干凝胶中 Ce^{3+}与 Ce^{4+}共存，随着焙烧温度的升高，Ce^{3+}被氧化，到 250℃时，Ce^{3+}全部转变为 Ce^{4+}。同时 CeO_2 纳米晶的粒径随焙烧温度升高而增大，平均晶格畸变率随焙烧温度的增加而降低。

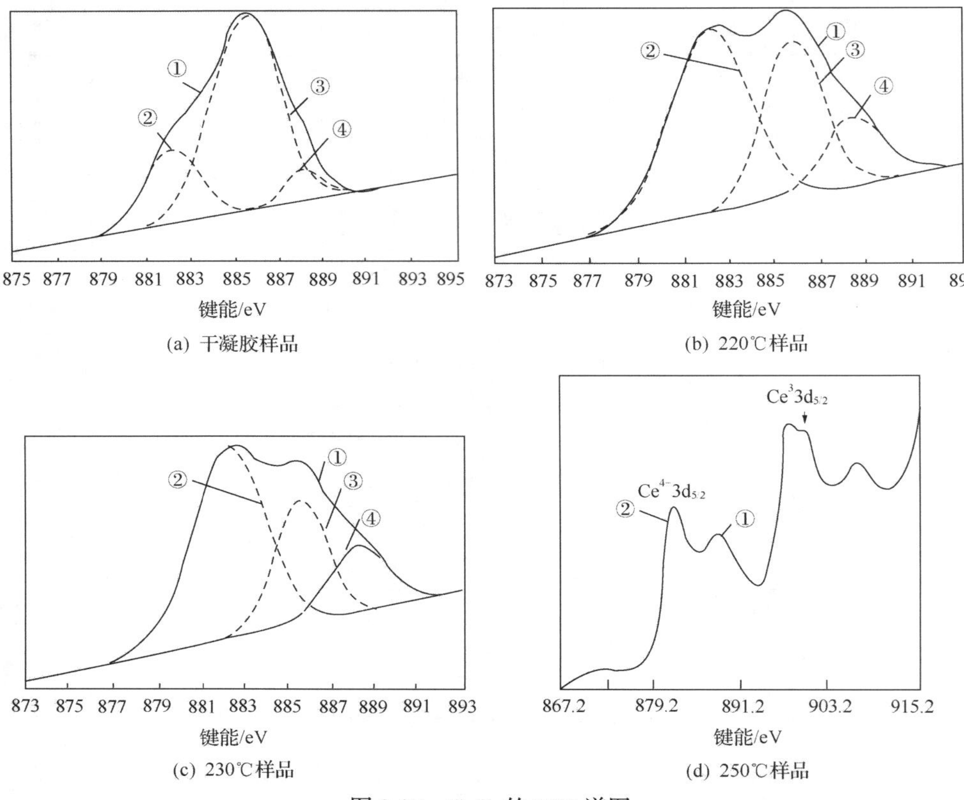

(a) 干凝胶样品　(b) 220℃样品

(c) 230℃样品　(d) 250℃样品

图 3-37　CeO_2 的 XPS 谱图

董相廷等[40]用胶溶法合成了表面修饰十二烷基苯磺酸钠(DBS)的 CeO_2 纳米粒子的有机溶胶，纳米粒子呈球形，粒径约 3 nm，分布均匀呈透明状态。

Tsai[41]研究了纳米 CeO_2 形成和生长过程，具体讨论了不同过程的差异，如形成温度、晶种浓度和最后粒子形态等的相关性。

3. 微波合成法

微波合成法是近十余年来迅速发展的新兴制备方法[42]。微波合成法显著优点是快速、省时，耗能少、操作简便，只需家用微波炉即可制得产品。

微波合成法是在按一定比例混合好的原料和激活剂，然后在一定的条件下利用频率为 2450 MHz 的微波辐射所产生的微波热效应作用在固相反应混合物的组分中，使其分子中的偶极子做高速振动，由于受到周围分子的阻碍和干扰而获得能量，并以热的形式表现出来，使介质温度迅速上升，驱动化学反应进行，来制备材料。但并非所有的物质都能使用微波法来合成，反应起始物必须是偶极分子，并能吸收微波辐射。

Liao 等用微波辐射含有$(NH_4)_2Ce(NO_3)_6$、PEG 和 NaAc 的水溶液，合成了粒径为 2.0 nm 的单分散的CeO_2纳米晶。此方法具有反应时间短，反应物纯度高且粒度分布窄的优点[42]。

4. 燃烧法

燃烧法是指通过前驱物(硝酸盐、尿素等)的燃烧合成材料的一种方法，其具体过程是：当反应物达到放热反应的点火温度时，在一定气氛下，以某种方法点燃，随后的反应由放出的热量维持，燃烧产物就是所制备的材料。燃烧法是一种具有应用前景的软化学合成方法。与高温固相法相比，它最大优点是快速和节能。但在燃烧过程中伴有污染环境气体产生。

燃烧法尤其是用低温燃烧合成技术制备纳米氧化物实验操作简单易行，周期短，从而节省了时间和能源。更重要的是反应物在合成过程中处于高度均匀分散状态，反应时原子只需经过短程扩散或重排即可进入晶格位点，加之反应速率快，前驱体的分解和化合物的形成温度又很低，使得产物具有粒径小、分布比较均匀的显著优势。利用金属硝酸盐和络合剂反应，在低温下即可实现原位氧化，自发燃烧快速合成产物的初级粉末，大大缩短制备周期。

张辉等[43]以六水硝酸铈和甘氨酸为原料，甘氨酸作为燃烧剂，聚乙二醇 20000 为分散剂，采用燃烧法一步合成了纳米二氧化铈粉体。实验通过用直接将配制好的溶液加热至一定温度，产生氧化还原反应燃烧一步合成纳米CeO_2粉体，而不需要继续焙烧处理即可得到高纯度粒径小的纳米 CeO_2，从而节省了能源和实验时间。结果表明，反应的最佳温度为 350℃，溶液的 pH 值为 5，六水硝酸铈和甘氨酸(Gly)的摩尔比为 1∶1.6，得到的产物的平均粒径为 6.5 nm。

5. 水热法

王中林等[44] 从制备铈基稀土抛光粉的形貌角度采用水热法研究了CeO_2的形貌特征，观察到当颗粒尺寸在 3~10 nm 范围内，呈现{100}和{111}晶面，随着晶体长大，最先沿着〈100〉生长的{100}消失，因此在大尺寸CeO_2晶体中呈八面体(图 3-38)。

Gao 等[45]利用四丁基胺在水中水解产生 OH^-提供的碱性环境，在水和甲苯混合溶剂中，用油酸作保护剂，水热处理$Ce(NO_3)_3$，通过调节表面活性剂制备出不同尺寸的六个外表面均为(100)晶面的氧化铈纳米立方块，并且实现了这些纳米立方块的定向自组装(图 3-39)。

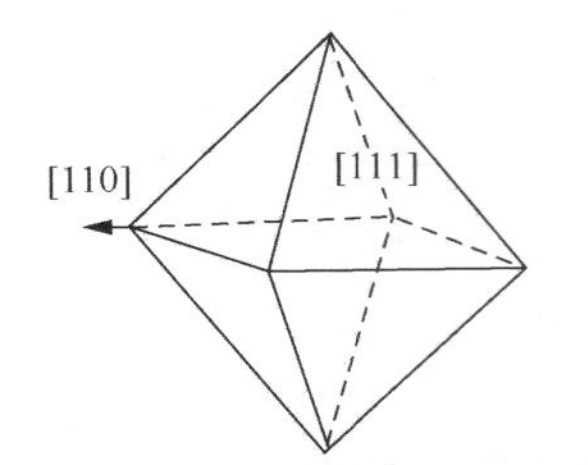

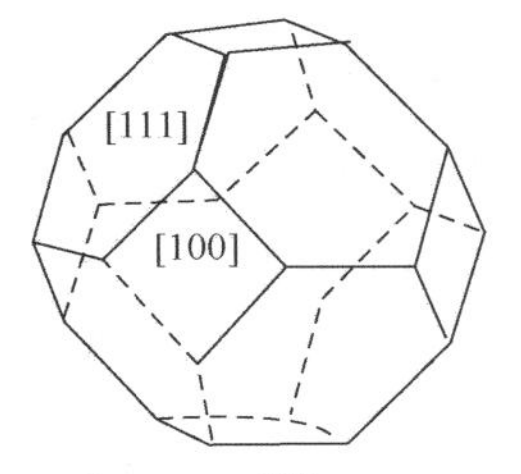

图 3-38　氧化铈单晶形成八面体的过程[44]

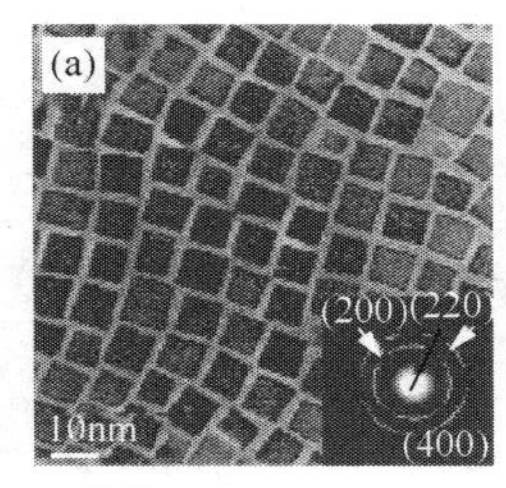

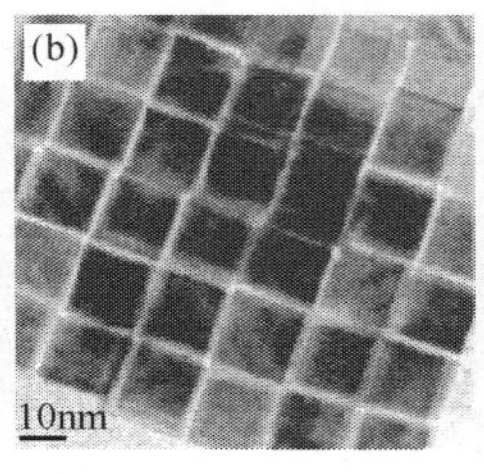

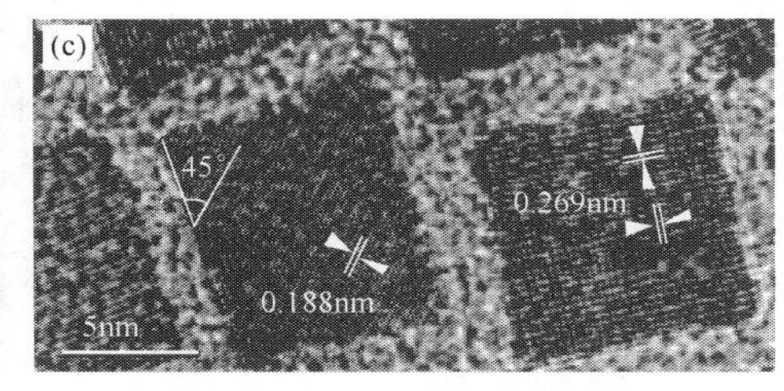

立方氧化铈的TEM　　立方氧化铈的HRTEM

图 3-39　立方氧化铈的 TEM (a, b) 及 HRTEM (c) [45]

6. 热分解法

热分解法制备纳米粒子是一种常用的方法。通常是将盐类或氢氧化物加热，使之分解，能得到各种氧化物纳米粉末。用稀土碳酸盐进行热分解制备晶粒细小的抛光粉是最典型的例子，前面对此已作了详细介绍。

王增林等[46]用稀土草酸盐，在水蒸气存在下，热分解制得 14 种稀土氧化物纳米粉末，其粒径在 10～50 nm 之间，比表面积为 150～50 m^2/g。

洪广言等[47]用热分解稀土柠檬酸或酒石酸配合物，可获得一系列稀土氧化物纳米粒子。制备工艺如下：称取一定量的稀土氧化物，用盐酸溶解、调节溶液的酸度后，加入计算量的柠檬酸或酒石酸，加热溶解、过滤、蒸干，取出研细后放入瓷坩埚内，于一定温度下焙烧一段时间，即可得到所需的稀土纳米粒子。用柠檬酸盐热分解反应为：

$$2Ln(O_2C)_3C_3H_4OH + 9O_2 \xrightarrow{\triangle} Ln_2O_3 + 5H_2O + 12CO_2$$

实验中观察到配比对产物有一定影响。在 Ln_2O_3 与柠檬酸(HA)的摩尔比分别为 1∶1，1∶2 或 1∶3 时，均能制备出 Ln_2O_3 的纳米粒子，其粒径均能达到 0.1 μm 以下，而 Ln∶HA 为 1∶3 时产物的分散性好、粒径较小，测得该样品的比表面积为 26 m^2/g，粒径＜40 nm。用酒石酸代替柠檬酸，在 Ln∶HA 为 1∶3 时制备的 Ln_2O_3 纳米粒子所得结果类同。

用柠檬酸盐热分解得到的稀土氧化物纳米粒子均为多晶，对比实验观察到，重稀土氧化物的纳米粒子的粒径较轻稀土氧化物小。

由于纳米颗粒具有较大的比表面积和较高的表面能，它们极易发生聚集，聚集体尺寸可达到微米级甚至更大。纳米抛光粉的聚集体，通常会恶化元件的表面质量。因此需要采用适宜的分散和稳定化技术，即加添加剂和表面处理(包覆或修饰)。获得充分分散于溶液中并稳定存在的抛光粉颗粒，有效消除大尺度的聚集体，才能有效发挥纳米抛光粉颗粒的尺度效应，获得理想的抛光效果。

3.4.2　复合稀土抛光粉

稀土抛光粉的化学成分、几何形状、粒度及其悬浮分散稳定性等物理性质与化学性质直接影响抛光速率(CRR)、选择性及对材料表面的损伤等各项指标，由于复合稀土抛光粉的化学成分和特殊的结构，使得其比单一磨料、混合型磨料具有更优越的抛光性能。

近年来，一种新型抛光粉生产工艺引起了人们的关注[48,49]。主要是将带胶性的纳米级 CeO_2 包裹在较大的、具有一定外形特征的颗粒载体上(如 TiO_2、Al_2O_3 等)，此类抛光粉无论在抛光速率还是平整度上都比传统的混合型抛光粉优越，并且当基体为立方颗粒时抛光效果最佳。目前此类抛光粉已在美国申请专利并部分实现商业化生产，但其抛光机理尚未进行深入研究。

文献报道了一些制备复合稀土抛光粉的实例，如 Chen 等[50]研究了核-壳结构的复合抛光粉，考察了它们的抛光性能。Chung 等[51]用微乳液法合成了氧化硅-氧化铈核壳结构纳米颗粒的复合稀土抛光粉。

采用表面包覆的方法制备纳米复合稀土抛光粉不仅可以赋予材料新的性能，如提高粒子的稳定性，材料改性和附加新的功能性质等，而且对于纳米粒子更重要的是能防止粒子团聚，以获得单分散的纳米粒子。

Cui 等[52]采用室温固相法在纳米 CeO_2 颗粒表面包覆 SiO_2，得到了较好的结果。

He 等[53]采用超临界流体干燥与沉积法将纳米 CeO_2 组装到介孔 TiO_2 中，得到复合物的光电性能比纯的锐钛矿型纳米 TiO_2 有很大的提高。

制备具有纳米结构的表面包覆的颗粒材料的技术则是一种行之有效的手段，已成为目前材料科学研究热点之一。表面包覆的颗粒材料是在指颗粒表面包覆上一层或多层无机或有机材料。具有纳米结构的表面包覆的颗粒材料是指被包覆材料是纳米粒子，或包覆层的厚度处于纳米尺寸范围，或者两者都处于纳米尺寸范围的材料。由于表面包覆的颗粒材料在材料改性和新功能性质的附加方面均有特点，具有实用及潜在应用价值，已广泛地应用在现代材料合成中。

经过颗粒包覆得到核-壳结构材料不仅是粒子工程亟待解决的问题，而且为纳米材料的应用开辟了一种新的思路和途径，其不仅有效避免单一纳米粒子的团聚问题，而且还可充分发挥纳米粒子优异的性能，提高其使用效果。

颗粒包覆的主要机理：化学键作用机理、静电相互作用机理和吸附层媒介作用机理。

3.5 分　级

将焙烧后稀土抛光粉初始成品粉碎到一定粒径，以满足产品需要的粒度要求。

机械粉碎法是用各种超细粉碎机将原料直接研磨成超细粉体。此法用于制备超细粉体目前工业应用较多，尤其适用于制备脆性材料的超细粉体。几种较为突出的超细粉碎机有球磨机、搅拌磨、高能球磨机、行星磨、塔式粉碎机和气流磨等。目前广泛应用的超细粉碎设备，其原理是利用介质和物料之间的相互研磨和冲击使物料粉碎，以达到粉末的超细化，但很难使粉末粒径＜100nm，粉碎后晶粒将被破坏，且产物外形不规则。

粉碎后的抛光粉在应用前均需进行分级，一般有水力沉降、湿式筛分、干式筛分、水力悬浮分级、气流分级等方式。草酸盐生产的抛光粉一般采用湿式筛分或水解悬浮分级；碳酸盐制得的抛光粉大多采用气流分级方式实现。

参考文献

[1] 洪广言. 稀土化学导论. 北京：科学出版社, 2014
[2] 贝利・金宝恩（Barry T. Kilburn).铈化学工艺学和应用.彭耀华,译. 全国稀土信息网, 1996
[3] Okamoto H. Ce-O (cerium-oxygen). Journal of Phase Equilibria and Diffusion, 2008 , 29 (6) :545-547
[4] 中山大学金属系. 稀土物理化学常数. 北京：冶金工业出版社，1978：328
[5] 朱丽丽，林晓敏，张淼. $Ce_{1-x}La_xO_{2-\delta}$ ($x = 0.05$～0.50) 固溶体的合成与性质研究. 北华大学学报（自然科学版），2014，15 (4)：453-457
[6] 洪广言. 无机固体化学. 北京：科学出版社，2002
[7] 徐光宪. 稀土(上). 第2版. 北京：冶金工业出版社，1995: 396-399
[8] 西村新一，レア，アース.(新版)三岛良绩ほカ监修. 东京都:新金属协会，1989:205
[9] 李学舜.稀土碳酸盐制备铈基稀土抛光粉的研究.沈阳：东北大学博士学位论文，2007
[10] Vasili P, Siu WC, Feng Z. 'Madelung model'prediction for dependence of lattice parameter on nanocrystal size. Solid State Communications, 2002, 123:295-297
[11] 杨国胜，谢兵，任慧平，等. 无氟铈基稀土抛光粉制备过程的研究. 稀土，2008，29 (2) :43-48
[12] 李学舜，崔凌霄，杨国胜. TCE 高性能稀土抛光粉的制备及影响因素的研究. 稀土，2003,24 (6:) 48-51
[13] 柳召刚，李梅，史振学，等. 碳酸盐沉淀法制备超细氧化铈的研究. 稀土，2010，31 (6) :27
[14] 周雪珍，程昌明，胡建东，等. 以碳酸铈为前驱体制备超细氧化铈及其抛光性能. 稀土，2006，27 (1) :1
[15] 李中军，彭翠，徐志高，等. 碳酸氢铵沉淀法制备 CeO_2 抛光粉. 稀土，2006，27 (1) :36-39

[16] 朱兆武. 高性能稀土抛光粉的研制. 北京：北京有色金属研究总院博士后出站报告，2005
[17] 杨国胜，崔凌霄，谢兵，等. 铈基稀土抛光粉焙烧过程的研究. 稀土，2013，34(5):11
[18] 陶豹，柳召刚，李梅，等. 含镨稀土抛光粉的制备及其抛光性能研究.中国稀土学报，2014，32(2): 221-227
[19] 肖桐. 用于平面显示的高性能稀土抛光粉的开发.上海：华东理工大学硕士论文，2009
[20] 周雪珍，李进，丁家文，等. 混合碳酸稀土两步煅烧法制备超细 CeO_2. 稀有金属，2004，28(5):820-824
[21] 伊藤昭文，三崎秀彦，内野义嗣. 铈基磨料、其原料及其制备方法. 中国：01801168.3.2004-08-18
[22] 瓜生博美，三崎秀彦，小林大作，等. 铈系研磨材料. 中国：CN 101356248A. 2009-01-28
[23] 程磊，任慧平，崔凌霄，等. 铈基稀土抛光粉组织结构研究. 稀土，2015,36(6):45-50
[24] 胡艳宏，李梅，柳召刚，等. 大颗粒氧化铈的草酸盐前驱体热分解研究. 稀土，2009，30(4):34-38
[25] Liu Z G, Li M, Hu Y H, et al, Study on preparation of large particle rare earths oxide by precipitation with oxalic acid. Journal of Rare Earths，2008, 26(2):158-162
[26] 吴志颖，孙树臣，吴文远，等. 氟碳铈矿焙烧过程中空气湿度对氟逸出的影响.稀土,2008, 29(5):1
[27] 何松，高勇，曾清华.氟碳铈矿稀土抛光粉与氟碳酸盐稀土抛光粉性能研究. 稀有金属，1998, 22(4):304-307
[28] 张鹏珍，雷红，张剑平,等. 纳米氧化铈的制备及其抛光性能的研究.光学技术，2006，32(5): 682-687
[29] 谢丽英，柳召刚. 纳米氧化铈粉体的制备技术研究进展. 稀土，2007，28(2): 70
[30] 王瑞芬，张胤. 纳米 CeO_2 粉体制备方法的研究进展. 稀土，2011，32(2): 82
[31] 洪广言. 稀土纳米材料的研究进展. 功能材料，2004，35(增刊): 2639-2642
[32] 洪广言. 稀土纳米材料的制备与组装. 中国稀土学报，2006，24(6): 641-648
[33] 洪广言. 稀土纳米材料的应用研究进展. 应用化学，2007，24(增刊): 183-187
[34] 宋晓岚，邱冠周，曲鹏,等. 纳米氧化铈的合成及其应用研究发展. 稀土，2004, 25(3):33-37
[35] 于德才，洪广言，董相廷,等. 碳酸盐沉淀法制备稀土氧化物超微粉末. 中国：CN102805C，1996
[36] 龙志奇，朱兆武，崔大立，等. 碳酸氢铵沉淀法制备超细 CeO_2 粉体工艺条件研究. 稀土，2005，26(5):4
[37] Dong X T，Hong G Y,Yu D C, et al. Synthesis and properties of cerium oxide nanometer powders by pyrolysis of amorphous citrate. Journal of Materials Science and Technology，1997，13(2)：113-116
[38] 董相廷，洪广言，于德才.CeO_2 纳米粒子形成过程中 Ce 的价态变化. 硅酸盐学报，1997，25(3): 323
[39] Dong X T，Cui Y，Hong G Y，et al. Change of Ce valence state during the preparating of CeO_2 ultrafine powder by sol-gel method. Chinese. Chemical. Letters.，1994，5(11) 1001-1002
[40] 董相廷, 刘桂霞, 孙晶, 等. 透明纳米 CeO_2 的合成与表征. 中国稀土学报，2002，20(2):123-125.
[41] Tsai M S. Formation of nanocrystalline cerium oxide and crystal growth. Journal of Crystal Growth，2005, 274 (3-4): 632-637.
[42] Ma L, Chen W X, Xu Z D. Complexing reagent-assisted microwave synthesis of uniform and monodisperse disk-like CeF_3 particles. Materials Letters.，2008, 62：2596-2599
[43] 张辉，王亚娇，郭琴，等. 燃烧法制备纳米氧化铈. 稀土，2012，33 (5)： 43-46
[44] Wang Z L, Feng X D. Polyhedral shapes of CeO_2 nanoparticls. Journal of Physical Chemistry B, 2003, 107: 13563-13566
[45] Yang S W, Gao L. Controlled synthesis and self-assembly of CeO_2 nanocubes. Journal of American. Chemical Society, 2006, 128: 9330-9331.
[46] 王增林，唐功本，孙万明，等. 超微稀土氧化物的制备. 稀土，1990，(4)：32-34
[47] 洪广言，李红云. 热分解法制备稀土氧化物超微粉末. 无机化学学报，1991, 7(2)：241-243
[48] Lu Z, Lee S H, Gorantla C R K, et al., Effects of mixed abrasives in chemical mechanical polishing of oxide films. Journal of Materials Research, 2003, 18(10):2323-2330

[49] Jindal A, Hegde S, Babu S V. Chemical mechanical polishing of dielectric films using mixed abrasive slurries. Journal of the Electrochemical Society, 2003, 150(5):G314-G318.

[50] Chen Y, Lu J X, Chen Z G. Preparation, characterization and oxide CMP performance of composite polystyrenecore ceria-shell abrasives. Microelctronic Engineering, 2011, 88:200-205

[51] Chung S H, Lee D W, Kim M S, et al. The synthesis of silica and silica-ceria, core-shell nanoparticles in a waterin-oil (W/O) microemulsion composed of heptane and water with binary surfactants AOT and NP-5. Journal of Colloid and Interface Science, 2001, 355:70-75.

[52] Cui H T, Hong G Y, Wu X Y,et al. Silicon dioxide coating of CeO_2 nanoparticles by solid state reaction. Materials. Research. Bulletin, 2002, 37: 2155-2163

[53] He W, Zhang X D, Li P,et al. Synthesis and characterization of nano-CeO_2/TiO_2 mesoporous composites. Journal of Inorganic Materials, 2005, 20 (2): 508-512

第4章　稀土抛光粉的作用机理及影响因素

4.1　玻 璃 抛 光

玻璃抛光(glass polishing)的目的是形成一个具有足够光洁度、清洁的表面，致使该玻璃表面上光的透射不受表面不平整的干扰。通过抛光可消除表面的凸凹不平，而抛光的效果依赖于玻璃和抛光粉两者的物理化学性质。

对于绝大多数玻璃(特别是工业上大量生产的玻璃)而言，至今最有效的抛光粉是含二氧化铈的抛光粉，其应用占每年生产的铈产品的很大部分，它既可用所需纯度的氧化物，也可用以氧化铈为主要组分的富集物、精矿等。

稀土抛光粉主要应用于玻璃抛光，为此首先对玻璃的特性作简单的介绍。

4.1.1　玻璃的结构

玻璃的结构与晶体有着本质的差别，使玻璃具有许多不同于晶体的特性[1]:

1) 玻璃没有固定的熔点：当对玻璃加热时，玻璃没有固定的熔点，只有一个从玻璃态转变温度(T_g)到软化温度的连续变化的温度范围。

2) 各向同性：由于玻璃结构上的特点，其表现出力学、光学、热学及电学等性能的各向同性。

3) 内能较高：玻璃是处于亚稳定状态的固体，比晶体具有更高内能，在一定条件下可自动析出结晶。

4) 不存在晶粒间界：与晶体或陶瓷等多晶材料等不同，玻璃中不存在晶界。

5) 无固定形态：玻璃可按制作要求改变其形态，如可制成粉体、薄膜、纤维、块体、空心腔体、微粒、多孔体和混杂的复合材料等。

6) 性能具有可设计性：玻璃的膨胀系数、黏度、电导、电阻、介电损耗、离子扩散速率及化学稳定性等性能一般都遵守加和法则，可通过调整成分及提纯、掺杂、表面处理及微晶化等技术获得所要求的高强、耐高温、半导体、激光、光学等性能。

玻璃不限于无机硅酸盐，许多材料均能形成玻璃，如磷酸盐、硼酸盐、碲酸盐等。各类玻璃往往有不同的结构、性质和应用。

当熔体降温冷却时可能发生两种情况：一种情况是当降温至低于熔点的某温度时发生结晶作用；另一种情况是在降温过程中并不发生结晶，而是充分过冷，然后形成玻璃。所以玻璃的形成过程实际上是一个防止发生结晶的过程。

当材料从熔化状态冷却时形成非晶态的过程差别极大。有的物质，例如金属，很容易形成晶体，必须采取特殊制备工艺才能获得非晶态；还有一些材料，例如，SiO_2及各种硅酸盐玻璃等，在其熔体冷却过程中黏度逐渐增大，最后固化形成玻璃，而并不易析出晶体。从相变的角度看，从熔体中形成玻璃体的过程是一个过热熔体(稳定相)→过冷熔体(亚稳相)→玻璃(亚稳相)的相变过程，而从过冷熔体中结晶是一个亚稳相→稳定相的相变，二者有本质的区别。

图 4-1 示意地表示了过热熔体冷却过程中：①形成晶体；②熔体过冷形成玻璃时摩尔体积随温度的变化。图 4-1 中结晶过程曲线沿 *abcd* 走向。在 T_m处(升温过程在 T_m处，降温过程应在低于 T_m处)，体积变化出现不连续性，这反映了从长程无序的液体到长程有序的晶体，其结构发生重大转变的结果。当冷却形成玻璃时，曲线沿 *abef* 顺序走向，在 *e* 点(对应玻璃态转变温度 T_g) 曲线斜率发生明显变化，但仍然是连续的。曲线段 *be* 对应过冷液体情况，由过冷液体到玻璃的变化是一种亚稳态到另一种亚稳态的相变。在此过程中，液体的黏度逐渐增大，直到 *e* 点(对应温度 T_g)，此时液体已不能再维持其内部平衡了，液体内部的原子被“冻结”，再继续冷却时，材料便具有了玻璃的坚固性。此外，实验表明，对于同一种材料来说，在不同的冷却速率下获得的玻璃态转变温度 T_g略有差别。一般缓慢冷却得到的 T_g要比快速冷却时得到的 T_g低一些。图 4-1 中曲线 *abgh* 表示缓慢冷却形成玻璃过程中体积随温度的变化，*g* 点对应的转变温度比 *e* 点对应的温度要略低一些。此外，在熔体冷却形成玻璃的过程中，在玻璃态转变温度 T_g附近，物质的黏度、位形熵等也会发生明显的但是连续的变化。而在这个过程中其热容 C_p 则在 T_g处表现出不连续性。玻璃态转变温度 T_g是玻璃性质的一个重要参数。

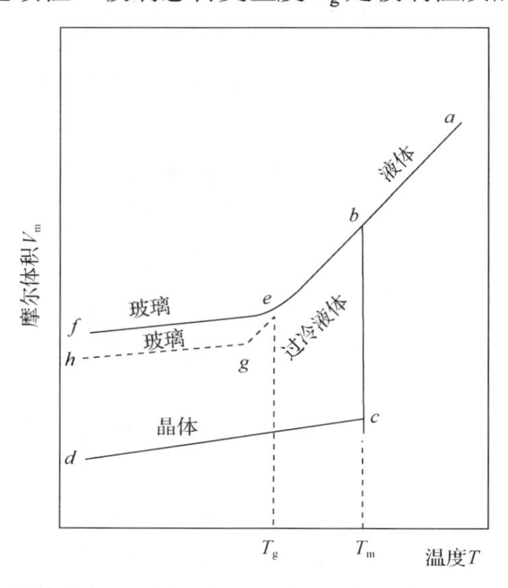

图 4-1　熔体冷却过程中在不同情况下摩尔体积随温度的变化

玻璃是一种由熔融体过冷却而得到的无定形固体。根据现代玻璃结构学说，玻璃是一种短程有序而长程无序的无定形物质。熔石英玻璃是纯二氧化硅玻璃，是一个硅氧四面体$(SiO_4)^{4-}$之间通过顶角互相连接而向三维空间发展的网络体，但其排列是无序的(图 4-2)。其中 Si—O—Si 键是稳定的，键力很强。但常用玻璃都不是纯 SiO_2 玻璃，如钠玻璃、钾玻璃，都掺入了碱金属(R_2O)、碱土金属(RO)，当石英玻璃中加入 R_2O 和 RO，硅氧四面体网络被迫断裂。在某些硅氧四面体的空隙中均匀而无序地分布着碱金属离子，使 Si—O—Si 键易破裂，形成 Si—O—Na，这种三维空间连接的键并不强。在纯 SiO_2 中添加各种不同的氧化物，就构成了各种性质不同的玻璃，所以这些玻璃在内部的阳离子被一定数量的氧离子包围着，所有键力都是平衡的，而在表面则不然，每个阳离子为必需数目的氧离子所围绕的倾向得不到满足，结果形成了表面力(悬空键)，表面力决定了诸如表面张力、摩擦力及表面吸附力等。表面吸附力使表面最易获得水分子。排出玻璃表面的水痕迹需要 500℃的高温和降压才能消除，可见水分子与表面黏附力多大。

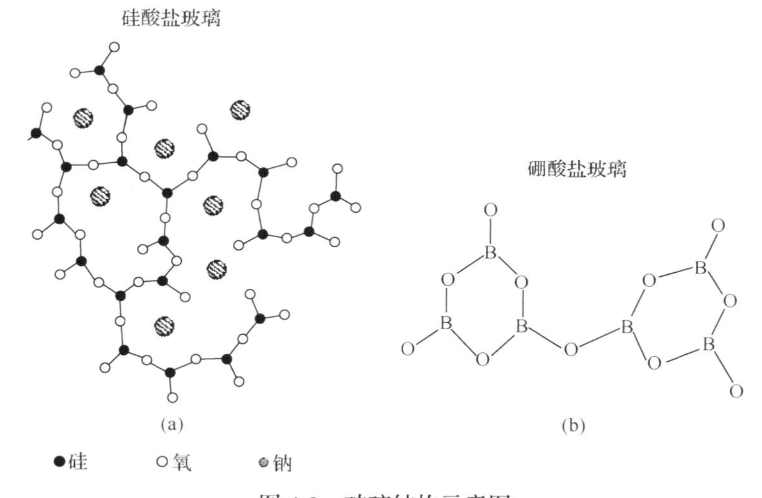

图 4-2　玻璃结构示意图

(a)一种硅酸盐钠玻璃的结构示意图；(b)两个硼氧基团通过一个成桥氧原子相连接

需要引起重视的是经抛光后的玻璃暴露出新鲜表面，该表面存在大量的高活性悬空键，易于吸附杂质，包括水分、微粒等，需要认真清洗，为保护光滑表面，可涂保护膜或进行钝化处理。

玻璃抛光时所用的液体性质也是至关重要的，只要存在活性羟基基团，例如在醇中，特别是水中，就有可能进行抛光。当玻璃(典型的碱金属硅酸盐)与水接触时，产生了一系列复杂的变化，如离子交换、玻璃组分的溶解和可能的结构变化，以及玻璃的表面层改性，即玻璃抛光时除去或重新生成较软的水合层。

一些较软的氧化物是合适的玻璃抛光粉，它能除去和重新生成软的水合层。一般来说，对于莫氏硬度约为 6.5 的抛光粉，非常接近大多数玻璃的硬度，具有最佳的抛光效率。

就玻璃抛光速率和最终表面光洁度而言，最好的抛光剂是在水中制浆的氧化铈。氧化铈可能含多种价态的铈离子及由于 Ce^{4+}/Ce^{3+}产生的氧化-还原反应，在化学上它有助于硅酸盐晶格解体。此外，Ce^{4+}离子对周围水合层的移动也可起重要作用。一些化合物能起加速抛光过程的作用，看来最佳的是抛光过程中新沉淀出的 $Ce(OH)_4$，即 $CeO_2 \cdot 2HO$，它在抛光浆液中形成稳定的 Ce^{4+}盐，可能存在以下的平衡反应：

$$SiO_2+Ce(OH)_4 \longrightarrow CeO^{2+}+Si(OH)_4$$

有人认为在瞬时形成了[···Ce—O—Si···]。分析技术已鉴定出了在最终抛光表面层下面结合着的铈原子可能来自这些中间产物。玻璃中 Si—O 键的打开和重新组合可能是羟基基团通过亲氧的铈离子周围较大和易移动配位区域转移到初始断裂位置而造成的。

4.1.2 玻璃组分与抛光性能

玻璃可分为光学玻璃和日用玻璃两大类。日用玻璃又分为窗玻璃、镜玻璃、玻璃饰品和仪器玻璃等。光学玻璃又分冕类玻璃(重冕、轻冕)和火石类(重火石和轻火石)两大类，一般来说，在冕类玻璃中 PbO＜3%，火石类玻璃中 PbO＞3%。不同组分的玻璃其性能不同。其中特种光学玻璃组分复杂，种类繁多，如液晶玻璃基板、触摸屏玻璃盖板、平板显示器用电子玻璃等。

玻璃抛光的速率，很大程度上取决于玻璃的化学稳定性，即很大程度上取决于玻璃的化学组成[2]。在其他抛光条件相同的条件下，将化学组成不同的几种玻璃的抛除量进行比较时，发现它们的抛除量有极大的差别(图 4-3)。

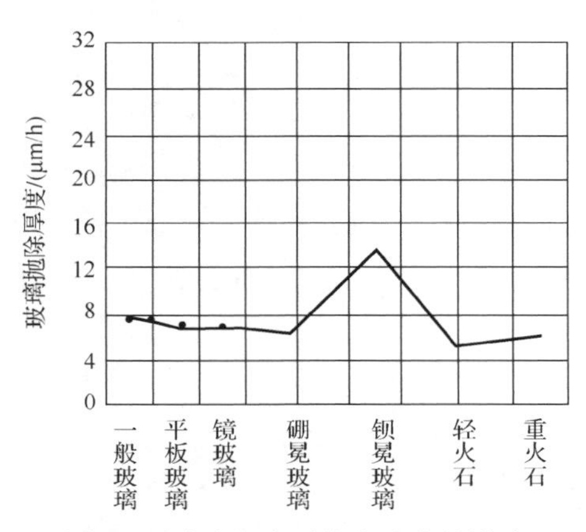

图 4-3 玻璃组成对抛光速率的影响

玻璃在研磨后，留下一定的凸凹层，其厚度与精磨时最后一道抛光粉有关，可以下式表示：

$$F = KD$$

式中，F 为凸凹层厚度；D 为精磨最后一道抛光粉的最大尺寸；K 为比例系数。一般对生铁和金刚砂精磨而言，K 值为 0.7。

玻璃抛光是机床、抛光模、抛光粉、水的综合作用。由于玻璃有一层凹凸层，极易发生水解作用，抛光的机械因素，首先是去掉凹凸层，在去掉凹凸层的过程，不断暴露新鲜面，不断发生水解作用。水解作用的结果，在表面很快形成一层不溶水的抗酸氧化硅薄膜，称为硅酸凝胶层。它在玻璃表面形成一层薄膜，对玻璃起保护作用。

$$Na_2SiO_3+H_2O \longrightarrow 2NaOH+H_2SiO_3$$

当有二氧化碳存在时

$$2NaOH+CO_2 \longrightarrow Na_2CO_3+H_2O$$

硅酸盐玻璃的侵蚀速率在开始阶段取决于表面硅酸盐的水解速率，之后则取决于水及碱金属离子通过保护层的扩散速率，而扩散速率又取决于硅酸膜层结构的紧密性及其厚度。这层薄膜的厚度，随玻璃组分不同而不同，一般为 15~70 Å，如表 4-1 所示。在有电解质作用下，玻璃表面除了水解作用外，还会产生复分解反应，有可能形成比较复杂的硅酸化合物。

表 4-1 水解作用使玻璃 3min 后形成的薄膜厚度

玻璃	硅酸盐冕玻璃	硼冕	钡冕	重钡冕	软钡冕	普通火石	重火石
薄膜厚度/Å	20	22	40	40	30	35	70

表面薄膜的胶体性质决定它有高度的吸附力，这在玻璃中起相当重要的作用，在抛光过程，抛光粉颗粒主要作用于已起了化学变化的玻璃表层。

在机械作用下，玻璃表面不断被破碎，暴露出新鲜玻璃表面，从而产生很多断裂的键(悬空键)，能够很快把水分子吸附到它的表面上。水就满足了由于玻璃破碎产生断裂键的要求，不断水解，留下水合硅胶，形成硅胶层，去掉这层硅胶层是物理化学因素的综合作用。

在抛光液中，加入少量的某些活性物质能使水在抛光过程中的作用加强或削弱。

抛光粉颗粒的作用就是去掉硅胶层。不同的抛光粉有不同的化学活性，在机械作用下，抛光粉颗粒被破碎，使活性提高，活性较高的粒子，有对硅胶层有较强的吸附能力，硅胶层有一定硬度，所以抛光粉也要有一定硬度，抛光粉粒子在水解玻璃表面进行分子接触，具有强的晶格缺陷处的各质点结合能量比较大，易于通过化学吸附作用把表面的硅胶层联结起来，如果抛光粉颗粒移到硅胶层浓度较大的地方，就会发生解吸现象，因此，好的抛光剂应该是比表面积很大，同时活化程度很高的细微弥散粒子，它的活化程度可以达到使吸附物的量与吸附物的浓度成正比例地变化。

在抛光中，抛光粉的初始颗粒发生破裂(可能断裂表面或断裂层)露出新的缺陷——阳离子空位或阴离子空位，具有高能点，这些缺陷在暴露的瞬间即与玻璃表面进行分子接触，从而黏合硅胶层。材料是在分子接触的基础上被去除，而能量则消耗于击穿玻璃内数量极大的分子键，因此抛光粉粒子有团聚比没有团聚更易于断裂，抛光效率要高，这些过程往往同时发生。

抛光粉应有一定的硬度，颗粒太软颗粒很易破裂，抛光的每一单位时间内会产生过多的具有活性的新鲜破裂面，其中，只有一小部分，在生成的瞬间能与玻璃表面接触，其余分子没有得到利用就被抛光浆饱和了，一旦饱和，则活性降低，惰性增强；颗粒过硬则很难发生破裂，颗粒中固有缺陷无法暴露于颗粒表面，无从发生化学活性，只不过对玻璃表面起着机械磨削作用，有效性当然不会高。

4.1.3　不同抛光粉对玻璃的抛光能力

一种抛光粉能否具有生命力，取决于各种因素，如抛光效率、抛光质量、制造工艺、无毒、成本低等。对不同的被抛光材料需选用不同的抛光粉[2]。

研究发现，在玻璃抛光时稀土抛光粉比“红粉”(α-Fe_2O_3)好的主要原因是：①氧化铈为面心立方晶体，“红粉”为六方晶体；②经过适当温度焙烧的氧化铈，有强烈的活性；③氧化铈的颗粒形状为六面体，片状有棱角，“红粉”颗粒形状基本为圆球形；④在经典抛光中，由于氧化铈的比重比“红粉”大，更易于沉积在抛光模层中，使抛光效率提高。有人把氧化铈和红粉混合做抛光试验，发现其抛光能力随氧化铈含量增加而增加，如表 4-2 所示。

表 4-2　抛光粉的抛光能力

混合物		抛光能力/(g/20min)
氧化铈/%	红粉/%	
0	100	0.1265
25	75	0.1866
50	50	0.2135
75	25	0.2574
100	0	0.3370

在铈基稀土抛光粉中有不同氧化铈含量的抛光粉，如有 99%以上的抛光粉，有 45%氧化铈含量的抛光粉，也有氧化铈含量介于其中的抛光粉。比较一些国外抛光粉(表 4-3)可以看出，由二氧化铈和稀土固溶体组成的抛光粉，由于晶格结构和含氧化铈的缘故，使活性提高，抛光能力都比较高。

表 4-3　国外某些抛光粉的物化性能、特征参数

抛光粉牌号(国家或地区)	比表面积/(m^2/g)			晶格参数		抛光粉组成			抛光能力/(mg/45min)
	S_{BET}	S_{KK}	S_{BET}/S_{KK}	$D_{\mu m}$	$(\Delta a/a)$/%	CeO_2	固溶体	氧化铈占固溶体/%	
Certivouge-E(英国)	4.5	0.52	8.6	>0.15	0	10	90	55	58.1
Certivouge-H(英国)	2.5	0.36	6.9	>0.15	0	100	—	—	61.1
Barnesite(美国)	1.5	0.22	6.8	>0.15	0	—	100	55	50.0
America(美国)	4.9	0.61	8.0	>0.15	0.35	—	100	75	29.2
Cerox Phone(法国)	4.1	0.48	8.5	>0.063	0.33	—	100	80	29.6
日本	4.9	0.57	8.6	—	—	60	40	80	65.2
德国	9.1	1.12	8.1	>0.030	0.06	—	100	85	41.1
Polirit No.1(前苏联)	5.4	0.63	8.7	>0.070	0.17	—	100	50	40.0
Polirit No.2(前苏联)	5.1	0.68	7.5	>0.052	0.26	—	100	50	38.5

注：S_{BET}，S_{KK} 表示两种测试方法数据；D 为晶粒直径；$\Delta a/a$ 表示晶格缺陷；a 为晶格常数

4.2　抛光粉的作用机理

4.2.1　抛光的过程

整个抛光过程通常分几个阶段进行。首先是用金属和粉末金刚砂组成的抛光轮进行粗磨，接着用一组磨砂越来越细的抛光轮进行处理，最后用悬浮在水溶液里的氧化铈对玻璃进行精细抛光。

整个抛光过程也分为研磨过程和抛光过程，研磨过程又分为粗磨和细磨。粗磨是将表面粗糙不平或制备时残留的部分玻璃磨去；细磨是去除粗磨时玻璃表面留下的凹陷坑和裂纹层，使玻璃表面毛面状态变得细致；抛光过程将使毛面玻璃变得透明、光滑、有光泽。

由于玻璃研磨时，机械作用是主要的，所以研磨材料的硬度必须接近或大于

玻璃的硬度。光学玻璃和日用玻璃研磨加工余量大，所以一般用刚玉、碳化硅或天然金刚砂研磨效率高。平板玻璃的研磨加工余量小，但面积大，用量多，一般采用价廉的石英砂。部分主要研磨材料的性质列于表 4-4 中。

表 4-4　部分主要研磨材料的性质

名称	组成	颜色	密度/(g/cm³)	莫氏硬度	显微硬度	研磨效率比值
金刚砂	C	无色	3.4~3.6	10	98100	
刚玉	Al_2O_3	褐、白	3.9~4.0	9	19620~25600	
电熔刚玉	Al_2O_3	白、黑	3.0~4.0	9	19620~25600	2~3.5
碳化硅	SiC	绿、黑	3.1~3.39	9.3~9.75	28400~32800	
碳化硼	B_4C	—	2.5	>9.5	47200~48100	2.5~4.5
石英砂	SiO_2	白		7	9810~10800	1

图 4-4 列出在玻璃抛光时具有不同硬度的各种抛光材料的抛除量与材料硬度的相关性，其中硬度以表示矿物硬度的莫氏硬度为标准，即滑石 1(硬度最小)，石膏 2，方解石 3，萤石 4，磷灰石 5，正长石 6，石英 7，黄玉 8，刚玉 9，金刚石 10。

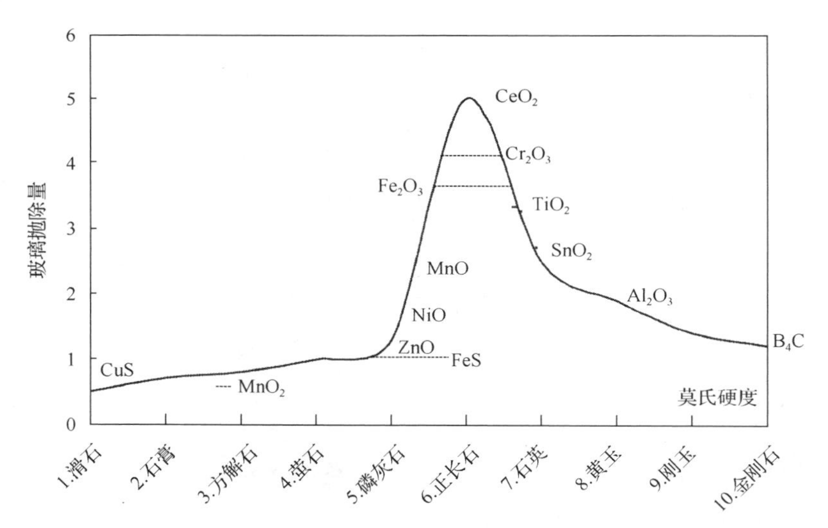

图 4-4　抛光材料和对应的玻璃相对抛除量

从图 4-4 可知，当抛光材料的硬度过小或过大时对玻璃抛光性能都较差，而只有在接近玻璃硬度时抛光材料才具有较好的抛光能力，其中 CeO_2 抛除量最大。

抛光材料的硬度一般应接近或稍大于所抛光的玻璃的硬度。常用抛光材料有“红粉”(氧化铁)、氧化铈、氧化铬、氧化锆、氧化钍等，日用玻璃加工也有采用长石粉的。“红粉”是 α-Fe_2O_3 结晶，为玻璃抛光材料中使用得最早的材料。目前使用最多的玻璃抛光材料是氧化铈。常用的几种抛光粉中，抛光效率以氧化铈最高，红粉最差，二氧化锆居中。常用的抛光材料的性质列表 4-5 中。

表 4-5　常用抛光材料的性质

名称	组成	颜色	比重/(g/cm^3)	莫氏硬度	抛光能力/(mg/min)
“红粉”	α-Fe_2O_3	赤、褐	5.2~5.1	5.5~5.6	0.56
氧化铈	CeO_2	淡黄	7.3	6	0.88~1.04
氧化铬	Cr_2O_3	绿	5.2	6~7.5	0.28
氧化锆	ZrO_2	白	5.7~6.2	5.5~6.5	0.78
氧化钍	ThO_2	白、褐	9.7	6~7	1.26

对抛光材料的基本要求：除了应有较高的抛光能力外，必须不含有硬度大、颗粒大的杂质，以免对玻璃表面造成划伤。

整套玻璃抛光设备由四部分组成：被抛光的玻璃制品，抛光浆料(氧化铈基粉末与水的混合液)，保持抛光浆料与玻璃直接接触的抛光平台，使抛光平台相对于玻璃表面运动的抛光机，通过一个机械装置能使玻璃制品保持一定的尺寸。

选择玻璃抛光材料时，必须考虑许多因素，包括被抛光的玻璃、抛光设备、抛光浆料和抛光平台的类型，以及抛光玻璃件数、抛光材料成本、产量和表面质量等。

抛光材料粉末颗粒尺寸及粒度分布对抛光性能有重要影响。对于一定组分和加工工艺的抛光粉，平均颗粒尺寸越大，则玻璃磨削速率和表面粗糙度越大。在大多数情况下，颗粒尺寸约为 4 μm 的抛光粉磨削速率最大。相反地，如果抛光粉颗粒平均尺寸较小，则磨削量减小，磨削速率降低，但玻璃表面平整度提高。优质抛光粉一般有较窄的粒度分布，太细和太粗的颗粒很少。

玻璃抛光中氧化铈是一种非常有效的抛光剂，在水介质中，它既起机械研磨又起化学溶解的作用。氧化铈抛光浆料使玻璃表面变成水合软化层，该软化层很容易被抛光粉擦除。典型的玻璃抛光浆料是用过滤的自来水或去离子水与固体抛光粉混合成的，抛光粉的浓度为 2%~20%(质量分数)。为了防止抛光浆料在抛光过程中或暂时不用时浓度发生变化，必须控制一定的化学组分并保持一致的水源供水。

抛光浆料影响玻璃表面残留的缺陷率、清除玻璃表面磨料的难易程度及抛光粉悬浮和回收再利用的难易程度等。应用氧化铈抛光粉还取决于许多经济技术指标，例如，一定时间内玻璃的磨削量、每千克抛光粉抛光的件数、在不影响抛光浆料性能的前提下抛光粉所能承受的玻璃负荷重量等。现代大规模生产的抛光过程会受铈基稀土抛光粉的质量和所能买到的氧化铈化合物种类的强烈影响。

4.2.2 玻璃抛光粉抛光机理

玻璃抛光是一个极其复杂的过程，由于玻璃成分复杂，性质各异，其抛光机理说法不一，目前尚无一个完全统一而完整的理论，有待于进一步的研究[3,4]。

20 世纪 40 年代苏联格列宾西科夫院士就研磨、抛光理论归纳为三点：①在研磨和抛光过程中被研磨和被抛光的材料重量减小，即产生材料剥离掉的过程；②研磨和抛光过程与物理和化学现象有关；③研磨和抛光时发生的物理和化学现象，按其性质来说是不同的。研磨时具有重要意义的是取决于材料弹性、抗压强度等的机械破坏，而化学现象起次要作用，并且发生于破坏后形成的表面(裂纹)上；抛光时则化学现象起主要作用。

抛光机理可分为物理作用与化学作用两大类。抛光过程中的物理作用主要表现为磨料对材料表面进行微小的切削作用，即抛光时产生的压力、剪切力及流变力等作用去除材料表面凸凹不平的微痕结构，形成光滑表面；化学作用是指化学因素对抛光效率的作用，例如水、抛光粉、抛光剂悬浮液浓度、添加剂、pH 值以及玻璃品种成分等都对抛光效率起很大作用。迄今描述抛光过程中物理作用的模型已经有较大发展，而对其中化学过程的描述则相对简化。

目前关于研磨和抛光的机理主要有几种学说，即纯机械作用学说、流变作用学说(塑性变形、热熔)、化学作用学说、化学机械抛光学说，这些学说从不同角度对玻璃抛光机理作出了解释。

1. 纯机械作用学说(也称机械磨削理论)

纯机械作用学说认为抛光是研磨过程的继续，其本质是一致的，都是磨料对玻璃表面进行微小切削作用的结果，即抛光粉的每一个颗粒都会对玻璃表面产生细微的划痕，通过无数个颗粒产生的无数条微小划痕，将凸凹不平的玻璃表面切削成宏观意义上的光滑表面。由于抛光粉的颗粒很细，其微小切削作用可以在分子范围内进行。由于抛光模具与工件表面相当吻合，抛光时切削力特别大，从而使玻璃表面凸凹不平的微痕结构被切除，形成光滑的表面。

机械磨削理论的依据表现在：①抛光后零件质量明显减轻，实验测得，被抛光的玻璃表面厚度平均减少为 1~1.2 μm。②抛光表面有起伏层和机械划痕。用氧化铈抛光零件表面凹凸层厚度 30~90 nm。用电镜观察玻璃表面发现，每平方厘米的抛光表面有 3~7 万条深为 0.008~0.07 μm(8~70 nm)的微痕，均占抛光总面积的 10%~20%。③抛光粉的粒度和硬度对抛光效率有重要影响，如目前广泛使用的 CeO_2 比氧化铁硬度大，故抛光速率高 2~3 倍。

抛光表面有起伏层，用氧化铈抛光时所得起伏层约为 30~90 μm，用氧化铁抛光的起伏层约为 20~90 μm。任何一个抛光剂都有一个合适的粒度范围。至于抛光压力和相对线速率与抛光效率呈直线关系，更是机械学说的重要依据之一。

基于玻璃的抛光实践，1927 年提出了第一个机械削磨的唯象学模型[5,6]（Preston 公式）：

$$\mathrm{MRR}=K_{\mathrm{P}}P_0V$$

式中，MRR 为抛光速率；K_{P} 为速率常数；P_0 为材料所受的压力；V 为抛光垫与工件的相对速率。

此公式仅适用于抛光垫硬度大于或相当于磨料及工件硬度，软抛光垫下常出现“非 Preston 现象”。此后，许多学者在 Preston 公式的基础上有针对性地对压力及转速的级数进行修正[7]，如提出：$\mathrm{MRR}=K_{\mathrm{P}}P_0^{\alpha}V^{\beta}$。

进入 20 世纪 90 年代以后，人们更多地把目光集中在运用流体力学理论、接触力学理论、非接触力学理论分析抛光过程中材料的去除机理。

机械磨削学说认为，最终精度的获得是由很多微小的硬磨料，对工作表面不断切削作用的结果，这种说法虽能解释许多现象。但仅仅是机械作用，许多实验结果无法说明，如抛光速率与玻璃硬度的关系，如有时出现越软的玻璃，抛光越快，越硬的玻璃，抛光越慢；又如解释不了用软磨料加工硬材料，如 CeO_2 质地柔软，但能对高硬度材料进行快速抛光；用大颗粒却能抛出镜面光洁度的工件等事实。同时忽视了各种化学因素，如抛光介质水对玻璃的侵蚀作用，光学玻璃化学稳定性与抛光速率的关系，试验表明，玻璃是否容易抛光取决于表面水解后形成的水合软化层，抛光速率则取决于破坏水合软化层的难易程度，又如抛光液 pH 值，添加剂对抛光过程的影响等。

2. 流变作用学说（也称表面流动理论）

流变作用学说认为玻璃抛光过程是分子重新流布的过程。玻璃表面受高压和高速的相对运动产生热量并使玻璃表面产生塑性流动，凸起的部分流向凹陷区域，使表面变得光滑。

在实际抛光过程中，必须估计到流动的作用因素，随着表面不平整层的去除逐渐减少，即摩擦热使玻璃表面产生塑性变形和流动，或者是热软化以致熔融而产生流动，抛光过程是玻璃表面分子重新分布而形成平整表面的过程。

其中塑性变形学说认为，在工件与研磨表面接触运动中，粗糙高凸的部位在摩擦、挤压作用下被“压平”，填充了低凹处，使结构产生了滑移，形成了表面层的塑性流动从而逐渐获得了表面的平滑，但这种说法解释不了用软基体抛光硬材料的现象。

其中热熔学说认为，抛光时，由于产生较高的温度，使工件表面熔化成液体并流满表面，待凝固后，便在工件表面形成一层平坦的无定形玻璃状金属层(或称贝勒比层)，但是这种说法缺乏实验证明，抛光时瞬间温度能否足以使玻璃融化尚需探讨。

3. 化学作用学说(也称化学作用理论)

化学作用学说认为化学因素对抛光效率有着很重要的影响，例如水、抛光模材料、抛光粉、抛光剂悬浮液浓度、添加剂、pH 值以及玻璃品种成分等都对抛光效率起很大作用。抛光过程是水、抛光剂、抛光模材料和玻璃表面层之间发生复杂化学作用的结果，最主要的是在玻璃表面发生的水解作用。

化学作用学说认为，抛光是活性物质的化学作用的过程，使表面形成一层化合物薄膜，具有化学保护作用(形成表面薄膜，一旦薄膜形成很难再进一步起化学作用)，但它能被软质磨料除掉。例如 CeO_2 质地柔软，但能对高硬度材料进行快速抛光，其原因在于 Ce 的原子半径大，极易失去外层电子，具有特殊的变价特性和化学活性使它能将薄膜去除，这给抛光加工创造了很好的环境。

由于被加工材料、抛光浆料、化学活性剂的种类等条件的不同，抛光过程中化学作用程度和结果也不同，化学作用的复杂性增加了机理研究的难度。深化对抛光过程中化学作用的认识，不仅是抛光基础研究的积累，而且对深入认识抛光机理也具有重要的指导意义。

尽管对于氧化铈作为抛光粉的抛光化学作用学说已有许多报道。但目前抛光过程中浆料、添加剂和材料表面之间发生的复杂化学反应仍是学者研究的热点。

玻璃抛光机理非常复杂，仅在化学或分子水平上还不能很好地理解抛光机制。一般认为氧化铈抛光既有化学溶解又有机械研磨，是物理和化学共同作用的结果。

4. 化学机械抛光学说(chemical mechanical polishing, CMP)

化学机械抛光学说(也称机械、物理化学学说)认为抛光过程是机械和化学作用的综合过程，是化学腐蚀和机械磨削有机结合的抛光技术，既能消除晶片表面预加工导致的损伤层，又是唯一可以提供全局平面化的技术，其中机械作用是基本的，化学作用是重要的，而流变现象是存在的。这些作用同时出现，在抛光的不同阶段，不同作用占主导地位。这种理论现在被广泛应用于电子工业硅晶片、集成电路(IC)、超大规模集成电路(ULSI)、计算机硬磁盘及光学玻璃表面的超精密抛光中。

化学机械抛光的基本原理是借助抛光液中的超细磨料的机械研磨作用与抛光

粉的化学作用有机结合，对工件表面材料进行加工，从而获得其他任何平面化加工技术所不能得到的超平整、超光滑的表面形貌。在这过程中，首先抛光液化学腐蚀玻璃表面形成软质层，然后机械磨削作用去除软质层，如此不断循环作用于玻璃表面达到全局平面化。

化学机械抛光学说中机械磨削在一定程度上起了决定性的作用。机械研磨是对被抛光物体表面进行物理磨削过程，它与抛光粉的粒度大小、硬度以及几何形状等因素相关。例如，氧化铈之所以具有有好的抛光效果，其原因主要是 CeO_2 晶体的莫氏硬度为 6.5~7，非常接近大多数玻璃的硬度；以及具有 CaF_2 晶型的 CeO_2，控制一定的制备条件可以生成由三边形和八边形组成的等轴球体，球状的 CeO_2 对玻璃表面不易产生划痕。

抛光液在化学机械抛光中起着非常重要的作用，是化学机械抛光的关键因素之一，抛光后玻璃表面的粗糙度大小，玻璃表面是否有划痕、橘皮、水印等缺陷，直接取决于抛光液的质量。化学机械抛光液主要由研磨剂(如纳米 CeO_2、SiO_2 等)、表面活性剂、分散剂、稳定剂、氧化剂和 pH 值调节剂等成分组成。

CeO_2 的化学抛光机制一般解释为抛光浆液在玻璃表面形成水合软化层，从而使玻璃表面具有一定的可塑性。氧化铈中铈为四价元素，它可以被还原为三价。Ce(Ⅳ)/Ce(Ⅲ)的转化过程将可能使强的硅酸盐价键断裂。另外，水化层间围绕着铈离子的流动也对抛光起到一定的作用。一些物质在抛光过程中可以起到加速作用，一些盐类化合物以及氟氧化物也能提高氧化铈的抛光效果。例如，已发现就地沉淀的 $Ce(OH)_4$ 可加速抛光，而刚从盐溶液中沉淀出来的 $Ce(OH)_4$ 的效果最好，其可能是由于涉及了下述可逆反应平衡：

$$SiO_2 + Ce(OH)_4 \rightleftharpoons CeO_2 + Si(OH)_4$$

目前对玻璃抛光机理研究得不够透彻，化学腐蚀起着重要作用，因此，抛光粉的化学成分相当重要。

要进一步解释铈基稀土抛光粉的抛光效率(机理)，须了解分子表面的化学相互作用，仅有磨光机理是不够的。玻璃抛光化合物需要水中存在羟基基团。在玻璃表面上 H_3O^+ 离子和 Na^+ 离子相互交换，形成一层水合物，使抛光氧化物除去或还原。还需注意的是，无论研磨粒子如何细小，比玻璃硬的材料(金刚石)用作抛光粉不如与玻璃硬度相近的软材料。CeO_2 优于 Fe_2O_3 或 ZrO_2 等其他氧化物抛光粉的原因，可能是二氧化铈的多价性质和 Ce(IV)/Ce(III)的氧化还原反应使硅酸盐晶格破坏。由于在抛光后的玻璃表面能够检测到 Ce 原子的存在，已提出了瞬时形成过渡态络合物[···Ce—O—Si···]的抛光机理，以及认为抛光过程中铈原子周围配位区的运搬机理是合理的。

目前，对抛光机理比较流行的一种认识是：抛光是机械、流变和化学的综合作用，其中机械作用是基本的，化学作用是重要的，而流变现象是存在的。人们均较认可化学机械抛光学说。

4.2.3　CeO_2 抛光机理

氧化铈具有独特的物理和化学性质，用作玻璃抛光的基础原材料已有 50 余年。CeO_2 抛光机理的研究一直被人们所关注，由于对不同材质抛光的抛光机制不同，在此期间进行了大量的数据收集和实验分析工作，但由于抛光过程涉及摩擦学、表面化学、固体物理等诸多领域，目前相关理论还处在探索总结阶段。

CeO_2 是目前性能最为优良的玻璃抛光材料之一，与其他抛光材料(如 TiO_2、Al_2O_3)相比，具有以下特殊性质：

1)较强的化学活性及较高的氧化物-氮化物抛光选择比。

2)质地柔软(Moh 为 6.5~7)，抛光过程中对材料表面的划痕较小。

3)绝大多数高活性抛光材料为 Lewis 酸，而 CeO_2 在碱性抛光条件下呈两性，能同时吸附阴、阳离子。

4)Ce 的原子半径大，极易失去外层电子，具有特殊的变价特性和化学活性。CeO_2 在进行抛光时能产生出部分非化学计量比的 CeO_{2-x} 氧化物(如 $CeO_{1.72}$)，其 Ce^{3+} 与 Ce^{4+} 同时存在于氧化物中。

5)抛光速率的可操作性强：当材料表面不平整时有较高的抛光速率，待表面平整后，在添加剂的作用下，抛光速率相对下降，甚至出现“自停止(self-stop)”。

6)操作环境清洁，对环境污染小，可循环使用。

基于上述优点，CeO_2 抛光浆料在光学玻璃、集成电路基板、精密阀门等领域得到大量应用,开展了广泛的研究。

各国学者对于 CeO_2 浆料抛光机理开展了广泛的研究，曾提出了许多观点和模型。Silvernail 等[8]认为氧化铈之所以是极有效的抛光用化合物，是因为它能用化学分解和机械摩擦两种形式同时抛光玻璃。在抛光过程中，氧化铈抛光粉有两种作用，即机械作用与胶体化学作用，这两种作用是同时出现的。抛光的初始阶段，是 CeO_2 去除表面凹凸层的过程，因而呈现出新的抛光面，这时机械作用是主要的。同时，由于抛光液中有水，在抛光过程中形成 H_3O^+ 离子，在玻璃表面 H_3O^+ 离子与 Na^+ 离子相互交换而与玻璃形成水解化合物；同时由于 CeO_2 抛光粉具有多价的性质，Ce(III)/Ce(IV)的氧化还原反应会破坏硅酸盐晶格，并通过化学吸附作用，使玻璃表面与抛光粉的接触物质(包括玻璃及水解化合物)被氧化或形成(···Ce—O—Si···)络合物而被除去。

郑武成[2]认为抛光粉在抛蚀玻璃时，首先是抛光的机械作用，去除玻璃表面的不平层。在此过程中，玻璃表面不断暴露出新鲜面，因而极易发生水解，在玻璃表面形成一层不溶于水的硅胶凝胶层。这层硅胶薄膜对玻璃起保护作用，阻碍玻璃的继续水解，其厚度一般为 1.5~7.0 nm。在有 CO_2 存在下，对含钠玻璃水解反应为：

$$Na_2SiO_3+2H_2O=\!=\!=2NaOH+H_2SiO_3$$

$$2NaOH+CO_2=\!=\!=Na_2CO_3+H_2O$$

此时，抛光粉中二氧化铈颗粒的作用就是去除掉硅胶层，形成光滑玻璃表面。在机械作用下，抛光粉颗粒被破碎，初始微晶颗粒发生破裂暴露出新的缺陷——阳离子空位或阴离子空位，成为高能点，从而使活性提高。活性较高的粒子对硅胶层有较强的吸附能力，当缺陷在暴露的瞬间即与玻璃表面进行分子接触，吸附于硅胶层。在抛光过程中，硅胶层在分子接触的基础上被去除，而缺陷处的高能量则被消耗于击穿玻璃内数量极大的分子键。因此，物理性能恰当，化学活性较好的抛光粉，会加速硅胶层的去除，形成所需的光滑面。

由 Cook[9]提出的化学成键抛光机理是目前公认的、较为合理的 CMP 机理，其主要论点是：压力作用下，水分子使 SiO_2 晶片表面羟基化，CeO_2 首先与 SiO_2 生成 Ce—O—Si 键，由于玻璃表面易水解，继而形成 Ce—O—Si$(OH)_3$ 键，随后，CeO_2 与抛光平台之间产生的机械力促使 Si—O—Si 键断裂，SiO_2 以 $Si(OH)_4$ 的形式随 CeO_2 抛去。其中，Ce—O—Si 键的形成是反应的控制步骤，它的形成增大了抛光切削力。此论点之后不断得到学者的补充和实验验证。

所认为的 CeO_2 颗粒的抛光机理示于图 4-5[10]。

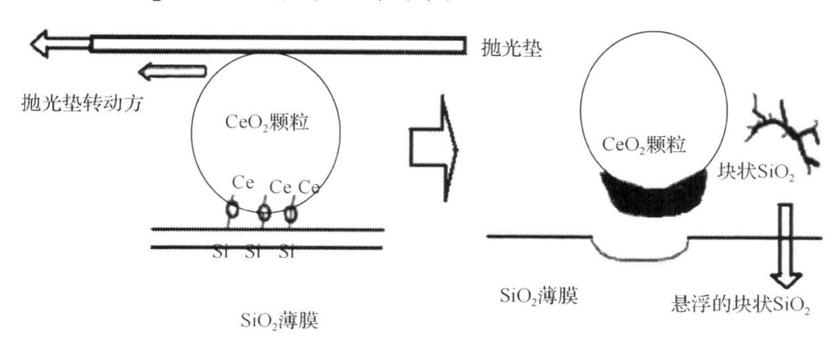

图 4-5　CeO_2 颗粒的抛光机理[10]

Kelsall[11]认为，抛光过程中的化学作用主要是具有化学活性的 Ce^{3+} 与 Si 形成氧桥基键，此过程相应地抑制了 Si—O 键的水解，加速了 Si 与 Ce 成键而被抛光除去。

Kosynkin 等[12]认为，以水作研磨液，氧化铈作磨料时，认为研磨速率与玻璃硬度、软化点等无关，而与耐酸性之间有直线关系。决定研磨速率的因素是玻璃的化学稳定性以及由于化学反应在玻璃表面产生的水化层的硬度。氧化铈可在玻璃表面产生“Ce—O—Si”活性络合体，使 SiO_2 骨架中的 Si—O 键变松弛，表面的氧化硅发生水解，再通过研磨介质的机械摩擦作用而将水化的氧化硅除去，从而使玻璃表面平面化。

Hoshino 等[13]采用全反射红外光谱仪、等离子发射光谱仪及扫描电镜对 CeO_2 在 SiO_2 表面的抛光产物和抛光机理进行了研究。作者支持 Cook 提出的成键机理，但更强调抛光过程中的机械作用，提出 SiO_2 是以块状而非 $Si(OH)_4$ 形式被 CeO_2 抛去，抛光速率受 Ce—O—Si 键的形成和 Si—O—Si 键的断裂速率影响。

Sabia 等[14]认为，从热力学的观点看，CeO_2 在水溶液中并不稳定，部分 Ce^{4+} 易转变为 Ce^{3+}，Ce_2O_3、$Ce(OH)_3$ 存在于 CeO_2 颗粒表面，CeO_2 颗粒自身发生的氧化还原反应有助于增加磨料与被抛光材料键合的活性点数，进而提高抛光速率。

Tamilmani 等[15]研究了 Ce-H_2O 体系的 E-pH 相图，从图 4-6 可见在水溶液中一定 pH 值条件下体系中会形成不同价态的 Ce 离子。

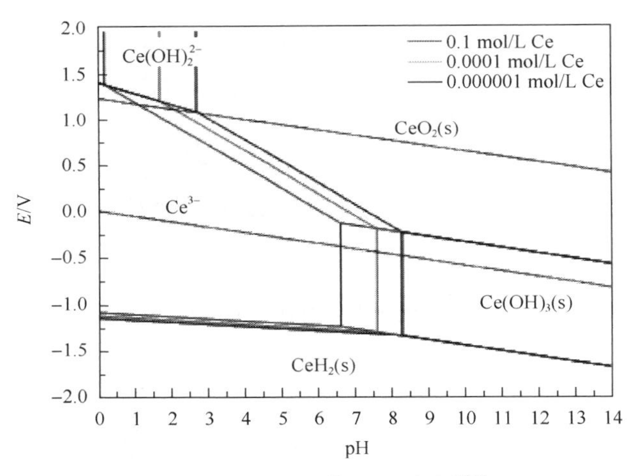

图 4-6　Ce-H_2O 的 E-pH 相图[15]

Gilliss 等[16]采用 EELS 技术研究了 CeO_2 纳米颗粒的化学性质，发现 CeO_2 中的 Ce 存在 Ce^{3+}和 Ce^{4+}两种价态，当 Ce^{3+}取代 CeO_2 晶格中的 Ce^{4+}时，则生成 $Ce_{Ce'}$ 同时考虑到电荷平衡，产生氧离子空位 $V_O^{\cdot\cdot}$，并运用 Kroger-Vink 符号描述了 CeO_2 缺陷化学反应方程：

$$2CeO_2 \rightleftharpoons 2Ce_{Ce}' + V_o^{\cdot\cdot} + 3O_o + 1/2O_2\uparrow$$

Wang 等[17]发现，经超声处理的超低浓度 CeO_2 浆料(0.25~1wt%)对光学玻璃的抛光速率随着 CeO_2 浓度的降低到而提高。认为这一方面是因为超声振荡改善了颗粒分散性，增加了有效磨料数量；另一方面，低浓度条件下的超声振荡诱发了 Ce^{4+} 转变到 Ce^{3+}，形成相对稳定的 $Ce(OH)_3$，促进抛光反应的进行。

Chandrasekaran[18]采用 XPS 检测了抛光前后 CeO_2 表面的元素成分。结果在对 SiO_2 晶片抛光后的 CeO_2 表面观察到 Si 元素，抛光到一定深度后，测得 Ce 元素与 Si 元素的百分含量相近；但在对 Si_3N_4 抛光后的 CeO_2 表面几乎没有检测到 Si 元素，抛光速率也较 SiO_2 慢。由此推测，CeO_2 在 Si_3N_4 抛光中的主要化学反应为水解，对 SiO_2 的抛光则以键合反应为主。

Rajendran 等[19]运用紧束缚量子分子动力学理论模拟了 CeO_2 对 SiO_2 抛光过程中的成键、断键及电子转移等。结果发现，SiO_2 中 O 原子电荷数的增加导致了 $Si_{SiO_2}—O_{SiO_2}$ 键的断裂；CeO_2 中 Ce 原子电荷数的减少导致了 $Ce_{CeO_2}—O_{CeO_2}$ 键的断裂；当 CeO_2 中 Ce 由 Ce^{4+} 被还原成 Ce^{3+} 时，部分电子由 CeO_2 中 O 原子 p 轨道转移到 Ce 原子 f 轨道。作者推测，CeO_2 颗粒滑动所引起的机械力加速了 CeO_2-SiO_2 界面间的化学反应。

也有学者围绕界面间的化学和电性相互作用对 CeO_2 抛光机理进行了研究。如 Cook 等[9]发现具有中性等电点的磨料(如 CeO_2、ZrO_2)对玻璃的抛光速率较佳(图 4-7)。

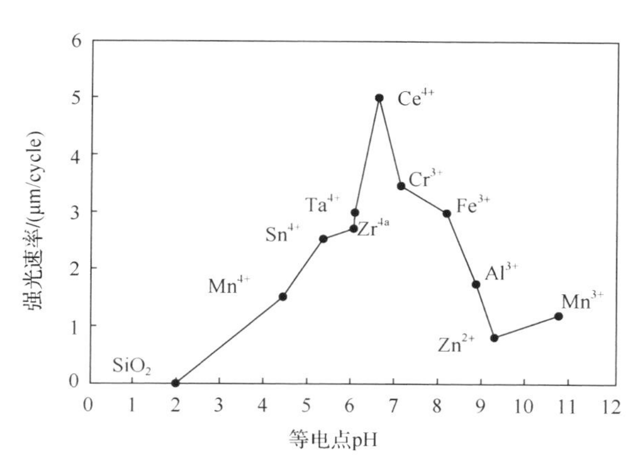

图 4-7　研磨粒子等电点 pH 与抛光速率的关系

Kim 等[20]采用丙烯酸聚合物对 CeO_2 进行了表面电势改性，研究了改性后颗粒的 CeO_2 稳定性及其对氧化物-氮化物薄膜抛光效果的影响。发现 CeO_2 的电泳迁移性质与溶液 pH 值及丙烯酸聚合物的电离特性密切相关。改性后的 CeO_2 等电点向酸性区域移动，在 pH=5~7 区间表面负电势增加，这增强了 CeO_2 与 SiO_2 间的静电排斥力，改善了两者之间的稳定性，对氧化物薄膜的抛光能力得以提高。

Suphantharida 等[21]研究了不同 SiO_3^{2-}浓度下 CeO_2 的等电点 pH 及其表面吸附 SiO_3^{2-}能力等随 pH 的变化趋势，以此论证 CeO_2 与 SiO_3^{2-}间的化学作用。发现随着 SiO_3^{2-}浓度的增加，CeO_2 的等电点向低值方向移动，在 pH 为 9 左右 CeO_2 对 SiO_3^{2-}的吸附量最大。并推测 $SiO(OH)_3^-$是关键的吸附中间产物，在不同 pH 值下—Ce—OH 通过吸附或脱附 H^+与之生成—Ce—O—SiO—$(OH)_2^-$，并提出不同 pH 条件下的键合反应方程：

$$—Ce—OH+H^+ \rightleftharpoons —Ce—OH_2^+ (pH<pH_{PZC})$$

$$—Ce—OH \rightleftharpoons —Ce—O^- +H^+ (pH>pH_{PZC})$$

当 $pH<pH_{PZC}$ 时，

$$—Ce—OH_2^+ + (OH)Si(OH)_2^- \rightleftharpoons —Ce—O—SiO(OH)_2^- +H_3O^+$$

当 $pH \approx pH_{PZC}$ 时，

$$—Ce—OH+(OH)Si(OH)_2^- \rightleftharpoons —Ce—O—SiO(OH)_2^- +H_2O$$

当 $pH>pH_{PZC}$ 时，

$$—Ce—O^- +(OH)Si(OH)_2^- \rightleftharpoons —Ce—O—SiO(OH)_2^- +OH^-$$

Abiade 等[22,23]提出取决抛光液 pH 值的抛光机理。作者采用 PECVD 技术沉积 SiO_2 薄膜于原子力显微镜探针表面，通过扫描电子显微镜、X 射线能谱仪考察不同 pH 值条件下 SiO_2 针头划过氧化铈薄膜后的磨损形貌及元素成分变化。实验仅在 pH 为 6.0 时检测到 Ce 原子残留在探针表面，在 pH 为 11.0 时观测到 SiO_2 针头的磨损量最大。作者不赞成 Cook 提出的化学成键反应提高 CeO_2 抛光速率的观点，认为抛光过程中的主要化学反应为 SiO_2 的水解，CeO_2 与 SiO_2 间的作用力以静电力为主，抛光速率主要受 CeO_2 颗粒产生的摩擦力及团聚作用的影响。

Song 等[24]将抛光过程中硅晶片的电化学行为引入到抛光机理研究中，通过测量极化曲线，获得了硅晶片腐蚀电流及电位随抛光液 pH、CeO_2 浓度的变化规律。

一些学者研究了表面活性剂对 CeO_2 浆料抛光过程的影响。

林鸿海[10]探讨了添加剂在 CeO_2 浆料抛光过程中提高抛光速率的机理和防止玻璃抛光表面腐蚀的机理。Park 等[25]提出一种流变模型，很好地解释了在表面活性剂条件下粒径大小对抛光效果的影响。宋晓岚等[26]研究了混合表面活性剂分散纳米 CeO_2 颗粒的协同效应。

Kang 等[27]发现表面活性剂的浓度和分子量大小都显著影响到 CeO_2 浆料对氧化物-氮化物薄膜的去除率。此外，CeO_2 浆料混合其他稀土氧化物（如 La_2O_3、Nd_2O_3）所导致其物化性能、抛光性能的改变也值得进行深入探讨。

陈杨等[28]认为抛光过程中抛光液与硅晶片反应形成了一层覆盖在基体表面

的软质层，软质层的存在一方面增大单个磨料的去除体积，增加材料去除速率；另一方面能减小磨料嵌入硅晶片基体的深度，有效降低材料表面粗糙度。

值得指出的是，软质层的厚度同抛光条件有关，就纳米级磨料而言，相应的软质层的厚度一般在几纳米至十几纳米之间，而 CMP 是机械去除和化学去除相互作用的过程，难以通过静态化学腐蚀测量软质层的硬度和厚度[29]。

总的来看，国内外学者从不同角度对 CeO_2 浆料抛光机理展开了大量研究，但由于试验的方法、类型和环境条件大多是在特定情况下进行的，所得的结果往往也具有一定的局限性。目前的总体认识仍停留在美国科学家 Cook 于 20 世纪 90 年代初提出的化学成键抛光模型上，有的研究者也只是沿袭传统的解释，并未给出直接的实验证据，新的机理认识和新的研究手段是开拓本领域的重大课题之一。实际上，无论是现有抛光技术的改进还是新技术的开发都有赖于对 CeO_2 浆料抛光机理有清晰的认识。

综上所述，研磨和抛光机理目前尚无一种说法能完全解释。事实上，抛光是颗粒对工件表面的切削、活性物质的化学作用及工件表面挤压变形等综合作用的结果。其作用的主次，则要根据加工性质、加工过程的进展阶段而有所不同。

总结 CeO_2 抛光机理，既有物理作用又有化学作用，是一个综合作用过程，大致归纳如下：

1) 当抛光粉开始对玻璃进行抛光时主要是机械抛光。抛光粉颗粒在玻璃表面移动，对粗糙或较大凹凸不平处磨削，在这个过程中，抛光粉的主要作用是将玻璃表面撕开，露出内层新鲜的表面，由于此时的颗粒尺寸较大，对玻璃产生的划痕也较大。同时也是由于颗粒大的缘故，抛光粉与玻璃表面的接触并不是十分严密，此时的切削作用还未达到最大值。与此同时，也存在水与 CeO_2 和 SiO_2 的作用。

2) 随着抛光过程的进行，此时使玻璃表面产生划痕或新生态表面，在这些表面上存在着悬空键，由于抛光液中存在着水，则在玻璃表面形成水合层。同时在压力作用下，颗粒逐渐破碎，初始晶粒开始逐渐接触到玻璃的新鲜表面。此时的抛光作用由机械抛光和化学抛光共同组成。机械作用是继续将玻璃表面撕裂露出新鲜表面，化学抛光实际是化学反应，其中：

(a) 抛光粉中的 CeO_2 水解成为 $Ce(OH)_4$，并有少量 Ce^{3+}生成。由于铈是变价元素，具有吸电子能力，使化学作用加强；

(b) 玻璃表面被机械研磨露出新鲜表面后，其主要成分 SiO_2 也发生水解，生成 $Si(OH)_4$。

抛光液中的水与玻璃中 SiO_2 作用：

pH 为 6~8 时，$\equiv Si—O—Si\equiv + H_2O \rightleftharpoons \equiv Si—OH + HO—Si\equiv$

玻璃中的碱金属离子(主要是 Na^+与 H^+进行更换)：

pH<6 时，≡Si—O—Na+H^+ ⟶ ≡Si—OH↓+Na^+

主要是 OH^-对玻璃网络结构中硅原子发生强力的亲核反应，使硅氧键断裂。

pH>8 时，≡Si—O—Si≡+NaOH ⟶ ≡Si—OH↓+Na—O—Si≡

抛光效应保持抛光液 pH 为 6~8 为最佳范围，其主要反应为：

≡Si—O—Na+H_2O ⟶ ≡Si—OH+Na^++OH^-

≡Si—O—Si≡+OH^- ⟶ ≡Si—OH+≡Si—O^-

≡Si—O^-+H_2O ⟶ ≡Si—OH+OH^-

(c) 在抛光过程中，在研磨介质水的作用下，以上两种水合物反应脱去一个H_2O，即—Ce—OH+HO—Si— ⟶ —Ce—O—Si—+H_2O，生成的—Ce—O—Si—是活性络合体，由于 Ce^{4+}高的正电荷、亲氧特性，以及大的配位区域，使 SiO_2骨架中的 Si—O 键变松弛，再通过研磨介质的机械摩擦作用而将水化的氧化硅除去，从而使玻璃表面平面化。

(d) 若抛光粉中含有一定比例的氟，在抛光过程中，氟也参与反应，在抛光过程中会生成 HF，从而破坏玻璃表面原有的硅氧膜。

3) 此时抛光粉既有较大的团聚体，又有解聚的初始晶粒，可以完全与玻璃表面接触，使抛光效率最高。

4) 随着抛光过程的进行，大部分团聚颗粒都已破碎，抛光能力逐渐减弱。同时化学抛光也因 CeO_2 活性的消耗也逐渐减弱，达到了抛光的寿命。

对于以上抛光过程可以理解为机械抛光是粗抛，化学抛光是精抛。机械粗抛是将玻璃的旧表面强行撕去，同时也将化学抛光的产物带走；之后化学精抛进行局部的反应、腐蚀，达到抛光效果。

4.3 影响抛光粉抛光能力的主要因素

稀土抛光粉的物化性能是决定其抛光能力的关键因素。影响抛光速率(CRR)、抛光质量及选择性等各项抛光能力的主要因素有：抛光粉组成、氧化铈纯度、化学性质、物理性质，如结构、晶型、硬度、比重、粒度、比表面积、颜色以及悬浮性等。现对一些主要因素作简要介绍。

4.3.1 稀土抛光粉化学组成的影响

1. CeO_2 含量的影响

CeO_2 在总稀土中占有的质量分数称为 CeO_2 的含量，以 CeO_2/REO(%)表示。CeO_2 含量对稀土抛光粉的抛光能力具有重要影响。在实践中将抛光粉按 CeO_2 的含量分成三类，其抛光能力也各不相同。

高铈稀土抛光粉中 CeO_2 含量较高，主要适用于精密光学镜头的高速抛光。实践表明，该抛光粉的性能优良，抛光效果较好，由于价格较高，国内的使用量较少。对于高铈抛光粉而言，CeO_2 的品位越高，抛光能力越大，使用寿命也增加，特别是硬质玻璃长时间循环抛光时(石英、光学镜头等)，以使用高品位的 CeO_2 抛光粉为宜。

中铈稀土抛光粉主要适用于光学仪器的中等精度中小球面镜头的高速抛光。中铈稀土抛光粉与高铈粉比较，可使抛光粉在浆料中的浓度降低 11%，抛光速率提高 35%，制品的光洁度提高和抛光粉的使用寿命可提高 30%。

低铈稀土抛光粉中 CeO_2 含量较低，如 771 型适用于光学眼镜片及金属制品的高速抛光；797 型和 C-1 型适用于电视机显像管、眼镜片和平板玻璃等的抛光；H-500 型和 877 型适用于电视机显像管的抛光。此外，还用于对光学仪器，摄像机和照相机镜头等抛光，这类抛光粉国内的用量最多，约占国内总用量 85%以上。

CeO_2 是主要的抛光粉成分，以前人们通常认为铈的纯度越高，抛光能力越大，其实并非全都如此。当氧化铈的含量大于 40%以后，其抛光效果就明显增加，以后再增加氧化铈含量，其效果提高就不明显，增加到 80%~85%左右，仅比 40%氧化铈含量的抛光粉提高 15%左右，如 739 抛光粉含氧化铈 80%左右，而具有 99%以上氧化铈含量抛光粉的优异性能，可见纯度影响不是绝对的因素。对抛光粉而言，单纯追求高纯度是没有意义的。

抛光粉的优劣固然与氧化铈含量有关，但其不是决定因素。抛光粉的抛光能力还与其物理性能、化学活性、晶粒大小、形状、比表面积等因素有关，因此，提高稀土抛光粉的质量，不仅是增加氧化铈的品位，而且是在一定氧化铈含量的条件前提下，在制备过程中选用合适的中间体及合理的工艺流程来达到。

在掺杂铈基稀土抛光粉中存在各种物相，一般为：CeO_2 及其他稀土氧化物、CeF_3 及其他稀土氟化物和部分稀土的氟氧化物等，其中对抛光性能起主导作用的物相是 CeO_2，而其他物相起辅助作用，但从铈基稀土抛光粉的实际应用看，其辅助物相的组成对铈基稀土抛光粉的抛光性能起着极其重要的影响。

2. 其他稀土元素的影响

稀土抛光粉的化学成分中包括 La、Ce、Pr、Nd、O、F、Si、Fe、S 等化学元素，其中 CeO_2 为主要成分，其他稀土元素主要以固溶的方式存在于 CeO_2 的晶格中，起到改变晶体形貌、结构及抛光性能的作用。

在稀土抛光粉中其他稀土元素对抛光粉的抛光能力起到了积极的作用，其原因在于其他稀土元素在不改变氧化铈的晶体结构情形下，使晶型在萤石型和六方晶系之间变化。例如面心立方 Pr_6O_{11} 与 CeO_2 结构相同，也适于抛光；一些稀土氧化物几乎没有抛光能力，但可以在不改变 CeO_2 的晶体结构的基础上，在一定范围内与氧化铈形成固溶体，使晶型在萤石型和六方晶系之间变化。

图 4-8 列出稀土固溶体结晶型变化情况，从图 4-8 可看出二氧化铈与 $CeO_2+R_2O_3$ 的克分子比或质量比对晶型的影响，如 CeO_2 克分子比或质量比大于 70%，则是等轴晶系的萤石型结构，而在 70%~10%之间，则是等轴晶系和六方晶系的混合状态，当 CeO_2 含量在 10%以下，则是六方晶系。可见，只要 CeO_2 含量大于 70%以上，抛光粉的晶型结构就与纯 CeO_2 的结构一样，都为萤石型结构。具有萤石型结构被认为是一种具有优良性能的抛光粉。由此得到启发，由包头矿精矿直接制作高效的混合稀土抛光粉，应该是一条值得探索的途径。

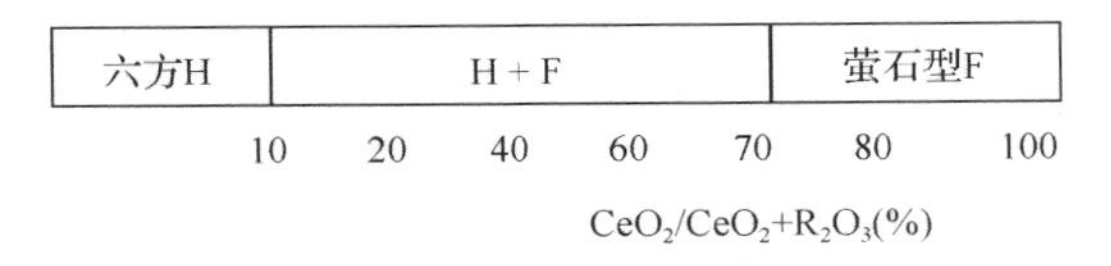

图 4-8　固溶体结晶型变化图

有些稀土抛光粉如“739”型抛光粉(含氧化铈仅有 80%左右)，虽然含有大量的其他稀土杂质，但对抛光性能却无不良的影响，抛光能力不低于含氧化铈 99%以上的抛光粉，其原因在于稀土杂质并不改变氧化铈的晶体结构，使结晶型处于等轴晶系的萤石型结构。

CeO_2 中掺杂不同稀土元素将使焙烧温度改变，晶粒细化以及产生晶格畸变并形成氧空位，有利于提高抛光能力。

CeO_2 中掺杂不同稀土元素对晶格常数的影响结果示于图 4-9 中，由图 4-9 可见，CeO_2 与不同稀土元素在相当大的范围内能形成固溶体。

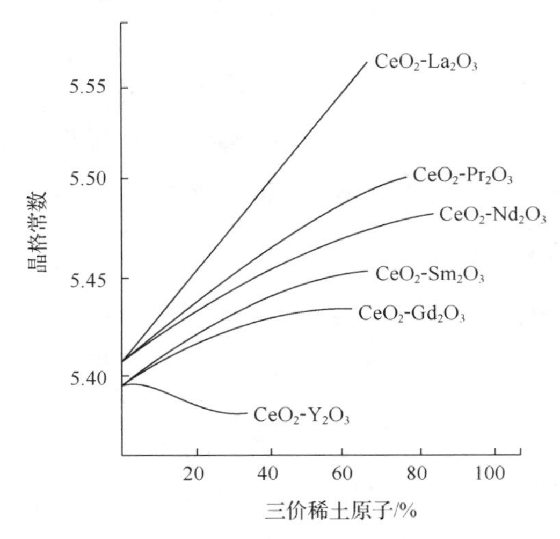

图 4-9　三价稀土元素与氧化铈组成固溶体的晶格常数

3. 非稀土杂质的影响

稀土抛光粉的化学成分中除包括稀土杂质外，还存在许多非稀土杂质，如 O、S、F、Si、Fe、Ca 等化学元素。例如在含 50%的低铈含硫氧化物抛光粉中，还有大量的 $La_2O_3 \cdot SO_3$，$Nd_2O_3 \cdot SO_3$ 等物质与氧化铈共存。

有些非稀土杂质如 F、S 等元素将能改变抛光粉晶型、颜色和抛光性能。

有些杂质在抛光粉中是有害的，如机械杂质和抛光粉中个别过硬的粒子。这些杂质，包括工艺设备中的金属颗粒，或来自焙烧时过大的砂砾状氧化物凝聚体。抛光粉中个别过硬的粒子，会对抛光粉的抛光性能造成较大的损害，它能在抛光过程中在工件表面造成机械损伤，产生划痕。这些杂质即便小于 0.001%也都能划伤玻璃。稀土抛光粉中存在金属颗粒杂质的照片示于图 4-10。

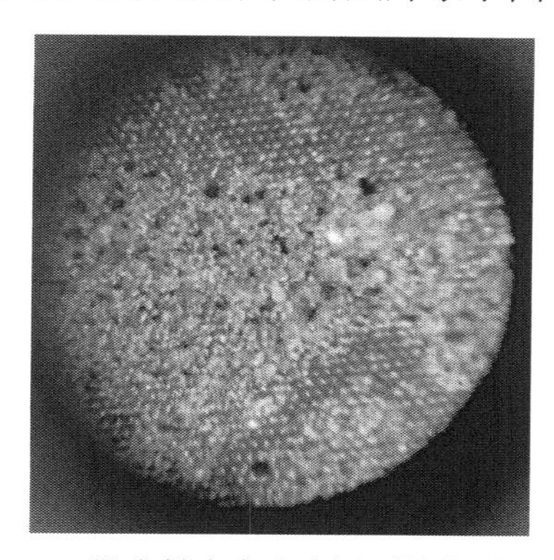

图 4-10　抛光粉中存在金属颗粒杂质的照片

抛光粉中有少量的氧化钙，它会降低抛光粉的抛光能力，因此，氧化钙的含量不得大于 1%。

4. F 的影响

氟是铈基抛光粉中常见的组成元素，氟的加入可改变抛光粉的晶体结构，提高抛光粉的抛光能力；同时，氟组分能与被研磨的玻璃发生反应，从而提高研磨的平滑性和研磨效果；另外，加氟也起到助溶剂的作用，能使反应温度降低，晶粒尺寸增大，但加氟量必须在一个合适的范围。

一般纯氧化铈抛光粉不掺氟，但在现有的抛光粉生产工艺流程中，绝大多数均通过加氟的方式，以增加抛光粉的抛光速率，提高抛光粉研磨力。通常在铈基抛光粉中掺适量的氟有利于提高抛光粉的抛光性能，而过量的氟将会降低抛光质量。氟在产品中占有的质量分数，即 F 含量以 F%表示，常用的氟含量约为 1%~10%，铈含量较低的混合稀土抛光粉通常掺有 3%~8%的氟，但从环境保护的角度最好降低铈基抛光粉中的含氟量，如果可能应采用无氟抛光粉。

氟在抛光过程中起到较为重要的作用，氟以固溶的方式存在于 CeO_2 的晶格结构中，直接影响晶体结构的形成，并参与化学吸附作用。在被抛光材料表面上形成氟化物促进被抛光材料的化学浸蚀作用，以使研磨力提高。

黑田英男[30]认为对于含有少量 La、Pr、Nd 的掺氟的铈基抛光粉，氧化镧是在所有稀土氧化物中最能够固定氟的物质，镧与氟在抛光粉中以 LaOF 和 $CeLa_2O_3F_3$ 形式存在。有 LaOF 等固定 F 成分在研磨玻璃过程中慢慢放出氟化物离子，有利 F 与玻璃的化学作用，具有提高研磨速率的效果，但需要控制合适的 La 含量(质量分数 10%~37.5%)和合适的 F 含量。

李学舜[31]详细地研究了掺氟对稀土抛光粉的影响。发现掺氟元素对 CeO_2 晶粒尺寸的影响很大。掺氟的 CeO_2 抛光粉比不掺氟的 CeO_2 抛光粉中 CeO_2 的晶粒尺寸要小很多，而且比掺镧的氧化铈抛光粉和掺氟氧化铈镧稀土抛光粉中的 CeO_2 晶粒尺寸都要小。这说明掺 F 对 CeO_2 晶粒尺寸影响很大，其影响力比掺杂 La 元素要强得多。

而掺杂氟对氧化铈镧稀土抛光粉中 CeO_2 晶粒尺寸影响不大。试验中发现，在掺 F 的氧化铈镧抛光粉中生成了一种新的物相 $CeLa_2O_3F_3$，这一物相将掺入的 F 大量地固溶在抛光粉中，而使 CeO_2 固溶体中的氟含量减少，使得氧化铈镧抛光粉中 CeO_2 固溶体的结构与不掺 F 的氧化铈镧抛光粉 CeO_2 固溶体的结构大致相当，因此表现出二者的晶粒尺寸生长基本一致。

掺氟的另一个重要作用在于在抛光过程中会生成 HF，从而破坏玻璃表面原有的硅氧膜，生成一层新的硅氧膜，使玻璃得到很高的光洁度与透明度。

对 ZF 或 F 系列的玻璃来说，因为本身硬度较小，而且材料本身的氟含量较高，因此，以选用不含氟的抛光粉为好。

瓜生博美等[32]认为铈基抛光粉中含有氟，但如果氟含量高，则会使被研磨的表面粗糙度增加。研磨材料中的氟含量在 0.5%以下较好。

由于氟元素对环境造成了危害。目前，人们重视对无氟稀土抛光粉材料进行深入研究，尤其在西欧，一些玻璃冷加工企业已经开始使用无氟铈基稀土抛光粉。

4.3.2　稀土抛光粉中铈的价态

CeO_2 抛光粉对玻璃抛光具有优良抛光性能的原因之一，是二氧化铈具有变价性质以及 Ce(IV)/Ce(III)的氧化还原反应使硅酸盐晶格破坏，并认为在抛光过程的瞬时形成[···Ce—O—Si···]络合物。低价铈在 CeO_2 晶格中的存在，促进了 Ce^{4+} 与 Ce^{3+} 之间的转化，增强了抛光过程中抛光粉与玻璃之间羟基水合物软化层的形成，大大增强了粉体的抛光性能。

CeO_2 属于晶格面心立方结构，空间群为 $Fm3m$，CeO_2 的晶体结构如图 4-11，

属 CaF_2 型八配位体的典型结构，这个结构可以看成 Ce^{4+} 形成密堆积，而 O^{2-} 放在全部四面体空隙中，这样的四面体之间将共用全部六条棱。因为 CeO_2 结构中阳离子形成密堆积，阴离子占据四面体空隙，所以从这个角度来看，阴离子的空缺和阳离子的过剩都有可能。在阴离子过剩时，这些阴离子只能去占据八面体空隙。例如当 Y_2O_3 和 CeO_2 形成固溶体时，多余的 O^{2-} 离子占据八面体空隙。

在 CeO_2 结构中，当 O 含量不足时，直至 $O_{1.72}Ce$ 仍维持 CaF_2 型八配位体结构，但是这种非整比性使得结构上有时是复杂的。例如 $O_{1.8}Ce$ 实际上是 O_2Ce 和 $O_{29}Ce_{16}$ 的复合物，而 $O_{29}Ce_{16}$ 是 CaF_2 型结构，有规则地空出 $3/32O^{2-}$，因为每少一个 O^{2-}，必有两个 Ce^{4+} 变为 Ce^{3+}，所以 $O_{29}O_{16}$ 可写成 $(O_{29}\square_3)(Ce_{10}{}^{4+}Ce_6{}^{3+})$。这表明在 CeO_2 晶体结构中可能存在少量非整比的 CeO_{2-x} 化合物[33]。

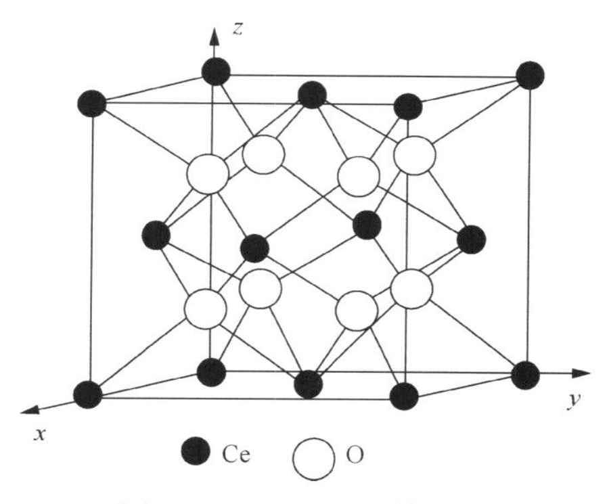

图 4-11　CeO_2 的晶体结构

李学舜[31]从实验中观察到焙烧产物 CeO_2 的面间距整体高于标准卡片 CeO_2(PDF#43-1002)的面间距，说明焙烧产物的物相并不单纯，而可能是由于在 CeO_2 结构中固溶有 Ce^{3+} 的成分，因为 Ce^{3+} 离子半径大于 Ce^{4+}，使 CeO_2 面间距增大。

从 CeO_2 抛光粉焙烧过程中 CeO_2 晶格常数的变化情况中看出，其晶格常数在焙烧 210 min 后，基本保持恒定，说明焙烧 210 min 后就形成了在 CeO_2 中固溶 Ce^{3+} 的固溶体结构，其晶格常数略大于标准值，而且此结构相对稳定[31]。由此也可推测 Ce^{3+} 的稳定存在。

李学舜[31]测定了 CeO_2 抛光粉晶粒高分辨透射电子显微镜(HRTEM)，从高分辨透射电子衍射图谱中可以看到整齐的晶格条纹，表明晶格点阵结构完整，对应于 CeO_2 单晶在(111)方向上的晶格间距为 3.205 nm，与纯 CeO_2 单晶在(111)方向上的晶格间距(3.123 nm)比较，晶面间距稍有变大。这说明其晶体结构偏离了 CeO_2 晶体结钩，其中可能有 Ce^{3+} 成分。因为 Ce^{3+} 的半径大于 Ce^{4+}，若 Ce^{3+} 离子进入 CeO_2 晶格形成固溶体，则其晶面间距必然增大，因此可以认为，实际上，CeO_2 抛光粉的物相可能是在 CeO_2 晶格基础上固溶部分 Ce^{3+} 的固溶体，并且具有良好的结晶状态。

一系列实验结果表明，在氧化铈抛光粉中含有 Ce^{3+}，在氧化铈抛光粉中 Ce^{4+} 和 Ce^{3+}共存。

抛光过程是在溶液中进行。CeO_2 在水溶液中并不稳定，部分 Ce^{4+}易转变为 Ce^{3+}，Ce_2O_3、$Ce(OH)_3$ 存在于 CeO_2 颗粒表面，CeO_2 颗粒自身发生的氧化还原反应有助于增加磨料与被抛光材料键合的活性点数，进而提高抛光速率[14]。

低价铈在氧化铈晶格中的存在，有利于 Ce^{4+}与 Ce^{3+}之间的转化，增强了抛光过程中抛光粉与玻璃之间羟基水合物软化层的形成，大大增强了粉体的抛光性能。稀土抛光粉中含 Ce^{3+}，抛光粉的悬浮性能好，分散性强，应用到玻璃抛光中切削力大，对玻璃抛光面划痕少，抛光平整度高。含 Ce^{3+}的稀土抛光粉有利于提高抛光性能，人们也开展了一些研究。如有专利报道了“一种含 Ce^{3+}的稀土抛光粉及其制备方法”，该稀土抛光粉的 Ce^{3+}/Ce(摩尔比)为 0.5%~20%。

4.3.3 稀土抛光粉的结构与形貌

铈基抛光粉之所以具备优异的抛光性能主要是由其特殊的晶体结构与形貌所决定的，但至于什么样的晶体结构与形貌会带来最佳的抛光性能，以及如何有效地评价抛光粉优劣是当前亟待解决的实际问题。

对于通常的玻璃抛光而言，文献认为“有着对晶格向度的 30~50 nm 直径的面心立方体的完好微晶，显示出优异的抛光性能，带有比六面体习性和形状更多些的八面体立方氧化铈对抛光是不能令人满意的”。

CeO_2 晶体主要由(111)和(200)晶面组成，其中(111)面网的间距远远大于(200)面网间距。晶体的长大过程是晶面的纵向生长的过程。晶面面网间距小，相邻面网的引力就大，晶面的纵向生长速率就大。所以(200)面的纵向生长速率大于(111)面。由于晶面的生长速率越大，则表层晶面的面积越小，故一般情况下 CeO_2 晶体表面以(111)面为主。

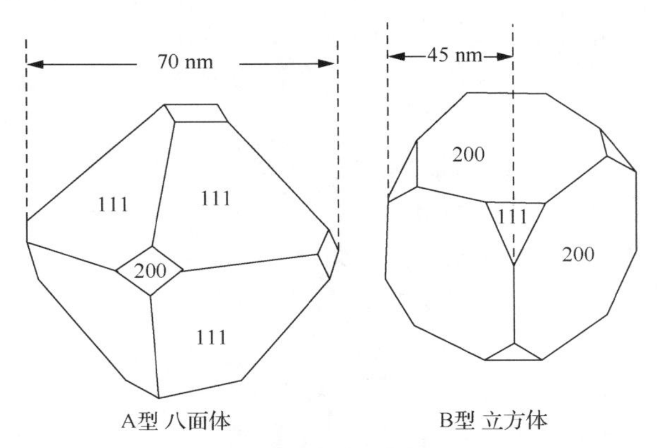

图 4-12　A 型和 B 型抛光粉的结晶形状

CeO_2 晶粒的结晶形状视为球体，但实际上晶粒是由 8 个(111)晶面和 6 个(200)晶面组成的十四面体，其具体的几何形状有三种：A 型，切去六个顶角的正八面体，即尖型八面晶；B 型，切去八个顶角的正四面体，球形立方晶；C 型，即 A 型与 B 型之间的过渡状态(图 4-12 和图 4-13)。

对于 CeO_2 晶体，若晶粒表面以(111)面为主，则结晶形状为 A 型；若以(200)面为主，则结晶形状为 B 型。其中 B 型被认为是理想的抛光粉。

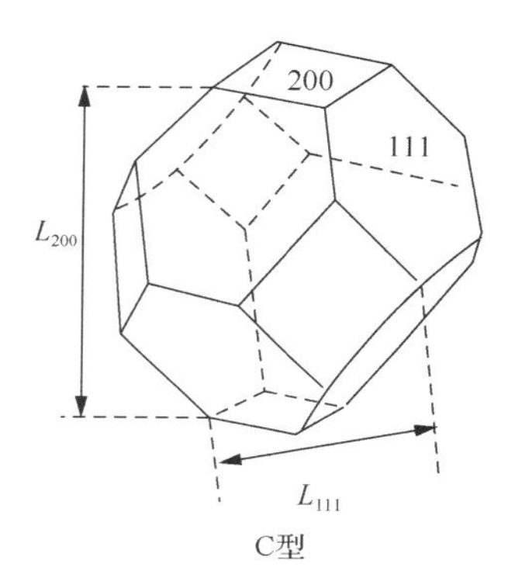

图 4-13　C 型晶粒

晶面的生长速率会受到晶格缺陷、杂质原子等因素的影响，使得晶面的生长速率发生较大改变，从而改变晶体的形貌。因此，通过改变(111)面和(200)面的生长速率，就可以改变 CeO_2 晶体的形貌。

实践中 CeO_2 晶体的结晶形状基本处于 C 型，并且均近似于球体。但与球体相比，此过渡状态的晶粒的外层晶面上拥有 24 个顶点，即产生了 24 个棱角。可以观察到不仅表层晶粒的凸出可以作为一个大的棱角(二级棱角)，每个晶粒的表面还拥有许多的小棱角(三级棱角)。几十个晶粒组成了一个大的颗粒，其每个晶粒的凸出部分也可以看作是颗粒上的一个棱角(一级棱角)。

面心立方结构的铈基抛光粉可拥有三个级别的棱角，这赋予了铈基抛光粉无与伦比的抛光能力。在三个级别棱角的作用下，铈基抛光粉可对各种粗糙的表面进行研磨抛光加工，并能获得令人满意的表面光洁度。

铈基抛光粉拥有独特的晶体结构、形状及大小，使得抛光粉具有极强的机械抛光性能。其抛光过程仍为研磨的继续，只是随着抛光的进行，三种级别的棱角在不同的抛光时间段里依次发挥了自己的研磨作用。

晶粒的形状为尖型八面晶，其三级棱角十分尖锐，容易划伤工件表面；晶粒的形状为球形立方晶，其三级棱角又过于不明显，其抛光能力下降。

带有明显尖角、良好结晶度和平板状结构的抛光粉显示出较好的抛光速率。棱角的尺寸略小于表层晶粒的尺寸可使铈基抛光粉拥有较好的抛光质量。

CeO_2抛光粉是团聚在一起的单晶颗粒(图 4-14)。抛光粉在抛光过程中能否保持抛光效率，取决于大的团聚颗粒的坚固程度和初始晶体的强度，有团聚颗粒组成的抛光粉比没有团聚的抛光粉抛光效率高，耐久性好。

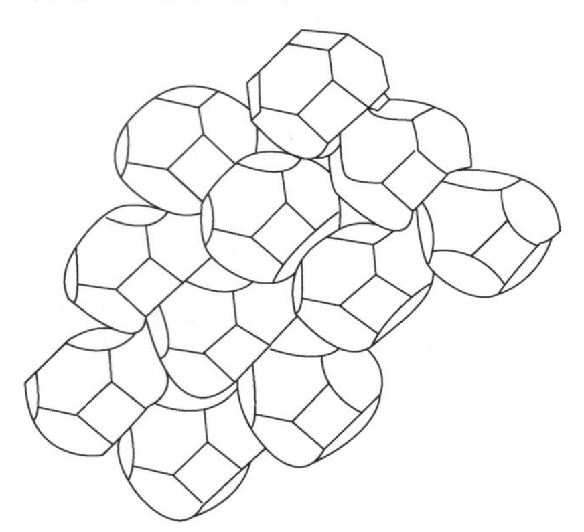

图 4-14　C 型晶粒的聚集模型

未经破碎的抛光粉是由大量分散的球形颗粒组成，其大小在 20~50 μm 左右，未破碎前每个球形颗粒包含无数尺寸较小的单晶晶粒，经过破碎后，球形颗粒被破碎，并呈现出新的表层单晶晶粒。当表层单晶晶粒的晶粒尺寸较大时，整个大晶粒的表层趋于光滑，基本上没有抛光能力；而晶粒尺寸较小时，晶粒的表层有较大、较多的凹凸区域，其凸出部分(即棱角)可能是铈基抛光粉之所以有抛光能力的原因之一。随着晶粒尺寸的增大，晶粒的间距随之增大，但当晶粒尺寸过大后，晶粒间的空隙太大，则晶粒之间的结合紧密度下降。晶粒中位错增大，并由位错的加剧使晶粒在抛光粉过程中极易破碎，使得晶粒失去抛光能力。

对研磨初期、中期和后期的实验中的物料进行电镜观察表明，在抛光粉的不断研磨过程中晶粒形貌和粒度在不断变化，抛光粉的颗粒在逐步变圆，同时粒度在逐步变小，因此研磨能力逐步减弱，一直到对抛光部件没有研磨能力。最终的抛光粉颗粒逐步被磨掉棱角，变为类似圆球形状，逐步丧失其抛光能力。

抛光粉的晶粒尺寸不宜太小，也不宜太大，否则都会严重影响抛光粉的抛光质量。李学舜[31]用去离子水配制质量浓度为 6%~8%的料浆，对比了氧化铈、氟氧化铈、镧铈氧化物和氟镧铈氧化物等四种抛光粉的研削力。试验表明，掺杂 La 和掺杂 F 对抛光粉的抛光性能影响都很大，但 La 的影响比 F 要强；氧化铈镧抛光粉的晶粒尺寸 L_{111} 和 L_{200} 分别为 26.7 nm 和 27.2 nm，其研削力均比其他种类铈基抛光粉的研削力高。

CeO_2 抛光粉颗粒形貌将由 CeO_2 晶粒形状和团聚体形貌所决定。

通过对抛光粉进行X射线结构分析、粒度分析、电子显微镜等研究发现，抛光能力高的抛光粉均以团聚体存在(均方根粒径＞0.15 μm)，具有六角形状或者是矩形，细长形，晶格强度大，活性高，脆性高。

利用扫描电镜，对样品颗粒进行晶体的观察，通过比较分析可以看出，同种类型的样品之间的晶体形貌较为相似，不同类型样品的颗粒形貌有些差别，这就造成抛光粉使用性能上的差距。通常分布均匀且基本上成圆球状的颗粒，抛光性能比较优良。

在不同的条件下制备出来的纳米CeO_2颗粒，其微观结构不尽相同，不同微观结构的纳米CeO_2颗粒对抛光性能也有不同的影响。Kim等[34]将水合碳酸铈在650℃下焙烧4 h，得到A、B两组淡黄色的氧化铈颗粒，其中A组是在充足氧气的条件下形成，B组样品在无氧气的条件下形成，A、B两组样品都经过几小时的湿机械研磨得到更小的氧化铈颗粒，A组样品小颗粒平均粒径为25 nm，B组样品小颗粒平均粒径为20 nm。经过测试发现A组样品是立方结构，粒径分布较窄，B组样品是六方结构，粒径分布比较宽。把A、B两组样品分散到去离子水中并加入分散剂聚丙烯酸甲酯(PMAA)得到抛光液，分别对氧化硅晶片和氮化硅晶片进行了化学机械抛光实验，实验发现A抛光液对氧化硅晶片的抛光速率快，B抛光液对氮化硅晶片的抛光速率快。A抛光液的抛光选择性远比B抛光液好。由于B样品颗粒团聚严重，导致其抛光液很难均匀地分布到圆片表面，使得圆片中心位置和边缘位置抛光速率不一样，抛光后的表面质量也差，因此作者认为用立方结构的CeO_2作为抛光粉比较好。

使研磨速率和研磨表面的精度提高的关键因素为构成抛光粉粒子的晶粒粒径及晶格常数。抛光粉颗粒为单晶的集合体，晶粒为构成抛光粉粒子的氧化铈或含有铈的稀土类氧化物的单晶。晶粒粒径是指该单晶某最大方向的大小。晶格常数是指规定构成单晶的晶胞的大小和形状的常数。内野义嗣等[35]认为晶粒粒径最好为10~50 nm，且晶格常数为0.545~0.55 nm。这是因为晶粒粒径表示构成抛光粉粒子的单晶大小，所以若晶粒粒径变大时，则研磨速率变大，容易造成损伤；相反，若晶粒粒径小，虽可以防止损伤的产生，但研磨速率反而会过低。并认为若晶格常数大，则结晶变硬而使研磨速率变快，但会出现损伤。

4.3.4　抛光粉的颗粒度(粒度)

化学机械抛光过程中，CeO_2颗粒的作用是借助于机械磨削力将玻璃表面由化学反应后形成的软质层去除，从而到达表面平整化的目的。稀土抛光粉的颗粒尺寸及粒度分布对抛光性能有重要影响。

对于组分和加工工艺一定的稀土抛光粉，平均颗粒尺寸越大，则玻璃的磨削速率和表面粗糙度越大。在大多数情况下，颗粒尺寸约为 4 μm 的抛光粉磨削速率最大。相反地，如果抛光粉颗粒平均尺寸越小，则磨削量减少，磨削速率降低，玻璃表面平整度提高。抛光粉一般应有较窄的粒度分布，太细和太粗的颗粒很少。无大颗粒的抛光粉能抛光出高质量的表面，而细颗粒较少的抛光粉能提高磨削速率。

粒度越大的氧化铈，磨削力越大，越适合于较硬的材料，而较软的 ZF 玻璃应该用偏细的抛光粉。要注意的是，所有的氧化铈抛光粉的颗粒度都有一个分布问题，平均粒径或中位粒径 D_{50} 的大小只决定了抛光速率的快慢，而最大粒径 D_{max} 决定了抛光精度的高低。因此，要得到高精度要求，必须控制抛光粉的最大粒径。

Hoshino[13]指出，抛光粉是呈团聚体状态存在，这些团聚体的颗粒是由无数个单晶体结合而成，在抛光过程的机械作用下，团聚体本身被碾碎成更小的颗粒。从抛光粉的机械刮削作用出发，颗粒大抛光效率高，但从接触表面出发结果却相反。因此，研抛过程中，就需要选择最佳颗粒度。

Oh 等[36]制备出了粒径为 62 nm、116 nm、163 nm 和 232 nm 的 CeO_2 颗粒并配成质量分数为 2%的抛光液，用氨水调节其 pH 在 6.5~6.7，对二氧化硅晶片和氮化硅晶片进行抛光实验。实验表明，四种抛光液都表现出好的抛光性能，并且抛光速率随着颗粒粒径的增大而增大；抛光选择性随着粒径的增大先增大后减小，其中粒径为 163 nm 的抛光液选择性最好。

一般认为抛光粉粒度应该均匀，所谓粒度均匀，并非所有颗粒尺寸均一致，而是在一定范围的某些颗粒百分数大。稀土氧化物抛光粉的颗粒尺寸介于 1~10 μm 之间较好，10~30 μm 的粒子不大于 13%，不会产生划痕。抛光粉颗粒是由较小的初始晶体组成，而这些团聚颗粒在抛光过程中被粉碎。抛光粉在长期的抛光过程中保持其效率的能力，取决于大的颗粒团聚体的坚固程度和初始晶体的强度，单晶晶粒的重要性在于晶体的某些暴露表面有依其方向的不同而不同的阳离子和阴离子密度，因此，大多数抛光粉均有一个粒度分布。例如“739”型抛光粉的粒度分布是小于和等于 1 μm 的粒子占 90%左右，大于 1 μm 小于 15 μm 的占到 10%左右，它的耐久性比一般抛光粉高，可达一个月以上。

李梅等[37]研究了粒度及粒度分布对铈基稀土抛光粉性能的影响，认为铈基稀土抛光粉的粒度及粒度分布在一定范围内对其抛光能力的影响几乎微乎其微，可以忽略不计，此认识值得商榷。

4.3.5 抛光粉的硬度

物质的硬度作为一个物理量已经广泛地运用于各个研究领域。晶体的硬度是其微观特性的宏观反映，它是由晶体的组成、结构和成键性质决定的。

抛光粉在抛光过程中不但有吸附作用，而且还有相当可观的机械作用。抛光粉在机械作用下，将牢固吸附在玻璃表面上的硅胶层刮削去，显而易见，硬度大的抛光粉刮削作用就会好些。铈基稀土抛光粉的硬度有两个意义：

1) 根据玻璃抛光机理的机械学说要求氧化铈颗粒的硬度能够很好适应研磨玻璃表面的莫氏硬度。如果粒子过硬，抛光时不易破碎，易在抛光表面产生划伤；若粒子硬度不够，抛光时易于限制抛光效率。

2) 从玻璃抛光机理的化学学说上看，氧化铈的最合适硬度是在玻璃表面产生最大化学作用表面晶格缺陷的数量。过软的氧化铈产生的活性表面比其用于抛光的多，过量的活性表面被浪费掉；过硬的氧化铈用于抛光的活性表面产生得太慢，降低了抛光能力，又容易损伤玻璃表面。

抛光粉的真实硬度与材料有关，如氧化铈的莫氏硬度约为 7 左右，各种氧化铈都差不多。但不同的氧化铈粉体给人感觉硬度不同，是因为氧化铈抛光粉通常为团聚体。由于烧成温度不同，团聚体的强度也不一样，因此使用时会有硬度不一样的感觉。另外，抛光粉的粒度细小也会使人对硬度有不同的感觉。

氧化铈之所以能用于各种玻璃的抛光，适用范围广、效果好，是因为其硬度与玻璃相同或稍高，且能进行微调。

硬度相对大的粉体具有较快的切削效果，提高磨削率和耐磨性，有时在抛光粉中添加一些助磨剂等，如加入氧化铝等较硬的材料能提高切削效果。

抛光粉颗粒碎裂的强度往往是指抛光粉颗粒在一定的研磨中碎裂所承受的压力，是粉体的颗粒特性，与颗粒在团聚过程中结合力有关。其本质上不同于材料本身的硬度，抛光粉颗粒碎裂的强度与抛光粉的制备工艺密切相关。一些生产企业基本靠加氟的量和焙烧温度来控制抛光粉颗粒碎裂的强度，温度高，加氟多，抛光粉就比重大，颗粒也硬。在抛光粉行业中还没有明确的方法来判断，有的企业用比表面积、比重，也可以用 1000℃酌减多少大致判断颗粒碎裂的强度。

图 4-15 列出抛光粉在抛光前后的电镜照片，由图 4-15 可见，抛光前抛光粉颗粒完整、棱角分明，而抛光后抛光粉的颗粒碎裂、部分棱角磨损。

(a)

(b)

图 4-15 抛光粉在抛光前后的电镜照片

(a) 抛光前；(b) 抛光后

4.3.6 抛光粉的化学活性

化学活性是指在抛光过程中与工件表面形成吸附等化学反应的能力。以玻璃抛光为例：在抛光过程中，由于氧化铈小颗粒外表面的吸附作用，玻璃表面的硅胶层被氧化铈颗粒吸附，这种吸附能力被称为氧化铈的活性。化学活性大的抛光粉颗粒在抛光时用较大的活化能以分子形式与表面接触，通过化学吸附与玻璃中的各种成分起作用，从而将不光滑的玻璃去除，因而有很强的抛光能力。

一般 CeO_2 含量的增加，活性粒子增加，抛光粉的抛光能力也随之增强，如认为含 83%以上二氧化铈的抛光粉最有效。但德国抛光粉含有 89%二氧化铈，却抛光能力并不高，其原因是活性低，可见氧化铈含量高，处理工艺不好，活性也会低。

抛光粉的活性主要取决于化学组成、晶体结构、结晶形状(包括比表面和粒径)以及抛光粉颗粒的破碎率。前驱体的选择和沉淀、焙烧工艺的改变是提高抛光粉活性的有效方法。为增加抛光粉的化学活性：

1) 对于含铈量低的稀土抛光粉，其本身活性不算强，但也能用改变氧化铈晶体结构、增加晶格缺陷来提高活性及其抛光能力。

2) 通过掺杂改变抛光粉的化学组成可以增加缺陷、提高化学活性。铈基稀土抛光粉掺杂的化学组成，除主要的稀土铈元素 La、Pr、Nd 外，往往还掺杂有 O、F、S、Si、Fe 等化学元素，这些元素以化合物，或以固溶体等形式存在于稀土抛光粉中。从目前主要的掺杂铈基稀土抛光粉制备工艺来看，其主要的掺杂元素一般为 La、O、F 和 S。其中 La 元素的掺杂主要是从原料成本的角度考虑，镧铈等稀土化合物的混合物相对于纯铈稀土化合物要便宜，因而 La 元素的加入往往是被动的，但它却能影响抛光粉的物相组成；O 元素主要是形成稀土氧化物；F 的掺入可改变抛光粉的晶体结构，提高抛光粉的抛光能力。同时，氟组分能与被研磨的玻璃发生反应，从而提高被研磨的平滑性和提高研磨效果。这些元素的掺杂均将影响抛光粉的活性。

3) 改变前驱体和前驱体的沉淀方法是提高化学活性的有效的手段，不同前驱体产生不同晶体性质的抛光粉，其抛光粉的抛光能力不大一样，如碱式碳酸盐就比碳酸正盐的抛光粉抛光效率高，晶粒形状也好。所以改变前驱体不但可提高活性，也可改变晶粒形状。

4) 为提高活性选择合适的焙烧工艺，如改变焙烧温度能产生晶格畸变，以及控制氧化铈微晶在加热过程中晶体生长使粒子增长到适于抛光的粒度尺寸，实现比表面加大，活性增加。

5) 在高温焙烧后水中急冷处理，通过急冷处理的抛光粉比不经处理的抛光粉抛光效率可提高 10%。其作用就是改变了晶格点阵和晶粒间的结合紧密程度，造成晶粒停止生长，晶格缺陷增加，化学活性提高。但焙烧温度要适当，保温时间要适中。温度不够，保温时间不足，粒子物化性能不足，在抛光时，易于断裂，所暴露的新鲜面会大于需要量，限制了抛光效率；温度过高，粒子过硬，不易破碎，晶格有序排列增强，缺陷减少，活性下降。

6) 在抛光粉中添加一定的添加剂也是提高活性的有效方法。实际例子已经证明，添加剂可以大大提高抛光效率，因为在电解质作用下，玻璃的水解作用极为复杂，所产生的硅胶层薄膜厚度大大不一样，最高的厚度可达 300 Å(以 1%水溶液计算)，抛光速率也会不一样，如表 4-6 所示在 CeO_2 抛光粉中添加电解质对不同玻璃影响不一样。

表 4-6　抛光粉添加电解质抛光能力的变化

电解质	BaK_3 玻璃		ZF_5 玻璃	
	抛蚀量的增减/%	浓度/%	抛蚀量的增减/%	浓度/%
$Mg(NO_3)_2$	+143.6	10	+84.7	5
$Zn(NO_3)_2$	+97.1	5	+121.9	5
$CaCl_2$	+93.7	20	+30.1	20
$(NH_4)_2Ce(NO_3)_6$	+83.4	20	+35.0	25
$Ce(NO_3)_3$	+68.5	20	+0.10	15
$Ce(SO_4)_2·2(NH_4)_2SO_4$	+35.2	20	−9.9	20
$ZnSO_4$	+21.1	5	+21	10

由表 4-6 的实验看出，添加 $Zn(NO_3)_2$、$Mg(NO_2)_2$ 对王冕玻璃和火石玻璃都是有利的，其他的电解质对不同的玻璃都有相应的影响，因此，添加剂的工作是值得重视的。

4.3.7　抛光粉的比表面积

比表面积是指抛光粉单位质量的有效表面积，有时简称比表面。铈基稀土抛光粉的比表面积对研抛性能有着重要影响。需要指出，抛光粉(如氧化铈)并非单晶体状存在，而是以晶粒的团聚体状存在，团聚并不十分紧密，在内部形成孔穴，这样抛光粉就有了内表面。抛光过程中氧化铈小颗粒在机械压力下紧密地与玻璃表面上的硅胶层接触，就有可能因氧化铈表面的吸附作用使玻璃表面上的硅胶层被氧化铈颗粒吸附，能起这个吸附作用的是其外表面，氧化铈的这个吸附能力被称为氧化铈的活性。颗粒越小，总表面积越大，比表面加大，活性增加,表面吸附作用就越强。

使研磨速率和研磨表面的精度提高的另一个重要因素为研磨材料粒子的比表面积。高精密化学抛光一般要求粉体的比表面积在 1~10 m^2/g，比表面积过高，粉体的一次粒径小，抛光强度往往较低，而过小的比表面积，粉体的一次粒径太大，抛光时常常造成划痕。

需要注意的是不同组分的抛光粉，用于不同抛光材料时所要求的抛光粉比表面积不同。瓜生博美等[32]用 CeO_2 含量在 95%以上，D_{50} 为 1.3~4.0 μm 的抛光粉进行试验表明：比表面积在 0.8~8 m^2/g 的范围内较好。如果低于 0.8 m^2/g，则研磨损伤的产生量大，如果超过 8 m^2/g，则研磨速率下降；内野义嗣等[35]以研磨材料浆剂干燥至 105℃通过 BET 法测得的比表面积值为基准。将比表面积的范围定为 3~30 m^2/g，比表面积小于 3 m^2/g 则容易出现研磨损伤，若超过 30 m^2/g 的话，则研磨速率变慢。

4.4 抛光液(抛光浆料)

抛光粉需要制成抛光液(或浆液)使用，抛光浆液的关键参数和基本要求是：流动性好、不易沉淀和结块、悬浮性能好、无毒、低残留、易清洗、抛光速率快、抛光物表面品质好、无划伤等[38]。

影响 CeO_2 抛光液抛光性能的因素主要有：pH 值、CeO_2 颗粒粒径、CeO_2 的微观结构、抛光时间、分散剂、氧化剂、颗粒的浓度(或固含量)等。

4.4.1 浆料中抛光粉的浓度

抛光粉需要制成抛光液使用，抛光过程中浆料的抛光粉浓度决定了抛光速率，浓度越大抛光速率越高。一般情况下抛光液浓度越高，抛光效率越高。

抛光液的浓度是抛光粉的质量与水的质量之比，用百分数或比值来表示，通常抛光液的浓度约为 5%。抛光液的浓度在 0~15%的范围内，抛光速率随浓度的增加线性提高，但是当浓度超过 30%以后，抛光速率就下降了，这是由于水量不足，抛光粉的密集程度太大，在玻璃的表面上过多的抛光粉堆积，导致抛光压力不能有效地发挥作用，同时也会降低表面温度，使抛光粉不能有效地切削玻璃，故降低抛光速率。不同的抛光粉的性能不同，抛光粉的悬浮性好，切削能力就强一些。不同的抛光粉制备方法、组成成分、配比都是不同的，所配制抛光液的浓度不同。有些还专门加入某种添加剂，以适应某些牌号玻璃的抛光。为保持一定浓度和品质，每 7~10 天更换一次。

典型的玻璃抛光浆使用过滤的自来水或去离子水与抛光粉混合成，其抛光粉的浓度为 1%~20%，使用小颗粒抛光粉时浆料浓度应适当调低。抛光液中抛光粉的浓度，一般可用比重计来测定。

值得注意的是，浆料中 CeO_2 颗粒的含量也会对抛光性能产生影响。有效研磨的颗粒数量越多则抛光速率会越大，通常随着浓度的增大，有效研磨的颗粒数量会增大，抛光速率也会随着增大，但是颗粒含量过大会使抛光后表面质量下降，严重时晶片中心会出现凹坑[39]。

在浆料状态下实施制造、运输、保管时，浆料浓度可以与研磨时相同，但如果浓度太低，则需要保管场所，运输成本也会提高。因此，浆料浓度以铈基抛光粉为10%~60%(或为150~850 g/L)较好，若超过60%，则很难制得研磨材料浆剂，若低于10%则会增加运输和保管的成本；另外，在使用研磨材料浆剂时，在进行研磨之前，可根据需要将其稀释为适当的浓度后再使用。

内野义嗣等[35]报道了高浓度的含氟的铈基抛光粉浆料，其分散性优异，能够在长期保存后，用搅拌机对其进行搅拌而再分散，从而得到与制造时几乎一样的粒径分布。尤其是添加了防固化剂的浆剂，即使发生了沉淀，沉淀块也很软，容易再分散。

4.4.2　抛光液的稳定性、分散性和悬浮性

抛光粉需要制成抛光液使用，因此需要良好的化学稳定性且不腐蚀工件。特别是抛光粉需要与水(或溶剂)混合，故对水(或溶剂)有一定的化学稳定性，并能在水(或溶剂)中有很好的分散性和悬浮性。

抛光粉颗粒在介质中的稳定性包括两方面的含义：抛光粉体颗粒在介质中的沉降速度慢，则认为粒子在该体系中的悬浮时间长；对水(或溶剂)有良好的化学稳定性。抛光粉体颗粒在介质中的粒径不随时间的增加而增大，则认为分散体系的稳定性良好。在此着重讨论分散性和悬浮性。

1. 浆液中抛光粉的悬浮性[40]

由于抛光粉需要分散在介质中(如水中或有机溶剂中)使用，因此，抛光液的悬浮性对其抛光效果有很大影响。当浆料的悬浮性较差时，抛光粉颗粒容易发生聚沉，一方面使抛光浆液中颗粒分布不均匀，产生团聚颗粒，使加工表面出现划痕，影响抛光表面的质量；另一方面，团聚会导致实际参与抛光的粒子数减少，从而降低抛光速率。提高抛光浆液的悬浮性，成为铈基稀土抛光粉应用中的重要研究对象。抛光粉浆料的固含量及抛光粒子颗粒大小是影响其悬浮性及其稳定性的主要因素，此外，浆料的稳定性还受分散剂的种类和用量、浆料温度的影响。

抛光浆液的悬浮性可以用抛光粉颗粒的Zeta电位来表示。在Zeta电位点(即IEP)时，颗粒表面不带电荷，颗粒间的吸引力大于双电层之间的排斥力，此时悬浮体的颗粒易发生凝聚或絮凝；当颗粒表面电荷密度较高时，颗粒有较高的Zeta电位，颗粒表面的高电荷密度使颗粒间产生较大的静电排斥力，能保持较高的悬浮性和分散稳定性。

抛光液要求抛光粉要有较好的悬浮性，粉体的颗粒度和形状对悬浮性具有重要的影响，一般颗粒度越大越易沉降，片形及粒度细些的抛光粉的悬浮性相对要好一些，但不是绝对的。抛光粉悬浮性的提高也可通过加悬浮剂来改善。

由于纳米铈基抛光粉的比表面积大，比表面能高，在使用过程中很容易发生团聚，对使用性能影响显著。而将其分散在介质中形成高分散、高稳定的悬浮液对减少团聚是一个很好的途径。

对稀土抛光粉配制的抛光液而言，其悬浮性能是较弱的。在大型抛光设备中，使抛光粉在抛光浆液中呈悬浮状态而不沉淀在浆箱底部是很重要的，否则抛光生产可能受阻或抛光浆液不能充分使用。在铈基抛光粉中可以通过添加各种添加剂，以改善抛光粉在不同抛光系统中的抛光性能。目前最普遍使用的是利用添加剂来改善抛光浆的悬浮特性。

添加剂主要有无机和有机两大类。有机主要是以两性表面活性剂为主，利用其亲水基和亲油基的共同作用，改变抛光粉颗粒表面的界面张力，以达到增加悬浮性的目的。但有机添加剂的致命弱点是一旦悬浮液沉积，就几乎没有可能再恢复，致使抛光粉失效。无机添加剂通常是碱金属或碱土金属的无机盐，通过特殊的处理过程使其具有中空的立体结构。

较好的抛光浆液中一般含有防固化剂、分散剂两者中至少一种，最好同时包含二者。这里的防固化剂是指能使抛光粉粒子分散到分散介质中后所产生的研磨材料粒子的沉淀软化的添加剂；分散剂是指将抛光粉粒子分散到分散介质中的添加剂。作为该防固化剂可以用以下的物质：合成二氧化硅、胶体二氧化硅、热解法二氧化硅等二氧化硅；褐藻酸钠、褐藻酸丙二醇酯等褐藻酸或褐藻酸的衍生物；β-萘磺酸钠甲醛缩合物等芳香族磺酸甲醛缩合物的盐；磷酸氢钙等含钙化合物；晶态纤维素、羧甲基纤维素钠等纤维素或纤维素衍生物。另外，还包括碳酸氢钠、碳酸氢铵等碳酸氢盐；作为分散剂可以用以下物质：聚苯乙烯磺酸钠等聚苯乙烯磺酸盐；焦磷酸、焦磷酸钠、三聚磷酸钠、六偏磷酸钠等缩合磷酸或缩合磷酸盐。另外，还包括聚丙烯酸、聚马来酸、丙烯酸-马来酸共聚物、聚丙烯酸盐、聚马来酸盐、丙烯酸-马来酸共聚物盐等聚羧酸类高分子化合物。根据被研磨材料来选择这些添加剂，对于通常的玻璃材料，使用哪一种添加剂都是没有问题的，但是对于半导体用材料的研磨，最好避免使用含有碱金属、碱土金属的添加剂。这是因为对于这些材料来说，存在钠、钙等碱金属、碱土金属是不理想的。

内野义嗣等[35]认为，防固化剂和分散剂的添加量是根据抛光浆液中的抛光粉的比表面积来进行调整的，当抛光粉的比表面积若在 3~30 m^2/g 时，对应于抛光粉粒子 100 g，较好是添加 0.03~0.6 g（0.03%~6%）。

同时添加防固化剂和分散剂时，防固化剂的添加量和分散剂的添加量之比较好的为 1/20~20/1。另外添加这些添加剂的时间可以是在后续的粉碎前、粉碎中或粉碎后，但是最好是在为改性抛光粉粒子的表面而进行的粉碎之前添加。通常在过滤之前添加较好，这样容易过滤。

在不同分散介质的浆料中加入添加剂时对浆料影响研究表明，在浆料中作为分散介质优选水，以及在水中的溶解度为 5%以上的有机溶剂；有机溶剂优选使用醇类、多元醇类、酮类、四氢呋喃、*N,N*-二甲基甲酰胺、二甲亚砜等。

吴媛媛等[41]研究了不同分散剂、pH 值以及分散介质对氧化铈抛光液悬浮和再分散的影响。通过静置一定时间表征氧化铈抛光液的沉降行为、吸光度和 Zeta 电位大小。结果表明：制备高悬浮、再分散性好的氧化铈抛光液时，①丙烯酸类超分散剂 L 对氧化铈抛光液有良好的悬浮和再分散效果，最佳质量分数为 2%；②pH 值对抛光液的悬浮性影响很大，在使用超分散剂 L 时，选择 pH 值大于 7 较佳，pH 值为 10.7 时氧化铈抛光液的悬浮性最好；③不同质量比的水-乙醇混合液作为分散介质可以明显改变氧化铈抛光液的沉降行为，当水与乙醇质量比为 4∶1 时，悬浮性和再分散性最佳。

CeO_2 基抛光粉在水介质中很容易沉淀，为提高 CeO_2 料浆的抛光能力，氧化铈基抛光粉被表面改性。刘振东等[42]研究了表面改性 CeO_2 基抛光粉在水介质中的悬浮稳定性，所用改性剂有六偏磷酸钠、十二烷基硫酸钠、十六烷基三甲基溴化铵、谷氨酸等。结果表明，阴离子改性剂十二烷基硫酸钠、阳离子改性剂十六烷基三甲基溴化铵和无机盐改性剂六偏磷酸钠能明显改善 CeO_2 在水介质中的悬浮稳定性，两性离子改性剂谷氨酸对提高 CeO_2 的悬浮稳定性的作用不明显；改性剂没有改变 CeO_2 的物相组成和结构，仅黏附于 CeO_2 的颗粒表面。

2. 浆液中抛光粉的分散性

抛光液应当具有很好的稳定性，但是实际情况下抛光液中的抛光粉容易发生团聚，出现沉淀，聚集严重时会产生大颗粒，导致抛光后表面粗糙度增大，表面缺陷增多，因此在抛光液的配制过程中加入分散剂，使得研磨剂的悬浮稳定性好。

在抛光晶片的过程中，为了快速地加工表面形成软质层，便于后续的机械磨削去除，从而提高抛光液的抛光性能，通常在抛光液中加入一种或者多种氧化剂，但氧化剂过多或过少都会打破化学机械抛光的平衡，使得抛光性能下降。

在生产中，通常选用添加分散剂来达到提高悬浮性的目的。分散剂的主要作用是增强颗粒间的排斥能，主要可通过三种途径：①增大颗粒表面电位的绝对值以提高颗粒间静电排斥作用能；②通过高分子分散剂在颗粒表面形成吸附层，产生并强化空间位阻效能，使颗粒间的位阻排斥作用力增大；③增强颗粒表面的亲水性，加大水化膜的强度和厚度，使颗粒间的水化排斥作用能显著增大。

Zeta 电位和吸光度可以作为表征粒子分散性能的手段。Zeta 电位以及吸光度越高，对应粒子的分散稳定性越好。分散剂的加入可以大大减小 CeO_2 在水中的粒径分布，从而很好地改善 CeO_2 在水中的分散稳定性。

周新木等[43]用分光光度仪测定一定波长某一时段下悬浮液的吸光度，研究了高铈抛光粉表面电性及悬浮液分散稳定性。

用分光光度仪测定一定波长某一时段下悬浮液的吸光度，以吸光度大小来表征悬浮液分散性。吸光度的大小和单位体积中粒子数成正比，吸光度越大，表明悬浮液中粒子浓度越高，则粒子在悬浮液体系中的分散、悬浮及稳定性能越好。此方法简便、直观，但影响因素较多，无法定量测定。

抛光粉在中性水介质中的分散稳定性随时间变化曲线如图 4-16 所示。由图 4-16 可见，抛光粉粒子在水介质中很容易产生沉降，沉降率与沉降时间呈线性关系。这是因为产生沉降作用的内在决定因素是颗粒的布朗运动和颗粒间的相互作用。粒径小，比表面大，表面能高，有相互吸引以降低表面能的趋势，当颗粒由于运动而进入到引力作用范围内时会聚结在一起而发生沉降；且抛光粉表面还存在大量的羟基，羟基间的相互作用很强，使抛光粉颗粒间易形成紧密的团聚体，在水介质中很难分散开来。另一方面，由于抛光粉的真比重比水大得多，稍大粒径的粒子由于自身重量也发生沉降。由此可见，抛光粉的分散是一个难题，也是实际应用中考虑的一个重要指标。

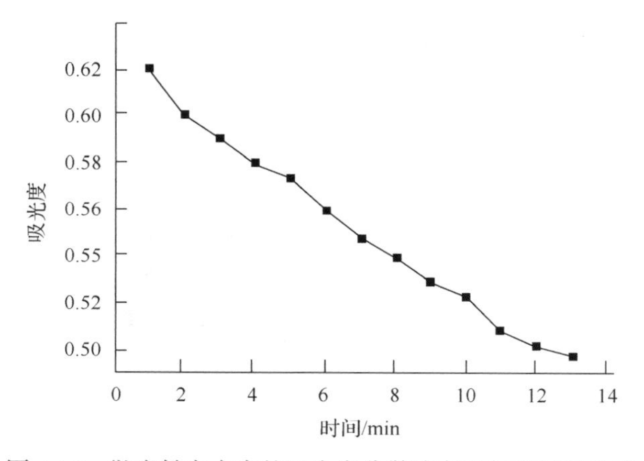

图 4-16　抛光粉在水中的吸光度分散稳定性与时间的关系

刘冶球等[44]研究了纳米 CeO_2 在水中的分散稳定性。由于超细和纳米抛光粉在液相介质中受到范德华力作用容易发生团聚，当固含量较高时，颗粒间的平均距离下降，颗粒碰撞团聚的概率大大增加。分散剂加入量过多时，会使离子强度过高，压缩双电层，从而减小颗粒间的静电斥力，同时过量的自由高分子链也易发生桥连或空缺絮凝，使抛光浆料的稳定性下降。而当分散剂浓度较低时，抛光浆料的稳定性对温度比较敏感。

由于纳米粒子的比表面积大，比表面能高，在使用过程中很容易发生团聚，极大地影响了其作为纳米材料所表现出来的一些性能，而将纳米粒子分散在溶液中形成高分散、高稳定的纳米粒子水悬浮液对减少团聚不失为一个很好的途径。为了使纳米颗粒均匀、稳定地分散在液体介质中，通常采用物理分散和化学分散结合的手段，先采用物理手段如机械分散和超声波分散等实现纳米粒子的初步分散，再通过化学手段加分散剂来进一步改善粒子的分散稳定性。分散剂主要是通过分散剂吸附在粒子表面，通过静电机制、空间位阻稳定机制以及静电空间稳定机制这三大分散稳定机制来实现纳米粒子的稳定分散。

4.4.3　抛光液的 pH 值

不同抛光对象对 pH 值有不同要求。抛光液 pH 值对玻璃表面抛光质量和效率有很大的影响，在抛光过程中也经常有腐蚀现象发生，因此必须严格控制抛光液的 pH 值，同时对不同成分的玻璃在抛光时所要求的 pH 值不同。

pH 值是影响抛光液抛光性能的关键因素之一，决定了抛光加工的环境，影响晶片表面软质层的形成、抛光液的黏性等。酸性抛光液抛光效率高，但腐蚀性较强，常用于抛光金属材料，对半导体硅晶片的抛光主要用碱性抛光液，碱性抛光液腐蚀性小，抛光选择性高。当 pH 值＞7 时，随着 pH 值的增大，硅晶片表面原子分子之间的结合力逐渐减弱，容易被机械磨削去除，有助于提高抛光效率，pH 值过大则化学腐蚀的速率大于机械磨削的速率，打破化学机械抛光的平衡，导致抛光性能下降。一般碱性抛光液的 pH 值最优值为 10~11.5。Song 等[45]将平均粒径为 20 nm 的 CeO_2 颗粒配制成了抛光液，对 SiO_2 晶片进行了抛光实验，并研究了 pH 值对抛光液抛光性能的影响，发现当 pH 值为 10.5 时抛光速率达到最大值，pH 值持续升高的抛光速率基本不再变化。

pH 值对抛光悬浮液分散稳定性影响较大，pH 值高，悬浮液的 ζ 电位值越负，悬浮液稳定性越好，但抛光悬浮液也受其他抛光条件影响，一般控制在中性，通常 pH 保持特性弱酸较好。

pH 值对 CeO_2 在水中的分散稳定性有很大的影响，不同的分散剂各有相适应的 pH 值范围。添加 CMC 和 PEG1000 时在碱性区域 pH=9~11 内，CeO_2 有较好的稳定性；添加 CTAB 时，在酸性区域内 pH=4 左右，CeO_2 有较好的稳定性。

周新木等[43]实验结果表明：①加入分散剂使得悬浮液的 ζ 电位大于+30 mV 或小于−30 mV，才能得到稳定的抛光悬浮液。②羧甲基纤维素、聚丙烯酸是较好的抛光悬浮液分散剂，可用于抛光工艺中，分散剂浓度一般控制在 100 mg/L 左右。③对于不同种类的玻璃需选择带不同表面电性的抛光粉，以维持 ζ 电位值在稳定区。

图 4-17 为抛光粉在水中的吸光度、分散稳定性和 ζ 电位与 pH 值的关系。

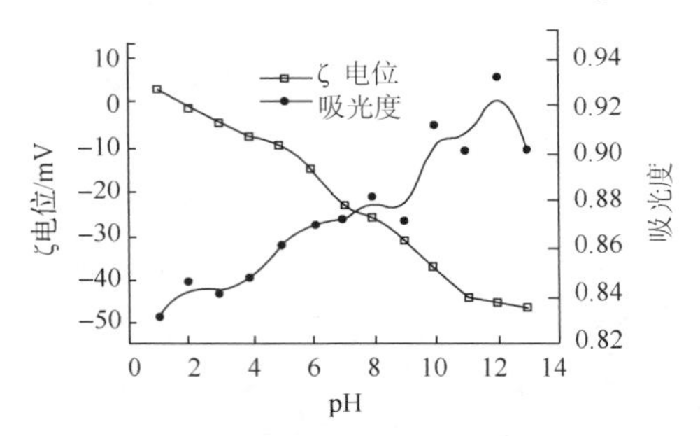

图 4-17　pH 值对抛光粉悬浮液 ζ 电位和吸光度的影响

由图 4-17 可以看出，抛光粉的分散行为与 ζ 电位有相当好的一致关系，受体系 pH 值的影响很大。抛光粉在水介质中的等电点的 pH 值约等于 7；pH 值＜6，即在等电点附近，颗粒表面的 ζ 电位绝对值最小，粒子之间的静电斥力不足以与粒子间的吸引力相抗衡，粒子 Brown 运动使得粒子互相碰撞聚沉，分散稳定性很差；当 pH＞6 以后，随 pH 值增加，颗粒表面 ζ 电位绝对值不断增大，粒子之间形成的静电斥力，足以阻止由于 Brown 运动产生的粒子之间相互吸引和碰撞；较大的静电斥力也使粒子相对独立，粒子间的距离增大，从而超过了粒子之间发生氢键作用的距离，进一步减少了粒子互相聚集并沉降的机会，抛光粉的分散稳定性得以改善；在 pH 值为 11~12 时，ζ 电位绝对值高，粒子之间的静电斥力作用较强，从而团聚的粒子借助机械力的作用，被打开后较易分散稳定，分散性较好；pH 值继续增加，由于调整剂浓度增大，压缩双电层厚度，ζ 电位绝对值增加趋缓，静电斥力减小导致分散性变差。以上分析表明，抛光粉的分散稳定性主要受静电排斥力的作用影响。

4.4.4　抛光浆料的压力、温度和时间对抛光能力的影响

抛光液的温度在抛光过程中起着非常重要的作用，玻璃和抛光膜的温度是依靠抛光液的温度来控制，在高速抛光中，抛光液的温度要在 30~35℃范围内，并要保持恒温。

在其他条件不变的情况下，抛光时使用的压力越大，抛光效率越大。因此，在条件允许的情况下，尽量提高抛光时的压力。

朱兆武[46]研究了抛光压力对 P05-2 抛光粉抛光能力的影响。观察到增大抛光压力和抛光浆液的浓度都能够提高抛光粉的抛光能力。但当压力增大到 100 g/cm^2 以上时目测到的划痕较多，尤其对较软材质的玻璃尤为明显，抛光采用的压力应视具体的抛光工件而定。

一般情况下随着抛光时间的逐渐增加，玻璃的去除量将会持续增加，但是表面粗糙度达到一定值后就会保持恒定。张鹏珍等[47]制备出了平均粒径为 13.3 nm 的 CeO_2 颗粒，将得到的颗粒分散到去离子水中并加入抛光助剂得到抛光液，研究了玻璃基片在不同的时间抛光后表面质量和表面去除量的变化情况，发现随着抛光时间的增加，表面去除量在逐渐增加，说明化学机械抛光是一个均匀磨损的过程。抛光 15 min 后表面粗糙度从 1.6 nm 下降到 0.6 nm，然后再继续抛光基本没有变化，表明表面粗糙度与抛光时间不是正比关系。

抛光过程中最初 8 h，抛光粉的研削力基本上没有变化，光洁度等指标也非常好，以后开研削力逐步开始下降，经过一段时间，研削的能力和粒度已经基本上不再变化，达到了最低点，研削的能力基本在 0.02~0.03，对抛光部件已经基本上没有研削能力。

4.4.5 抛光模的选择

随着液晶显示的发展，液晶显示屏抛光对抛光粉的要求较为苛刻，液晶显示基板较薄，材质较软，在抛光过程中使用聚氨酯抛光膜进行高速抛光，要求抛光粉既具有高的切削力，又不能造成抛光面产生划痕，抛光粉应具有很窄的粒度分布范围，而且硬度适宜，形状为规则的球形，并且要有低的化学腐蚀性[48]。

应该指出的是，很多聚氨酯抛光片中添加了稀土抛光粉。抛光粉的颗粒大小和抛光膜的硬度对抛光后的表面疵病有很大的影响。抛光粉的最大颗粒度将决定最终的抛光精度。抛光膜应该用软一点的。

当抛光膜软、抛光粉粒度小时，抛光的表面光滑，但效率低，抛光膜过软容易产生塌边。当抛光膜硬、抛光粉粒度大时，抛光的表面光滑程度变差，抛光效率高，玻璃塌边现象减轻。

常用的抛光模层(下垫)材料有抛光胶和纤维材料。

参 考 文 献

[1] 洪广言. 无机固体化学. 北京：科学出版社，2002

[2] 郑武成. 稀土抛光粉的物化性能与抛光能力之间的关系. 稀土，1981，(1):46-51

[3] 刘军，宋晓岚. 二氧化铈浆料抛光机理的研究进展. 稀土，2012：33(1):68

[4] Marinescu I D， Uhlmanu E, Doi T K. Handbook of Lapping and Polishing. CRC Press, Taylor & Francis Guoup , 2007

[5] 雷红，雒建斌，张朝辉. 化学机械抛光技术的进展. 上海大学学报，2003,9(6):494-502

[6] Katoh T, Kang H G, Paik U, et al. Effects of abrasive morphology and surfactant concentration on polishing rate of ceria slurry. Japanese Journal of Applied Physics, 2003, 42(3):1150-1153

[7] Zhao Y, Chang L. A micro-contact and wear model for chemical-mechanical polishing of silicon wafers. Wear, 200, 252(3-4):220-226

[8] Silvernail W L. The mechanism of glass polishing. Glass Ind, 1971,52(5):20-26

[9] Cook L. Chemical processes in glass polishing. Journal of Non-Crystalline Solids, 1990, 120(1-3):152-171

[10] 林鸿海. 添加剂在氧化铈抛光中的作用机理的探索. 光学技术，1991，3: 42-44

[11] Kelsall A. Cerium oxide as a route to acid free polishing. Glass Technology, 1998, 39(1):6-9

[12] Kosynkin V O，Arzgatkina A A，Tranov E N. The study of process production of polishing powder based on cerium dioxide. Journal of Alloys and Compounds, 2000, 303-304:421

[13] Hoshino T, Kurata Y, Terasaki Y, et al, Mechanism of polishing of SiO_2 films by CeO_2 particles . Journal of Non-Crystalline Solids, 2001, 283(1-3):129-136

[14] Sabia R, Stevens H J. Performance characterization of cerium oxide abrasives for chemical-mechanical polishing of glass. Machining Science and Technology , 2000,4(2):235-251

[15] Tamilmani S, Shan J, Huang W. Interaction between ceria and hydroxylamine. Materials Research Society Symposium-Proceedings. San Francisco: Materials Research Society, 2003,767:161-166

[16] Gilliss S R. Nanochemistry of ceria abrasive particles. Materials Research Society, Symposium-Proceedings. San Francisco: Materials Research Society, 2004, 818:9-14

[17] Wang L Y, Zhang K L, Song Z T, et al. Ceria concentration effect on chemical mechanism polishing of optical glass. Applied Surface Science, 2006, 253(11)；4951-4954

[18] Chandrasekaran N. Material removal mechanisms of oxide and nitride CMP with ceria and silica based slurries：Analysis of slurry particles pre-and post-dielectric CMP. Materials Research Society Symposium-Proceedings. San Francisco: Materials Research Society, 2004, 816:257-268

[19] Rajendran A, Takahashi Y, Koyama M, et al. Tight-binding quantum chemical molecular dynamics simulation of mechanochemical reactions during chemical-mechanical polishing process of SiO_2 surface by CeO_2 particle. Applied Surface Science, 2005, 244(1-4):34-38

[20] Kim J P, Yeo J G, Pail U. Modification of electrokinetic behavior of CeO_2 abrasive particles in chemical mechanical polishing for trench isolation. Journal of the Korean Physics Society, 2001, 39(1):197-200

[21] Suphantharida P, Osseo A K. Cerium oxide slurries in CMP. Electrophoretic mobility and adsorption investigations of ceria /silicate intetaction. Journal of the Electrochemical Sociey, 2004, 151(10):658-662

[22] Abiade J T, Wonseop C, Singh R K. Effect of pH on ceria-silica interactions during chemical mechanical polishing. Journal of Materials Research Society, 2005, 20(5):1139-1145

[23] Abiade J T, Yeruva S, Choi W et al . A tribochemical study of ceria-silica interactions for CMP. Journal of the Electrochemical Society, 2006, 153(11):1001-1004

[24] Song X L, Xu D Y, Zhang X W, et al . Electrochemical behavior and polishing properties of silicon wafer in alkaline slurry with abrasive CeO_2 . Transactions of Nonferrous Metals Society of China, 2008, 18:178-182

[25] Park J G, Katoh T, Lee W M, et al. Surfactant effect on oxide-to-nitride removal selectivity of nano-abrasiveceria slurry for chemical mechanical polishing. Japanese Journal of Applied Physics, Part 1:Regular Papers and Short Notes and Peview Papers, 2003, 42(9):5420-5425

[26] 宋晓岚，邱冠周，史训达,等. 混合表面活性剂分散纳米 CeO_2 颗粒的协同效应. 湖南大学学报，2005, 32(5):95-99

[27] Kang H G, Kim D H, Katoh T, et al. Deoendence of non-prestonian behavior of ceria slurry with anionic surfactant on abrasive concentration and size in shallow trench isolation chemical mechanical polishing. Japanese Journal of Applied Physics, 2006,45(5):3896-3904

[28] 陈杨， 陈志刚， 陈爱莲. 纳米 CeO_2 磨料在硅晶片化学机械抛光中的化学作用机制. 润滑与密封，2006，3(175):67-72

[29] 宋晓兰，李宇焜，江南，等. 化学机械抛光技术研究进展. 化工进展，2008，(1):26-31

[30] 黑田英男，山口精英，渡边广幸，等.铈系研磨材料.中国：CN1701108A

[31] 李学舜. 稀土碳酸盐制备铈基稀土抛光粉的研究.沈阳：东北大学博士论文，2007

[32] 瓜生博美，三崎秀彦，小林大作，等.铈系研磨材料.中国：CN101356248A. 2009-01-28

[33] 钱逸泰. 结晶化学导论. 合肥：中国科技大学出版社，2002：304-309

[34] Kim Y H, Kim S K, Kim N, et al. Crystalline structure of ceria particles controlled by the oxygen partial pressure and STI CMP performances. Ultramicroscopy, 2008, 108: 1292-1296

[35] 内野义嗣，牛山和哉. 铈类研磨材料浆剂及制造方法. 中国：ZL 02802963.1.2006-05-03

[36] Oh M-H, Singh R K, Gupta S, et al.， Polishing behaviors of single crystalline ceria abrasives on silicon dioxide and silicon nitride CMP. Microelectronic Engineering，2010，87:2633-2637

[37] 李梅，杨来东，柳召刚，等. 粒度及粒度分布对铈基稀土抛光粉性能影响的研究. 稀土，2016，37:(4) 144-147

[38] 张立业，张忠义，赵增祺，慕利娟. 铈基、硅基半导体抛光液的发展概况. 稀土，2013，34(2):68

[39] Park B, Lee H, Park K, et al. Pad roughness variation and its effect on material removal profile in ceria-based CMP slurry. Journal of Materials Processing Technology, 2008，203:287-292

[40] 黄绍东，陈维，梁丽霞，等. 铈基稀土抛光粉的悬浮性能评价方法与不同分散剂的影响. 稀土，2014，35(5):45-46

[41] 吴媛媛，衣守志，魏志杰，等. 氧化铈抛光液悬浮性和再分散性的研究. 中国粉体技术, 2015 第 2 期

[42] 刘振东，李运领，张海龙. 表面改性 CeO_2 基抛光粉在水介质中的悬浮稳定性. 稀土， 2015，36(4):67-74

[43] 周新木，李炳伟，李永绣，等. 高铈抛光粉表面电性及悬浮液分散稳定性研究. 稀土，2007, 28 (1)：12-16

[44] 刘冶球，康灵，王明明，等. 纳米 CeO_2 在水中的分散稳定性研究. 稀土，2012，33(2):51-54

[45] Song X L, Xu D Y, Zhang X W, et al. Electrochemical behavior and polishing properties of silicon wafer in alkaline slurry with abrasive CeO_2. Transactions of Nonferrous Metals Society of China, 2008，18:178-182

[46] 朱兆武. 高性能稀土抛光粉的研制. 北京：北京有色金属研究总院博士后出站报告，2005

[47] 张鹏珍， 雷红，张剑平，等. 纳米氧化铈的制备及其抛光性能的研究. 光学技术，2006， 32(5): 682-684

[48] Bouzid D, Zegadi R, Jungstand U, et al. Investigation of cerium oxide pellets for optical glass polishing[J]. Glass Technology, 2001, 42(2):60-62

第5章　抛光粉的性能评价指标及其方法

抛光性能的好坏是衡量抛光粉质量优劣的最主要的标准，它围绕着抛光效率和抛光质量展开，包括抛蚀量及抛光后工件表面的光洁度等。

抛光性能优劣又取决于所选抛光粉的特性。稀土抛光粉的评价标准，需应抛光对象不同而标准不同，对稀土抛光粉主要有如下技术要求：①一般在轻稀土氧化物总量中，通常情况下 CeO_2 不少于 50%；②非稀土杂质含量要低(Ca 低于 0.2%)；③合适的颗粒尺寸，颗粒平均尺寸不小于 1.4 μm；④颗粒形状视要求不同，为球状，也可为片状；⑤一定的抛蚀量，通常不低于 280 mg/30 min。

影响抛光粉的性能指标很多，最终体现在抛光性能上。在试验中，一般采用研磨机来测量抛光粉的抛光性能，其方法为：把抛光粉配成一定浓度的抛光浆料，在设定的时间内用此浆料循环抛光工件表面，通过称量抛光前后工件的失重量，从而求出该抛光浆料的研削能力，即单位时间里对工件的抛蚀量。通常选用的抛光工件为特制的光学平面玻璃，如 BaK 系列冕玻璃片等观察表面平整度。另外，可在高倍的卤光灯下观察抛光后玻璃片表面的光洁度，检查是否有雾化现象及划痕的情况。结合抛光粉的抛蚀量大小、光洁度情况，即可判断出该抛光粉的抛光性能。

由于科学技术的不断进步，表征抛光粉的性能评价手段越来越多，分辨能力也越来越高，表征手段日益直观化，多样化。例如直接表征的方法有扫描电镜(SEM)、透射电镜(TEM)等，间接测定的方法有 X 射线衍射(XRD)、光电子能谱(XPS、UPS)、荧光光谱、BET 比表面积、激光粒度仪等。通过各种表征手段可以获得微粒组成、结构、形态等有价值的信息，各种表征手段往往既相互联系，又相互补充。为获得有效而准确的信息，应根据各分散体系的特点，采用相应的表征手段。通常需用多种表征手段才能准确地反映抛光粉的特征。

由于各生产企业所采取生产工艺及产品特点都不相同，在原料的选取、生产中所采取的控制手段、检测方法、控制指标等都不尽相同。例如有的企业对所购买原料，进行粒度、松装比重、非稀土杂质等指标进行控制；有的企业选取不同的氟源来进行氟化工序，如氢氟酸、氟化铵、氟硅酸等；有的企业在前驱体合成工艺中对温度、沉淀方式、加氟多少进行控制；有的企业对于焙烧进行温度和推进速率的控制，或者选取不同的加热方式(电加热、天然气燃烧)，以及对焙烧产物进行化学成分、非稀土杂质、氟、比表面、XRD、比重等多项目检测。根据各自的条件对抛光粉成品所采取的控制手段、检测方法也都不同。

例如有的企业主要检测 XRD 来确定抛光粉的物相，以及测算晶粒尺寸；有的公司主要是控制粉的比表面积为 2.5~3.5 m^2/g，而并不太注意前驱体的粒度大小，如有的公司合成碳酸盐粒度 6~8 μm，焙烧后的比表面积 2.5 m^2/g 左右；有的公司是将买来的碳酸盐原料直接湿磨，达到确定的粒度范围，然后高温焙烧，通过每小时取样检测 XRD 的 47° 左右的晶粒尺寸，以确定抛光粉的品质等，并进行抛蚀量、划痕的测定等。鉴于评价手段和标准的重要性，现对一些抛光粉主要的评价方法作简要介绍。

关于稀土抛光粉，我国已制定了标准 GB/T20165—2012，第一版是由甘肃稀土新材料股份有限公司起草的，于 2006 年 10 月 1 日正式实施。随着抛光粉应用市场不断扩大，人们对抛光粉的认识更加细化，对原有国家标准进行修订，第二版《稀土抛光粉》(GB/T20165—2012) 于 2013 年 5 月 1 日正式实施，国家标准已在业内广泛应用。

GB/T 20165—2012 对抛光粉的部分物理性能、化学成分和物相组成予以规定，对产品比放射性、悬浮液 pH 也予以限制，其中规定了抛光粉中氧化铈量的测定(GB/T 20166.1—2012)、氟量的测定(GB/T 20166.2—2012)、抛蚀量和划痕的测定(GB/T 20167—2012)等的方法。

稀土抛光粉的物化性能主要有：化学成分(质量分数%)，其中包括 REO、CeO_2/REO、F、灼减、水分等；物相组成，其中包括基体 CeO_2，其他物相 REF_3，REOF 等；物理性能，包括中心粒径 D_{50}(μm)，最大粒径 D_{max}(μm)，密度(g/cm^3)；研磨效果，包括抛蚀量[$mg/(cm^2 \cdot min)$]、划伤率(%)等。要求抛光粉产品的总放射性比活度不大于 800 Bg/kg；产品分散悬浮液浓度为 100 g/L 时，pH 值不大于 8；以及产品外观均为棕红色、乳白色或白色粉末，并无可见夹杂物等。

5.1　化学成分的测定

抛光粉成分是抛光粉的基础，不同成分的抛光粉的性能也不同，即稀土抛光粉也因其成分不同而性能各异。一般的化学成分分析可用化学分析或仪器分析的方法进行测定，详见相关专业资料[1]，主要有重量法、容量法、发射光谱、质谱、原子吸收光谱分析等都能确定样品中存在哪些元素。

(1)稀土含量，包括总稀土含量和氧化铈含量

抛光粉中稀土总量(用 RE_2O_3 含量(%)表示)一般用草酸盐重量法测定(GB/T14635.1—2008)。

稀土抛光粉中氧化铈含量(用 CeO_2/RE_2O_3 含量(%)表示)的测定，测定范围在 40%~99%之间的方法是将试料经磷酸溶解，用高氯酸将三价铈氧化为四价铈，于 1 mol/L 硫酸介质中，在尿素存在下，用亚砷酸钠-亚硝酸钠还原三价锰，以苯代

邻氨基苯甲酸为指示剂(GB/T 20166.1—2006)，或试料经磷酸溶解，用高氯酸将三价铈氧化为四价铈，于 1 mol/L 硫酸介质中，以苯代邻氨基苯甲酸为指示剂，用硫酸亚铁铵标准溶液滴定至终点(GB/T 20166.1—2012)。

15 个稀土元素氧化物的配分是用电感耦合等离子体发射光谱法测定(GB/T 16484—2009)。

(2)杂质含量包括 F(%)、S(%)、Si(%)、Ca(%)、Fe(%)等

稀土抛光粉中的非稀土杂质用化学分析方法测定(GB/T 12690—2003)。

轻稀土碳酸盐中酸不溶物量按 GB/T 16484.23—2009 规定的方法测定；其中以铈基稀土为主的稀土抛光粉中氟量的测定方法是将试样经碱熔融后浸出过滤，使氟与铁、稀土等氢氧化物沉淀分离，在 pH 值为 6.5~7.0 的溶液中，以氟离子选择性电极为指示电极，饱和甘汞电极为参比电极，测量两电极间的平衡电位值，求得氟含量(GB/T 20165—2012)。

(3)原料成分

氟碳铈矿、氯化稀土、碳酸稀土、硫酸稀土等成分分析参考相应的国家标准。

(4)灼减(烧失量 LOI，即样品高温焙烧后质量的损失(%))和水分

通常由于粉体在空气中吸水或焙烧不彻底，而残留一些吸附水和可挥发物，通过在高温下焙烧脱去吸附水或相应的挥发物质，而得到粉体的净重，所减少的质量称为灼减量。用减少的量和原始粉体质量之比的百分数表示灼减，可作为产品质量的参考(GB/T12690.2—2002；GB/T12690.3—2002)。

灼减量不仅与原料有关，也与所生成的产物有关，同时反映产品的晶化程度。灼减量测定的另一个作用是在生产中利用灼减量来判断产品的质量，如将原料碳酸铈在 1000℃±50℃灼烧 2 h，样品所减轻的质量称为灼减，此时，由于原料在高温下焙烧时挥发、分解等使灼减量较大。对确定原料和工艺条件可利用烧失量来判断产品的质量。有的企业沿用国标的 900℃灼减，检测产物分解情况。

若用于铈基抛光粉的原料具有较高的 LOI 值，意味着焙烧后的抛光粉产品比焙烧前的原料损失了更多的质量，这就会降低产率。已知稀土碳酸盐的 LOI 高，约为 30%，而稀土氧化物的 LOI 低，约为 0.5%。

瓜生博美等[2]以碳酸铈及碳酸氧铈为原料(也可含有碱式碳酸铈等)，以灼减量为标准来确定抛光粉的质量，认为灼减量(以在 105℃充分干燥样品后的质量为基准，表示于 1000℃加热 2 h 后的质量减少率)为 25%~40%的材料较好。如果不足 25%，则碳酸氧铈的产生量过多。另外，对该原料进行预烧时，灼减量以 5%~20%为宜。

伊藤昭文等[3]以烧失量作为控制抛光粉的质量标准，其过程是先准备稀土碳酸盐，通过预焙烧使稀土碳酸盐原始材料部分地转化成氧化物，获得用于磨料的

碳酸盐和氧化物的原料混合物。调节焙烧的温度和时间，使原料混合物在 1000℃加热 1 h 测得的 LOI 为干重的 0.2%~25%。较好的焙烧温度为 150~850℃，焙烧时间优选为 60 h，或更短。

5.2 热分析

热分析是在一定程序的控温下，测量物质的物理性质与温度关系的一种技术，它已成为一门涉及多种科学的应用技术。用动态热分析技术研究反应动力学使其在物理化学上具有重要作用，在加热或冷却的过程中，随着物质的结构、相态和化学性质的变化都会伴有相应的物理性质的变化，并由此获得样品在温度变化时组分变化的相关性。应用最广泛的包括：热重分析（thermogravimetry, TGA 或 TG）是在程序控温下测量物质的质量与温度的关系的技术；差热分析（differential-thermal analysis, DTA）是在程序控温下，测量物质和参比物的温度差与温度的关系的技术；差示扫描量热法（differential scanning calorimetry, DSC）是在程序控温下测量输入到物质和参比物的功率差与温度的关系的技术。DTA 与 DSC 两者的谱图的形状基本相似，而 DSC 数据经过处理使信号更加明显，灵敏度更高一些，故目前更为常见。

热重分析法是在程序控制温度下，测量物质的质量与温度之间的关系，根据失重的多少计算失重率，其表达式为：

$$\Delta W=(W_0-W_1)\times 100\%/W_0$$

式中，ΔW 为失重率；W_0 为原始质量；W_1 为某一温度下的质量。由此可得失重率 ΔW 与温度 T 之间的关系。

差热分析是在程序控制温度下，测量样品与参照物之间的温度差：

$$\Delta T=T_s-T_r$$

式中，ΔT 为温度差；T_s 为样品温度；T_r 为参照物温度。从而得到温差 ΔT 与温度 T 的关系。

由 TG-DTA 或 TG-DSC 曲线图可对被加热物质的脱水、相变、晶型转变、氧化还原等进行研究。一般在热分析曲线上有多个台阶和相应的多个峰，这表明存在多个反应，由此可进一步研究反应机理。

碳酸铈热分解的 TG 和 DSC 分析见图 5-1。

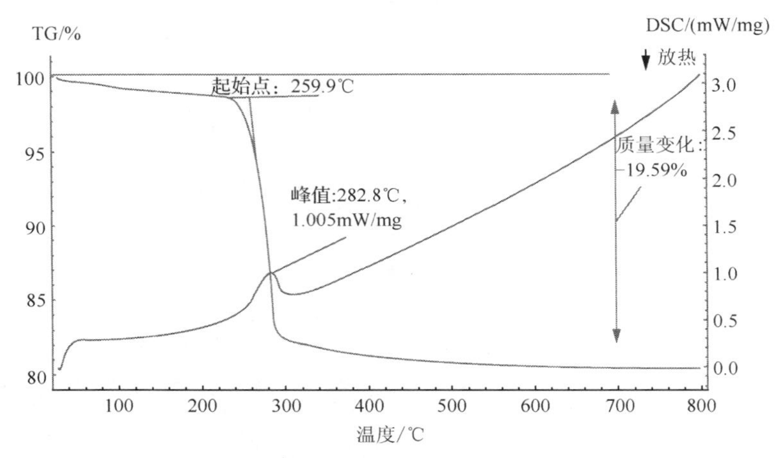

图 5-1　碳酸铈前驱体的 TG 和 DSC 分析

从图 5-1 可见在 TG 曲线上当温度达到 260~300℃有一个很大的失重，根据所失质量和中间产物的 XRD 可得知反应产物和可能过程，表明碳酸铈分解成氧化铈；而从 DSC 曲线可以确定反应是放热反应(峰凸起)还是吸热反应(峰凹下)，如图 5-1 的 DSC 表明，碳酸铈分解生成氧化铈是放热反应(峰凸起)，其峰值温度为 282℃。

5.3　结构特征分析

抛光粉颗粒结构特征一般采用 X 射线衍射(X-ray diffraction，XRD)法表征，它是物质晶相分析、结构分析中应用最广泛、最基本的手段。同时也可以进行粒度分析[4]。

X 射线衍射分析是利用试样中不同晶面对特定波长 X 射线的衍射，进而达到对试样进行结构分析的目的。其工作原理是：X 射线从射线源发出，照射到放在一个可以转动的样品台的晶体上，入射线和晶面法线位于同一平面内，以 2∶1 的角速度使记录装置和晶体同时转动，即晶体转动角度时，记录装置应同时转动 2θ 角，使记录装置始终对着反射线的方向。这样，当晶面与入射线成某 θ 角度时，有反射线发生，此时记录装置就会记录到很高的强度，由此得到 2θ 与衍射强度的图谱。

用 X 射线衍射法测定衍射数据过程中，正确的操作至关重要，应参考仪器使用说明，切实加以注意。制备样品也是重要的一环，需将样品磨成细粉，用手指抚摸无颗粒感后，将制样框架放在平滑的玻璃板上，然后把样品粉末放入制样框架的窗孔中，压紧即可。制样时需注意磨细至约几微米大小，使所测强度有很好的重现性；样品不同的组分在不同的粒度中可能有不同的含量，研磨过筛时要注意样品成分是否有改变；片状晶体受压力时容易择优取向，要尽量磨细，先敦实再轻轻压紧；注意表面平整，并使平滑表面对着 X 射线照射。在测定过程中也应重视 X 射线辐射对人体的伤害。

5.3.1　X 射线衍射物相分析

样品的性质不是简单地由样品中元素或离子团的成分所决定，而是由这些成分所组成的物相、各物相的相对含量、晶体结构、晶体中的缺陷类型和排布情况以及晶粒相互结合在一起形成固体的方式和产生的形态等所决定。一般的化学分析、原子光谱分析都只能确定样品中存在哪些元素，而不能确定这些元素组成哪些物相。而 X 射线衍射法所建立的物相分析却能给出这些结果，已成为生产和科研中一种重要的分析方法。

X 射线衍射分析创立于 1936 年，并开始对各种材料的 X 射线衍射数据进行收集与整理，汇集成卡片。1941 年由美国材料实验协会(American Society for Testing Materials)接管，所以卡片叫 ASTM 卡片，或叫粉末衍射卡组(Powder Diffraction File，PDF)。目前由“粉末衍射标准联合会”(Joint Committee on Powder Diffraction Standards, JCPDS)和“国际衍射资料中心”(ICDD)联合出版。该出版物总结了前人的绝大部分实验结果。

每一种晶体都有一张卡片，在卡片上记有晶体名称、化学成分、样品来源、$d\text{-}I/I_1$ 数据、收集衍射数据时的实验条件、有关晶体结构资料、晶体的物理性质，还有最强的三个衍射的 d 值和相对强度 I/I_1 数据。现今可以通过 XRD 分析软件从数据库方便地获得相关数据。

Cu 辐射主要波长为 $\lambda_{K\alpha 1}$=0.1540598 nm, $\lambda_{K\alpha 2}$=0.1544428 nm 和 $\lambda_{K\beta}$=0.1392259nm。一般采用 Cu-$K_{\alpha 1}$ X 射线发射源，必要时可选用 $K_{\alpha 2}$ 和 K_{β} 衍射线。

可将实验所得的 X 射线衍射谱与标准的 PDF 卡片相对照，以确定生成物的物相。当观察到有多余衍射峰时，即说明存在着杂相或新相。

通过卡号查阅 PDF 卡片可以得知采用哪种 X 射线发射源、辐射波长、过滤片、分子式、颜色、晶系、空间群、单胞中分子数目、晶胞参数、所属结构类型、密度、分子量、晶胞体积(V)、熔点、样品来源、制备方法、各衍射峰的相对强度(面间距 d 值、强度 I、晶面指数(hkl)和 2θ 角等)以及相应的参考文献。有时会发现同一组成的化合物有多张 PDF 卡片，这表明该化合物存在不同结构或物相，或者有不同作者和时间对该化合物的衍射数据进一步补充和修改。

现以抛光粉氧化铈为例，在适当的实验条件下所得产物的 X 射线衍射谱符合 PDF34-0394(图 5-2)，则可知采用 Cu-$K_{\alpha 1}$ X 射线发射源、波长 λ=1.5405981 Å，产物的分子式为 CeO_2，呈微黄色。其属立方晶系，空间群 $Fm3m$(225)，单胞的 Z=4，即由四个分子组成一个单胞，晶胞参数 a=5.4113 Å，属于 CaF_2 型结构，密度为 7.215 g/cm³、分子量 172.12，晶胞体积 158.46 Å。从卡片中所列的数据还可得知各晶面指数(*hkl*)的 2θ 位置，面间距 *d* 和相应的衍射峰强度 *I* 及对应关系，如(111)晶面位于 2θ=28.554°，相对强度为 100%，其面间距为 3.123 Å，这也反映出(111)晶面发育最好；又如(220)晶面，位于 2θ=47.478°，相对强度为 52.0，面间距 *d* 为 1.913 Å，其余类推。卡片右上角★表示可信度高。

34-394 ★

CeO_2

Cerium Oxide

Rad. $CuK\alpha_1$　**λ** 1.540598　**Filter** Graph.　**d-sp** Diff.
Cut off 22.1　**Int.** Diffractometer　**$I/I_{cor.}$** (1.)
Ref. *Nat. Bur. Stand. (U.S.) Monogr.*, **20** 38 (1983)

Sys. Cubic　**S.G.** Fm3m (225)
a 5.41134(12) **b**　**c**　**A**　**C**
α　**β**　**γ**　**Z** 4
Ref. Ibid.

D_x 7.215　**D_m**　**mp**

Color Light gray yellowish brown
CAS#: 1306-38-3. This yttria stabilized phase was prepared at NBS by Dragoo and Domingues (1982) from coprecipitation of the oxides. The powder was calcined at 620 C and then formed into a billet without binder, isostatically pressed, and then hot-pressed in an alumina die for 30 minutes at 1350 C with an applied stress of 28MPa. Pattern at 26(1) C. Isostructural with fluorite, CaF_2. The structure of fluorite was determined by Bragg (1914). F_{16} = 129.8(0.008,16). Silver used as internal standard. PSC: cF12. To replace 4-593.

d Å	Int	hkl	d Å	Int	hkl
3.1234	100	111			
2.7056	30	200			
1.9134	52	220			
1.6318	42	311			
1.5622	8	222			
1.3531	8	400			
1.2415	14	331			
1.2101	8	420			
1.1048	14	422			
1.0415	11	511			
0.9566	4	440			
0.9147	13	531			
0.9019	6	600			
0.8556	9	620			
0.8252	6	533			
0.8158	5	622			

　489

图 5-2　PDF34-0394

通过对含氟铈基抛光粉的 X 射线衍射分析得知，抛光粉中观察到多个物相，如 CeO_2、Ln_2O_3、LnF_3、LnOF 等。

大量实验证明，当某些物相含量较低时，将不能出现衍射峰，但并不表明杂相不存在，而在 XRD 图谱中若出现在 PDF 标准卡片中没有的或多余的衍射峰，则表明肯定有杂相存在，因此，不能说明为纯相，而只能说主物相。一旦出现可观察的杂衍射峰，则表明某杂相含量一般大于 5%(需视不同体系而异)。

5.3.2　X 射线衍射峰强度

图 5-3 为 CeO_2 晶体的粉末衍射图，横坐标代表衍射角 2θ，纵坐标代表衍射强度，根据衍射图中峰所处的位置，可以读出它的衍射角，利用布拉格公式，其晶面间距 $d=2\lambda/\sin\theta$，进一步算出晶面间距 *d* 的数值，而各衍射峰的强度和衍射峰所占面积成正比，可测量峰的面积，求出它的强度。对于较锐的衍射峰也可用峰的高度来表示其强度。

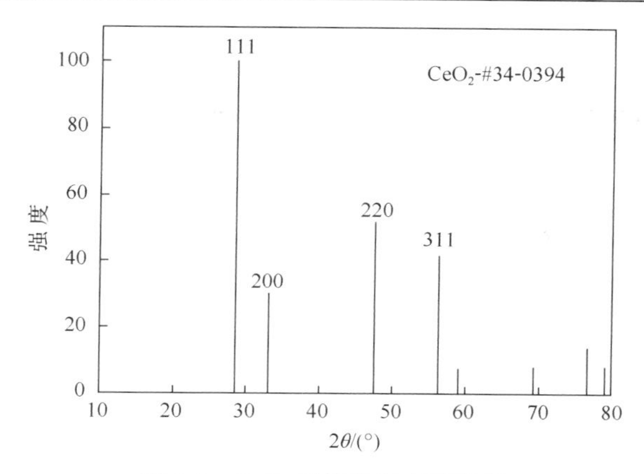

图 5-3　CeO_2 晶体的粉末衍射图

通过实验测定样品的 XRD 可以直观地看出各衍射峰强度。X 射线衍射分析衍射峰强度反映出各晶面发育的情况，通常发育较好、在晶体中占主要或大多数的晶面其衍射峰强度大。

从图 5-3 中可见，CeO_2 晶体不同晶面的衍射峰强度：(111)＞(220)＞(311)＞(200)。

通过对比不同晶面的衍射峰强度来研究晶粒形貌与焙烧工艺的相关性。利用(111)晶面的衍射强度与(200)晶面的衍射强度的比值来考察晶体的形貌及产品质量，由此改进焙烧工艺。

需要引起注意的是 X 射线衍射测定中的峰强，是峰顶的强度值减去一般称为底线(background)或基线的强度值的差，而且强度在强峰 A 的 0.5%以上为峰，而峰强不到强峰 A 的 0.5%的看成是噪声。

可以利用衍射强度比来确定产物的质量，如衍射峰的宽度，一般衍射峰较窄，说明产物晶化较好；各衍射峰的比值，体现晶体中个晶面的发育情况，一般最强的衍射峰是该产物的主晶面；不同样品间衍射峰的比值反映出样品的品质好坏。

内野义嗣[5]利用峰值强度比作为样品品质鉴定的参考，如在铈基抛光粉中 CeO_2 衍射峰强度 A(CeO_2 衍射角 2θ=28.554°)与测定的其他峰如 B(LaF_3，衍射角 2θ=27.5±0.3)，C(LaOF，2θ=26.5±0.5)等比值 B/A、C/A 来进行品质检验。

5.3.3　X 射线衍射分析测定晶格常数

晶格常数(或称为点阵常数)是材料的一个特征的基本参数，测量时需要考虑实验条件和测定温度等因素。

X 射线衍射法测定点阵常数是间接测量，即直接测量衍射角 θ，由 θ 计算面间距 d，再由 d 计算点阵参数。

X 射线衍射分析可较精确地测定立方晶系粉末物质的点阵常数。

立方晶系物质点阵常数计算公式

$$a_i = \sqrt{h_i^2 + k_i^2 + l_i^2} \cdot \frac{\lambda}{2\sin\theta_i}$$

式中，i 为衍射线的序号；a_i 为第 i 条衍射线计算的点阵常数，nm；h_i，k_i，l_i 为第 i 条衍射线的衍射指数；λ 为所用辐射波长，nm；θ_i 为第 i 条衍射线的半衍射角(°)。

立方晶系是最简单的晶系，可以通过测量简单晶面的面间距，方便地计算出晶格常数。例如氧化铈属于立方晶系，CeO_2 晶体(200)晶面的衍射峰的 d 值为 2.705 Å，可计算出晶格参数 a=5.410 Å。若(400)晶面的衍射峰的 d 值为 1.35 Å，得到晶格参数为 5.412 Å，两者基本相同。

X 射线衍射法测定点阵常数，在测定过程中存在测角仪引起的误差、试样引起的误差和角因子偏差、折射偏差、温度误差等其他误差，综合这些误差对点阵常数的影响，选用大 θ 角的衍射线，有助于减少点阵常数的误差。

若产生衍射峰位移，则说明存在杂质或缺陷，其晶胞参数将会有变化。例如 CeO_2 的晶格参数 a=5.4113 Å，当晶格常数有 Δa 的变化，则说明存在晶格缺陷。

CeO_2 的晶格常数随焙烧时间的增加，逐渐减小并趋于稳定，这主要是由于焙烧时间增加，能量较高的原子由不稳定的位置运动迁移到能量相对稳定的位置，晶内的缺陷越来越少，CeO_2 晶粒的结晶度越来越高，其晶格常数也逐渐趋于稳定，这说明晶化逐渐完臻[6]。

利用 X 射线衍射方法测定晶格常数来评价铈基抛光粉的性能是比较简易的方法。可用粉末 X 射线衍射法对抛光粉进行分析找出至少 1 个最大峰的衍射角(θ)，再由此算出抛光粉晶格常数，并作比较进行品质检验。

5.3.4 X 射线衍射对抛光粉晶粒尺寸的测定

利用 X 射线粉末衍射法可进行晶粒大小的测定，主要是根据衍射线变宽的效应来测定。当晶粒在 10^{-5}cm 或更小时，即小于 1000 Å 或 100 nm 时，晶粒尺度处于相干散射区内，此时，由于每一个晶粒中晶面数目减小，晶体的 X 射线粉末衍射线开始弥散宽化，随着晶粒变小，衍射线越来越宽，对于同一样品来说，变宽程度则随衍射角 θ 的增大而上升。测定衍射线宽化程度，根据晶粒大小和衍射线变宽的定量关系，可计算样品的粒子大小。

1918 年，P. Scherrer 指出，如果 λ 是所用单色 X 射线的波长，θ 为入射线束与某一组晶面所成的衍射角，D 为垂直于这组反射晶面方向晶粒的尺度，其衍射线条在其强度顶峰值一半地方宽化程度 β 可以由下式算出：

$$\beta = K\lambda / D\cos\theta$$

则晶粒的尺度 $D=K\lambda/\beta\cos\theta$

上式称为 Scherrer 方程式，其中的 K 为一常数，其数值与晶粒形状及 β，D 的定义有关，通常约接近 1。

布拉格用简单的光学衍射原理推导出 Scherrer 公式如下：

图 5-4 给出某一小晶粒在垂直于(*hkl*)晶面的方向共有 m 个这种晶面，晶面间距为 d，则在这个方向的晶粒厚度 D 非常接近等于 md，当入射 X 射线与晶面形成 θ 角时，两相邻晶面反射之间的光程差为 δ，在满足布拉格条件时，可以得到布拉格反射，相邻两根射线的光程差 $\delta=2d\sin\theta=n\lambda$；当相继平面反射的衍射线之间的光程差$\Delta l=2d\sin\theta=n\lambda$，衍射线的振幅将有最大值。如果晶粒中的(*hkl*)面列无限厚，则仅满足布拉格条件时才会有 *hkl* 衍射线产生。而当(*hkl*)面列包含的晶面数目有限时，入射线与布拉格角呈微小偏离 ω，当 ω 很小时，衍射振幅才会很大，也能观测到 *hkl* 衍射线，即衍射线产生宽化，这时的光程差为：$\delta=2d\sin(\theta+w)=\lambda+2wd\cos\theta$。但当 θ 变化了一个很小的角度 ω 时,其相邻两根射线的光程差 δ 变为：

$$\delta=2d\sin(\theta+\omega)=2d(\sin\theta\cos\omega+\cos\theta\sin\omega)=n\lambda\cos\omega+2d\sin\omega\cos\theta$$

经过一系列推导可得到：

$$\beta=0.89\lambda/D\cos\theta$$

从上式看出，衍射线宽化只与晶粒中垂直于反射晶面方向的尺度有关，与其他两个方向的厚度没有关系。

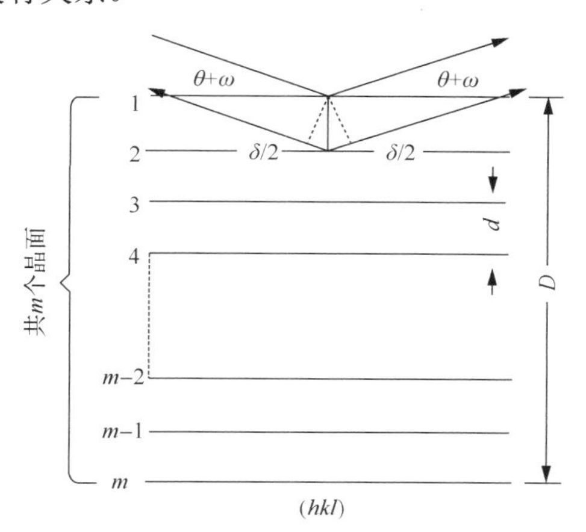

图 5-4　X 射线衍射分析晶粒尺寸的示意图

Scherrer 最初方程式中的 β 可以用下列方式求出，其关系为：

$$\beta=\Delta B=B-B_0$$

式中，B 为宽化后衍射线条在强度半顶峰处的宽度，而 B_0 是在完全相同的实验下，用晶粒度大于 10^{-5}cm（100 nm）相当多的同样材料实验所得衍射线条强度半顶峰时的宽度。

利用 Scherrer 公式可计算样品的粒子大小[4]：

$$D = \frac{K\lambda}{\Delta B \cdot \cos\theta}$$

式中，D 为晶粒的直径，$D_{hkl}=k\lambda/\beta_{hkl}\cdot\cos\theta$ 是垂直于反射晶面方向（hkl）的晶粒的平均厚度（粒度），也相当于最外层的两个平行晶面的宽度 $L_{hkl}=k\lambda/(\beta_{hkl}\cos\theta)$，即 L_{hkl} 为晶面法线方向的最外层的两个平行晶面的宽度，单位与 λ 相同，为 nm 或 Å；θ 为衍射角，(°)；λ 为 X 射线的波长（即 X 射线源波长，Cu-Kα 平均值 1.5418Å），一般采用 Cu-Kα_1 辐射波长 λ=1.5405981 Å，单位为 Å 或 nm。K 为晶体的形状因子，亦称 Scherrer 常数,K 为数值在 0.9 附近的固定常数（一般取 0.94 或 0.89），立方晶形取 0.89；K 与晶体形状、晶面指数、β 和 L 有关。β 为半峰宽，纯粹由于晶粒变小引起的衍射峰加宽量为 ΔB，即 $\Delta B=B-B_0$（图 5-5）从衍射峰量取的半高宽，单位同 θ 为弧度单位。β_{hkl} 由晶粒细化引起的半峰宽化，即为（hkl）晶面对应峰的半高宽。

精确测定 β 时应是衍射峰加宽的量即 ΔB，ΔB 为衍射线增加的宽度，通常用弧度为单位。具体计算的方法应该是在同样条件下记录同一品种样品的衍射图，其中一个晶粒较大，如 10^{-4}cm 左右，谱线没有变宽，其半高峰的宽度为 B_0，另一个为晶粒大小有待测定的样品，谱线变宽，半高峰的宽度为 B，测量这两个样品某一谱线的半高峰的宽度差，即得 $\Delta B=B-B_0$，见图 5-5。但在实际工作中由于谱线较窄往往忽略了 B_0，而直接利用所测的半高峰的宽度为 B 来进行计算，存在着一定的误差，同时在实际工作中也未考虑仪器的误差，所以精确度有限。

值得注意的是谱线宽化除了由于晶粒细化作用外，也可能是由于晶化不完整或存在缺陷或应力等所引起。

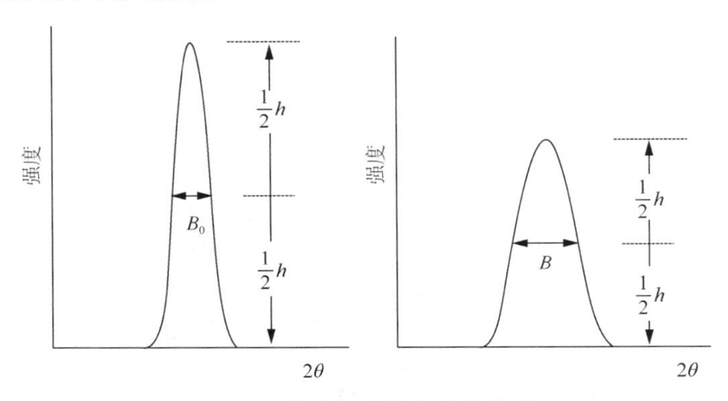

图 5-5 粉末衍射线变宽的情况

利用 Scherrer 公式计算晶粒的大小，在实际工作中具有一定的意义。Scherrer 公式不但对立方晶系的晶体适用，对非立方晶系的晶体也同样适用，并通常采用的 Scherrer 常数 K 值为 0.94。

值得引起足够重视的是用X射线衍射法测定的晶粒的大小，应指晶粒的尺寸，而不是颗粒的大小，有时也可能几个晶粒孪生或团聚成一个颗粒。

另外，利用测定 CeO_2 的半宽度来控制产品质量，也是一种可以考虑的方法，若半峰宽过宽反映晶粒太细，若半峰宽太窄表明晶粒已长大，对于氧化铈的最大峰在(111)面的 2θ 约位于 28.6°。瓜生博美等[2]认为控制氧化铈的最大峰的半宽度以 2θ 为 0.1°~0.5° 较好，2θ 为 0.2°~0.4° 最好。2θ 如果不足 0.1°，则研磨损伤的产生量大，如果超过 0.5°（晶粒细小，结晶较差），则有研磨速率下降的倾向。

5.3.5　晶粒尺寸和结晶形貌之间的关系

对于铈基抛光粉而言，其颗粒及晶粒的尺寸对抛光粉的抛光性能影响较大，其中晶粒的尺寸已成为抛光粉性能的重要指标之一。晶粒可被视为具有对称的多面几何外形，由若干平行晶面组成的单晶体。晶粒尺寸也被称为粒径、单晶或晶粒粒度，其大小可看作最外层的两个平行晶面间的间距。

CeO_2 晶体的晶粒尺寸可用最外层的两个平行的(200)面和(111)面间距来表示(图 5-6)，A 型的晶粒尺寸 L_{111} 和 B 型的晶粒尺寸 L_{200} 值分别为 70nm 和 45nm。

如晶粒表面以(111)面为主的 A 型，则为近似八面体；如晶粒表面以(200)为主的 B 型，则为近似立方体，其中 B 型在理想情况下被认为是优良的抛光粉[7]。实际上，对此文献中存有不同的看法，其原因在于抛光对象、抛光阶段及对质量要求不同，而所需抛光粉形貌不同。

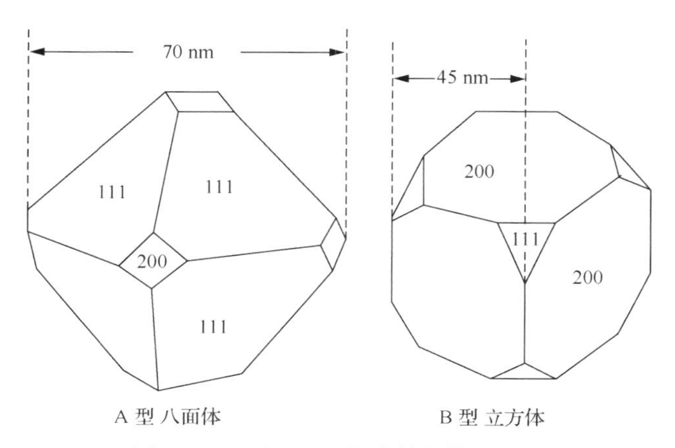

图 5-6　A 型和 B 型抛光粉的结晶形状

由于原料和制备工艺条件的不同，CeO_2 晶体不同晶面的发育存在差异，其形貌不同可用 XRD 观察，即用 X 射线粉末衍射法分别测出(111)和(200)面的晶粒尺寸 L_{111} 和 L_{200}，然后再计算出 L_{111}/L_{200} 比值。当 L_{111}/L_{200} 比值近似为 1.1547 时，也可看作 A 型和 B 型的过渡状态 C 型(图 5-7)。在实际工作中 C 型较为常见。

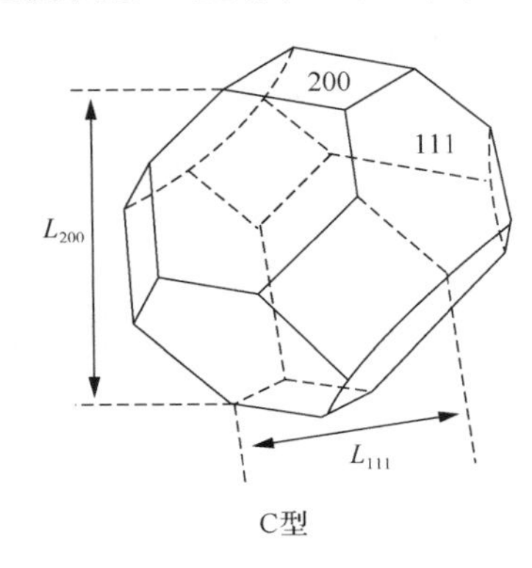

图 5-7 氟氧化镧铈的结晶性状其 L_{111}/L_{200}=1.1547，属于 C 型

5.3.6 晶格畸变率

谱线宽化除了由于晶粒细化作用外，也可能是由于应力或堆积层错等所引起。

对于纳米粒子而言，X 射线衍射谱可作为测定晶格畸变率和粒子尺寸的较常见手段。其原理是在相当小的粒径范围内(<100 nm)，随着粒径变小，衍射峰变宽。

董相廷等[8]研究了纳米氧化铈的晶格畸变。利用 X 射线衍射分析中各项参数，有如下关系：

$$(2\omega)^2 \cdot \cos^2\theta = \left(4/\pi^2\right)\left(\lambda^2/D^2{}_{hkl} + 32\langle\varepsilon^2\rangle\sin^2\theta\right)$$

式中，2ω 为经仪器校正后(hkl)衍射峰的半高宽；θ 为该衍射峰所对应的 Bragg 角，D_{hkl} 为垂直于晶面(hkl)方向晶粒的平均厚度，$\langle\varepsilon^2\rangle^{1/2}$ 则为平均晶格畸变率。

图 5-8 列出 CeO_2 纳米粒子(111)晶面的衍射峰强度，平均粒度(D_{111})，平均晶格畸变率($\langle\varepsilon^2\rangle^{1/2}{}_{111}$)，焙烧温度($T$)之间的关系，从图 5-8 中可见，对于(111)晶面，随焙烧温度的升高，晶粒呈指数增大，晶格畸变率则呈指数减小，随着晶粒增大，衍射强度呈线性增大。对于不同晶面而言，平均晶格畸变率不同，具有各向异性的特点。

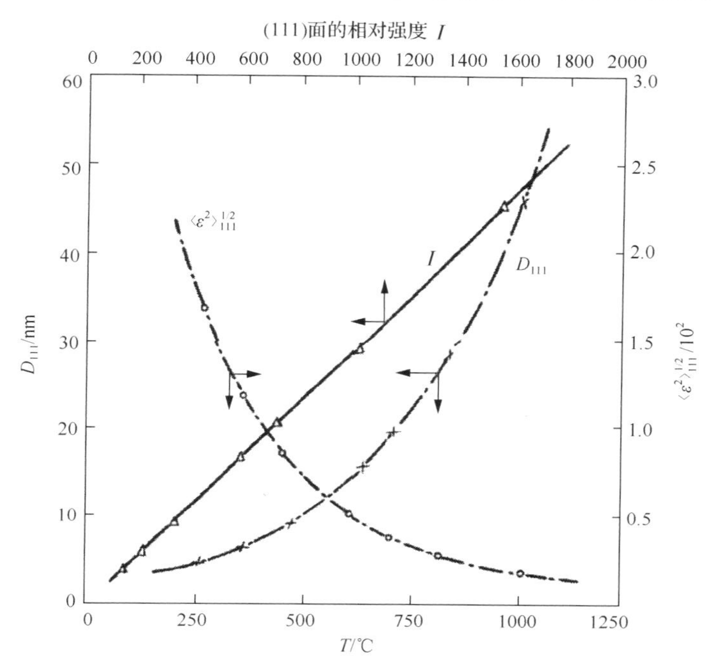

图 5-8　CeO_2 粒子(111)面的衍射强度(I)、平均粒度(D_{111})及平均晶格畸变率$\langle\varepsilon^2\rangle^{1/2}{}_{111}$与焙烧温度之间的关系

图 5-9 示出晶体粒度与平均晶格畸变率的关系。从图 5-9 中可见，随晶体粒度增大，平均晶格畸变率明显减小。

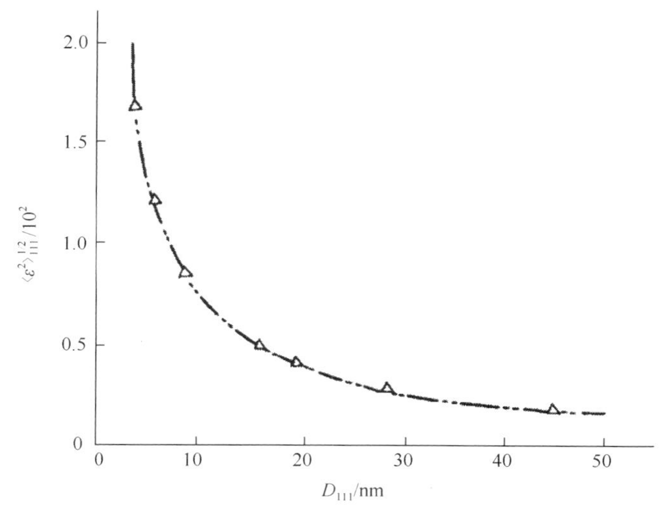

图 5-9　晶体粒度与平均晶格畸变率的关系

李学舜[9]使用 Jade5.0 软件计算出晶格畸变数据，显示了焙烧过程中 CeO_2 晶粒中晶格畸变的变化情况，也得到类似的结果。晶格畸变的变化趋势是随焙烧时间的增加，晶格畸变逐渐减小并趋于稳定。这主要是由于温度的升高，焙烧时间的延长。由于原子热运动使晶化逐渐完整，晶格内的晶体缺陷逐渐减少，致使晶格应变减少或缩小，使得 X 射线衍射统计结果的晶格畸变值逐渐减少并趋于稳定。

5.3.7　密度测定

密度是用来描述物质在单位体积下质量的一个物理量。密度的物理意义是物质的一种特性，它不随质量和体积的变化而变化，只随物态温度、压强变化而变化。国际单位制中密度的单位是千克每立方米(kg/m^3)或克每立方厘米(g/cm^3)。对于液体或气体还用千克每升(kg/L)、克每毫升(g/mL)。它们的换算关系 $1\ g/cm^3=10^{-3}kg/10^{-6}m^3=1000\ kg/m^3$。$1000\ kg/m^3=1\ g/cm^3$。密度通常用“$\rho$”表示。物体间在同样质量下体积越小密度就越大，体积越大密度就越小。例如，水的密度在 4℃时为 $10^3\ kg/m^3$ 或 $1\ g/cm^3$，其物理意义是 $1m^3$ 的水的质量是 1000 kg。地球的平均密度为 $5518\ kg/m^3$。标准状况下氮气的密度 $0.00125\ g/cm^3$，氧气的密度 $0.00143\ g/cm^3$，干燥空气的平均密度为 $0.001293\ g/m^3$。铈基抛光粉的密度约为 $6.0\sim7.0\ g/cm^3$。

密度是物质的一种特性，与物质的质量、体积、大小、形状、空间位置无关。但与温度、状态有关，物质的密度会受温度的影响而改变。一般而言，大部分的物质的质量不受温度影响或影响非常小，但是体积会热胀冷缩，所以温度上升时体积膨胀，密度相对就变小了。相反，物质在温度下降时体积缩小，密度会变大。而水在 0~4℃时有反常膨胀现象，因为水的密度在 4℃时最大，水温只要从 4℃上升或下降密度都会变小。也就是说，4℃的水体积在受热时也膨胀，冷却时也膨胀。所以水总是由表面开始结冰，密度最大的 4℃的水会沉入最底层。这个性质非常重要，在严寒的冬天虽然水的表面已结冰，但在湖泊的底层仍维持 4℃左右，使水中的生物可安然度过冬天。

可用 X 射线衍射(XRD)所得晶格常数来计算样品的密度，即用晶胞体积除以晶胞中原子的总质量。以晶格常数计算的密度与比重瓶法测得的密度相比较，两者的密度差值反映出晶体中缺陷的存在和种类。

有效密度是指颗粒质量(m)用包括闭孔在内的颗粒体积(V)除得的密度值。用比重瓶法测定的密度接近这种密度值，因此又称比重瓶密度。

密度的计算公式：

$\rho=m/V$，$m=\rho V$，$V=m/\rho$

式中，ρ 表示密度；m 表示质量；V 表示体积。

测固体密度的方法多种多样，基本原理是 $\rho=m/V$。常用的方法：

(1) 称量法：用于固体块

① 用天平称出固体块的质量 m；

② 往量筒中注入适量水读出体积为 V_1；

③ 用细绳系住固体块放入量筒中浸没读出体积为 V_2。

计算表达式 $\rho = m/(V_2 - V_1)$

(2) 比重瓶法

在实验室中比较精确测定密度的方法是比重瓶法，它可以用于粉体的密度测定。比重瓶是一个精确的容量仪器，需要保持洁净，比重瓶的容量不同，有 10 mL、50 mL、100 mL 等，根据样品的种类和质量选用，用比重瓶法测密度具体操作如下：

① 首先称量盛有水的比重瓶的质量 M_0；

② 称取样品的质量 m；

③ 将样品仔细地倒入比重瓶中，擦净溢出的水，在恒温下放置一定时间；

④ 称取盛有水和样品的比重瓶的质量 M；

计算表达式 $\rho = (m/M - M_0 + m) \times \rho_{水}$

在精确测量密度时需考虑不同温度下水的密度 $\rho_{水}$，因此，在测定时因记录实验的环境温度。

(3) 比重杯法

① 往烧杯装满水放在天平上称出质量 m_1；

② 将固体块轻轻放入水中溢出部分水后，再将烧杯放在天平上称出质量 m_2；

③ 将固体块取出把烧杯放在天平上称出烧杯和剩下水的质量 m_3。

计算表达式 $\rho = \rho_{水}(m_2 - m_3)/(m_1 - m_3)$

密度这个词相对来说比较笼统，它是指物体单位体积的质量。在实践中常分为表观密度和堆积密度。表观密度是指不包含物体外在孔隙的单位体积质量；堆积密度是指堆到一起的物体的单位体积的质量，它包括物体之间的空隙所占的体积。堆积密度又分为紧密堆积密度及松散堆积密度。

密度在生产技术上有多方面的应用。

1) 可鉴别组成物体的材料。密度是物质的特性之一。每种物质都有一定的密度，不同物质的密度一般不同。因此我们可以利用密度来鉴别物质。其办法是测定待测物质的密度，把测得的密度和密度表中各种物质的密度进行比较，就可以鉴别物质的组成。

2) 可计算物体中所含各种物质的成分。

3) 可计算某些很难称量的物体的质量或形状比较复杂的物体的体积。根据密度公式的变形式 $m = V\rho$ 或 $V = m/\rho$ 可以计算出物体的质量和体积，特别是一些质量和体积不便直接测量的问题，如计算不规则形状物体的体积、纪念碑的质量等。

4）可判定物体是实心还是空心。利用密度知识解决简单问题，如判断物体是否空心，用"排除法"解决一些较为复杂的问题。

5）可计算液体内部压强以及浮力等。

综上所述，密度在科学研究和生产生活中有着广泛的应用。对于鉴别未知物质密度是一个重要的依据。"氩"就是通过计算未知气体的密度发现的。经多次实验后又经光谱分析确认空气中含有一种以前不知道的新气体把它命名为氩。

在实际生产中根据需要还经常使用堆积密度（GB/T 20316.2—2006）和振实密度（GB/T 21354—2008）衡量材料的密度。

黄绍东等[10]采用堆积密度法测定了抛光粉沉淀物的堆积密度。操作如下：将10 g抛光粉分散在90 g去离子水中，充分搅拌后将浆料转移至100 mL量筒中，静置24 h。然后测定粉末沉淀物层的体积。用得到的沉淀物体积确定沉淀物堆积密度。沉淀物堆积密度（g/mL）=10（g）/沉淀物体积（mL）。

堆积密度法操作较为简单，可以半定量评价抛光浆液悬浮性，但因其操作误差较大，不易控制，只能作为参考标准，不可作为唯一的评价。

5.3.8　硬度测定

材料局部抵抗硬物压入其表面的能力称为硬度，是比较各种材料软硬的指标。

物质的硬度作为一个物理量已经广泛运用于各个研究领域。就晶体而言，普遍认为晶体的硬度是其微观特性的宏观反映，它是由晶体的组成、结构和成键性质决定的。

硬度分为：①划痕硬度。主要用于比较不同矿物的软硬程度，方法是选一根一端硬一端软的棒，将被测材料沿棒划过，根据出现划痕的位置确定被测材料的软硬。定性地说，硬物体划出的划痕长，软物体划出的划痕短。刻划法测量硬度，硬度值表示金属抵抗表面局部破裂的能力。②压入硬度。压入法测量硬度，硬度值表示材料表面抵抗另一物体压入时所引起的塑性变形的能力。主要用于金属材料，方法是用一定的载荷将规定的压头压入被测材料，以材料表面局部塑性变形的大小比较被测材料的软硬。由于压头、载荷以及载荷持续时间的不同，压入硬度有多种，主要是布氏硬度、洛氏硬度、维氏硬度和显微硬度等几种。③回跳硬度。回跳法（肖氏、里氏）测量硬度，硬度值代表金属弹性变形功能的大小。主要用于金属材料，方法是使一特制的小锤从一定高度自由下落冲击被测材料的试样，并以试样在冲击过程中储存（继而释放）应变能的多少（通过小锤的回跳高度测定）确定材料的硬度。

另外，试验钢铁硬度的最普通方法是用锉刀在工件边缘上锉擦，由其表面所呈现的擦痕深浅以判定其硬度的高低。这种方法称为锉试法，这种方法不太科学。用硬度试验机来测量比较准确，是现代测量硬度常用的方法。

硬度试验根据其测试方法的不同又分为静压法(如布氏硬度、洛氏硬度、维氏硬度等)、划痕法(如莫氏硬度)、回跳法(如肖氏硬度)及显微硬度、高温硬度等多种方法。常用的硬度测定方法有布氏硬度、洛氏硬度和维氏硬度等测试方法。

早在 1822 年，Friedrich Mohs 提出莫氏硬度计。按照矿物的软硬程度将硬度分为十级：①滑石；②石膏；③方解石；④萤石；⑤磷灰石；⑥正长石；⑦石英；⑧黄玉；⑨刚玉；⑩金刚石。各级之间硬度的差异不是均等的，等级之间只表示硬度的相对大小。

显微硬度是一种压入硬度，反映被测物体对抗另一硬物体压入的能力。测量的仪器是显微硬度计，它实际上是一台设有加负荷装置带有目镜测微器的显微镜。测定之前，先要将待测磨料制成反光磨片试样，置于显微硬度计的载物台上，通过加负荷装置对四棱锥形的金刚石压头加压。负荷的大小可根据待测材料的硬度不同而增减。金刚石压头压入试样后，在试样表面上会产生一个凹坑。把显微镜十字丝对准凹坑，用目镜测微器测量凹坑对角线的长度。根据所加负荷及凹坑对角线长度就可计算出所测物质的显微硬度值。

中国和欧洲各国采用维氏硬度，美国则采用努普硬度。兆帕(MPa)是显微硬度的法定计量单位，而 kg/mm^2 是以前常用的硬度计算单位。它们之间的换算公式为 $1\ kg/mm^2=9.80665\ MPa$。

抛光粉粉体的莫氏硬度是抛光粉的主要指标，针对不同的抛光工件需用不同硬度的抛光粉才能具有良好的抛光效果。

氧化铈之所以能广泛适用于各种玻璃的抛光，效果好，是因为其硬度与玻璃相同或稍高，且通过改变组分或制作工艺能进行微调。

抛光粉的真实硬度与材料有关，如氧化铈的硬度约为莫氏硬度 7 左右，各种氧化铈都差不多。然而，不同的氧化铈粉体给人感觉硬度不同，是因为氧化铈抛光粉通常为团聚体。由于烧成温度不同，团聚体的强度也不一样，因此使用时会有硬度不一样的感觉。当然，有的抛光粉中加入氧化铝等较硬的材料，表现出来的磨削率和耐磨性都会提高。

硬度相对大的粉体具有较快的切削效果，若添加一些助磨剂等也同样能提高切削效果。

由于铈基稀土抛光粉的粒度较小，直接测定其硬度比较困难，同时，由于基质材料软硬等因素，往往测定的误差较大。

5.4　粒 度 分 析[10]

稀土抛光粉的粒度及粒度分布对抛光粉性能有着重要影响[11]。一般说来，对于一定组分和加工工艺的抛光粉，平均颗粒尺寸越大，则对玻璃的抛光速率和磨后玻璃表面粗糙度越大，在大多数情况下，颗粒尺寸约为 4 μm 的抛光粉磨削速率最大；相反地，如果抛光粉平均粒度较小，则磨削量减少，磨削速率降低，玻璃表面平整度提高。理想的抛光粉一般有较窄的粒度分布，太细和太粗的颗粒很少，无大颗粒的抛光粉能抛光出高质量的表面，而细颗粒少的抛光粉能提高磨削速率。

稀土抛光粉生产技术属于粉体技术，稀土抛光粉属于超细粉体。国际上一般将超细粉体分为三等：纳米级(1~100 nm)；亚微米级(100 nm~1 μm)；微米级(1~100 μm)。据此分类方法，稀土抛光粉可以分为纳米级稀土抛光粉、亚微米级稀土抛光粉及微米级稀土抛光粉三类，通常我们使用的稀土抛光粉一般为微米级，其粒度分布在 1~10 μm 之间。

根据稀土抛光粉物理化学性质，一般使用在玻璃抛光的最后工序进行精磨，因此其粒度分布一般不大于 10 μm。大于 10 μm 的抛光粉大多用在玻璃加工初期的粗磨。小于 1 μm 的亚微米级稀土抛光粉，由于在液晶显示器与光盘等领域的应用逐渐受到重视，产量逐年提高。

颗粒技术是一门相当复杂的学科，目前还相当不成熟。参数可由颗粒的四个基本参数组成。颗粒的四个基本参数是：粒度、形状、比重和表面积。在实际应用中，对四个参数各有侧重。

粒度(particle size，D)是颗粒在空间范围所占据大小的线性尺度。颗粒的大小称为“粒径”或“粒度”。表面光滑的球形颗粒只有一个线性尺度，即直径，其粒径的物理含义是非常清楚的，它就是颗粒的直径，粒度就是直径。一个光滑的实心球，它的直径能被精确地测量。然而，在实际应用中，由于绝大多数粉体材料颗粒形状是不规则的，所以精确测量它们的粒径是困难的。对非光滑球形颗粒，用相应球或相应圆(投影)的直径或者一些其他的规定作为其粒度。

对不规则形状的颗粒，它的粒径不仅是测量方向的函数，而且还是测量物理方法的函数。相同颗粒，在不同条件下，用不同方法测量，其结果是不同的。例如，粉末在电解液中用库尔特测量，在液体介质中由光散射测量，在空气中由透过法测量，获得的数据是不一样的。

粉体粒度的测定有多种方法。其原理各不相同，由此造成采用不同方法测得粒度的数据有一定的差别，难以对比。粒度的影像分析可使用光学显微镜、电子显微镜等直接观察，然后计算其粒度分布。在影像分析的测定中需要特别注意样品的代表性。利用颗粒的体积分析来测定粒度，如筛分法、库尔特计数法；利用颗粒度大小在液体介质中运动速度的差别来测定粒度；也可利用重力沉降法和离心沉降法来测定粒度，这些方法均有相应的仪器。由于各种方法测定的原理不同，同一样品的测试结果会有不同，且各种方法的适应范围、样品的要求会有不同，需对此引起足够重视。

不管什么样品都用一台仪器测量是不明智的。用于粒度测量的仪器有数百种，由于每一种测量仪器有一定的测量范围，它们合适测量什么材料，需要根据具体样品的粒度范围而定。

表 5-1 是粒度典型的表示方法。表中前六个是显微镜和图像分析的结果，接着是筛分粒度，透过法测量的比表面粒度和表面积法的表面积粒度，沉降法的斯托克斯粒度，感应区方法的体积粒度。由于粒度的种类繁多，所以在选择测量方法时，必须注意选择最合适自己过程(工艺)或工作的方法。

表 5-1　不规则形颗粒粒度表征的几种方法[12]

平均厚度	颗粒处于静止稳定状态时其上、下表面之间的平均距离，如 XRD
平均长度	颗粒静止时，其上表面最长弦的平均长度
平均宽度	颗粒静止时，与上表面最长弦成直角的弦的平均长度
Feret’s 直径	在一定方向与颗粒投影面两边相切的两平行线的距离
Martin’s 直径	在一定方向与颗粒投影面成两等面积的弦长
投影面积粒度	与静止颗粒有相同投影面积的球的直径
筛与粒度	颗粒刚能通过的最小方孔的宽度
比表面积粒度	与颗粒有相同体积比表面积的球的直径
斯托克斯粒度	与颗粒有相同终端速度的球的直径
体积粒度	与颗粒有相同体积的球的直径

粒度(粒径)分布(%)常见以下表示：

D_{10}：累积筛下 10%的粒径(μm)或下限粒径。

D_{50}：中位粒径或平均粒径，表示样品中小于它和大于它的颗粒各占 50%。可以认为 D_{50} 是平均粒径的另一种表示形式。

D_{90}：累积筛下 90%的粒径(μm)或上限粒径。

D_{max}：最大粒径，事实上是不能测量的。如果想表达粉体产品的粒径上限，应该用 D_{90}、D_{95}、D_{97}、D_{99} 等(如果是从小到大累积)表示，不过应该清楚下标越大，测量值的可靠性也越差，误差越大。

稀土抛光粉平均粒径一般为 1.5~2.5 μm；CeO_2 的最大粒度一般为 10.0 μm。

常用 D_{50}、D_{10} 和 D_{90} 表示平均粒径、下限粒径和上限粒径，常利用下限粒径和上限粒径的重复性来衡量仪器的整体重复性。只要 D_{50} 的重复误差小于±3%，D_{10} 和 D_{90} 的重复误差小于 5%，那么仪器就是合格。

由于许多粒度分析技术需要让样品悬浮于液体中，所以必须确定颗粒与液体有无相互作用效应。从粒度分析角度来说，每一颗粒必须分散于液体之中，而不再团聚。在测定粒度前必须将样品充分分散，一般在去离子水或特定的溶液中，采用对样品进行超声振荡分散。对于超细颗粒，溶解因子认为是分析期间在显微镜玻片上细组分的消失量。pH 效应与增强分散强度，使颗粒在液体里分散开，但不改变颗粒结构的最大允许浓度必须由实验决定。

影响抛光粉粒度的因素如下：

1）原料的粒度和形貌。

2）一些低熔点的碱金属或碱土金属卤化物作为助熔剂的加入，虽有利于反应物离子扩散输运，促进反应进行，但同时也使抛光粉的晶粒长大。

3）一般焙烧温度越高，时间越长，生成物的粒度越大。

4）经焙烧后的产物是一些细小微晶的烧结体，需要将其破碎成小块。然后再研磨成粉体，研磨会使晶体的完整性破坏，而降低材料的品质。因此在研磨时，应选择适当的研磨条件，包括球磨时球的材质、球与粉体的质量比、球磨的转速、时间等。理想的是经过焙烧后无需研磨的产品，这样将能保持原有晶型。

5）针对各种被抛光材料对抛光粉的颗粒度要求，需要进行筛分，以获得产品具有合适的粒度分布。通常希望粒度分布窄些好，故常用筛分的方法将粉体过筛，并通过筛分除去抛光粉中过粗和过细的粒子。

抛光粉的粒度大小决定了抛光精度和速率，常用多少目或粉体的平均粒度大小来表征。过筛的筛网目数能控制粉体相对的粒度的值，反映出最大颗粒的大小，平均粒度决定了抛光粉颗粒大小的整体水平。

5.4.1　筛分法

粒度是粉体产品主要的技术指标之一，在传统的粒度测量方法中，以过筛方法最为常见，因此表达粒度常以“目”为单位。所谓“目”，是指单位长度上筛孔的个数。目数越大，表明筛孔越小，能通过筛孔的最大颗粒就越小。

筛分法测定抛光粉的粒度(GB/T 21524—2008)是一种常见的方法，已在生产中获得广泛应用。

过筛是将抛光粉通过不同孔径的筛网，筛网是由合成纤维或金属细丝编织而成，筛孔成正方形，筛孔的尺寸以筛目号数区分。一般筛网的目数与孔径的对照表示于表 5-2 中。需要注意的是，有些抛光粉的粒度较大，在用金属丝编织的筛网时会出现金属丝的细颗粒，而影响抛光粉的体色和品质，而采用合成纤维则无此问题。

表 5-2　各种标准筛的筛孔比较表

标准筛		日本标准筛(JIS)		美国标准筛(ASTM)		
筛目	孔径/mm	称呼尺寸/μm	孔径大小/mm	筛号	筛孔尺寸/吋	筛网丝直径/吋
4	4.750	4760	4.76	4	0.187	0.050
10	2.000	2000	2.00	10	0.0787	0.0299
18	1.000	1000	1.00	18	0.0394	0.0189
35	0.580	500	0.50	35	0.0197	0.0114
60	0.250	250	0.250	60	0.0098	0.0064
80	0.177	177	0.177	80	0.0070	0.0047
100	0.149	149	0.149	100	0.0059	0.0040
120	0.125	125	0.125	120	0.0049	0.0034
200	0.074	74	0.074	200	0.0029	0.0021
250	0.061	62	0.062	230	0.0024	0.0018
320	0.044	44	0.044	325	0.0017	0.0014
400	0.037					
500	0.025					
1000	0.0127					
2000	0.006					

过筛方法测量粉体的粒度，虽然成本较低，但是存在明显的局限性：①难以给出详细的粒度分布；②操作复杂，结果受人为因素影响较大；③粉体的“目”是指经该目数的筛，筛分后的筛余量小于某给定值的粉体。④根据筛分后大于某“目”数的筛上物的含量，在生产中可作为监测指标。

5.4.2　粒度仪测粒度

稀土抛光粉的粒度测量方法很多，粒度仪测粒度是一门测试技术，该法测试快捷而准确，但本身还不成熟。然而用粒度仪测粒度，首先应考虑颗粒的特征。

根据现实的各种粒度测量仪器的工作原理，不妨将“粒径”定义如下：当被测颗粒的某种物理特性或物理行为与某一直径的同质球体(或其组合)最相近时，就把该球体的直径(或其组合)作为被测颗粒的等效粒径(或粒度分布)。该定义包含如下几层含义：

1）粒度测量实质上是通过把被测颗粒和同一材料构成的圆球相比较而得出的。

2）不同原理的仪器选不同物理特性或物理行为作为比较的参考量，例如，沉降仪选用沉降速率，激光粒度仪选用散射光能分布，筛分法选用颗粒能否通过筛孔等。

3）将待测颗粒的某种物理特性或物理行为与同质球体作比较时，有时能找到一个(或一组)在该特性上完全相同的球体(如库尔特计数器)，有时则只能找到最相近的球体(如激光粒度仪)或有时能找到某一个确定的直径的球与之对应，有时则需一组大小不同的球的组合与之对应，才能最相近(如激光粒度仪)。由于理论上可以把“相同”作为“相近”的特例，所以在定义中用“相近”一词，使定义更有一般性。

粒度仪测粒度的测量方法原理：

1）沉降法。对于很细的粉体可用沉降法分离，即将粉体置于水或溶剂，如乙醇中搅拌分散，然后让悬浮液静置，使较大的粉粒沉降，将悬浮在水或溶剂中的细粉倾取出来，进行过滤，使固液分离，沉降分离法不适用于遇水或溶液会变质的抛光材料。

在沉降原理的粒度仪中，给出的粒径的正确含义是“被测颗粒就沉降速率而言，相当于某一球体的大小”。通常把这种粒径称为斯托克斯直径，也可称为等效沉降速率粒径。

在激光粒度仪出现以前，沉降仪曾经是最流行的粒度测量仪器，它是通过测量分析颗粒在液体中的沉降速率来检测粉体的粒度分布的。常见的沉降仪有移液管、沉降天平、沉降管、光透重力沉降仪、光透离心沉降仪等，其中光透重力沉降仪和光透离心沉降仪已经实现了智能化，目前还比较流行。其优点是造价较低；缺点：操作较麻烦，往往要根据不同的粒度范围配置不同的沉降液；测量结果容易受环境温度、操作手法等因素的影响，实际重复精度较低。

2）激光粒度仪。目前广泛应用的是激光粒度仪，它给出的粒径可称为等效散射光粒径；它最初光学模型，基于以下三个假设：①所有颗粒都是球形的；②所有颗粒都是完全不透明的；③颗粒与分散介质间的折射率接近。该近似公式相对简单且便于计算，无需任何被测材料的光学特性，因此适用于混合材料的测量，但仅限制在被测颗粒直径大于激光波长 40 倍以上的样品。

光在进行过程中遇到颗粒时，将有一部分偏离原来的传播方向，这种现象称为光的散射或者衍射。颗粒尺寸越小，散射角越大；颗粒尺寸越大，散射角越小。激光粒度仪就是根据光的散射现象测量颗粒大小的。经典的激光粒度仪的原理结构如图 5-10 所示。从激光器出发的激光束经显微物镜聚焦、针孔滤波和准直镜准直后，变成直径约为 10 mm 的平行光束。该光束照射到待测的颗粒上，一部分光束被散射。散射光经傅里叶透镜后，照射到光电探测器阵列上。由于光电探测器处在傅里叶透镜的焦平面上，因此探测器上的任一点都对应于某一确定的散射角。光电探测器阵列由一系列同心环带组成，每一个环带是一个独立的探测器，能将投射到上面的散射光能线性地转换成电压，然后送给数据采集卡。该卡将电信号放大，再进行 A/D 转换后送入计算机。

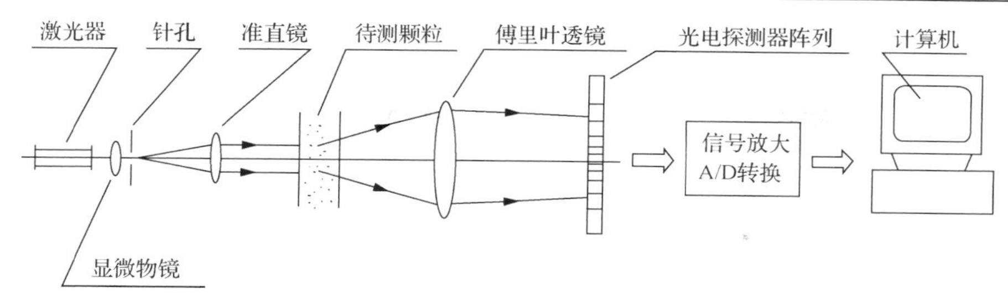

图 5-10　激光粒度仪的原理结构

激光衍射法可测得的累积 10%粒径 D_{10}、累积 50%粒径 D_{50}、累积 90%粒径 D_{90}、最大粒子粒径 D_{max}。

3）库尔特测试仪。库尔特计数器给出的粒径可称为等效电阻粒径等。

总之，现有的所有粒度仪测量手段给出的粒径都是等效粒径。因此，除了球形颗粒以外，测试结果同仪器原理有关，或者说"等效"所参照的物理参数或物理行为有关。仪器原理不同，一般来说测试结果是不同的。只有当颗粒是球形时，不同原理仪器的结果才可能相同。

必须指出，用粒度仪测定颗粒尺寸有多种方式，如激光粒度仪、库尔特测试仪等，各种仪器所测的结果有一定的差别，这需要认真分析，最好通过多种测试手段对比才能获得可靠数据。

5.4.3　团聚粒径

粉体颗粒与颗粒之间常常通过表面分子键的作用结合在一起形成团聚体。团聚现象常常影响超细粉体的性能。

粉体的团聚分为硬团聚和软团聚，硬团聚一般是指晶粒之间的团聚，团聚体由小的晶粒靠部分强化学键构成，在粉体的使用过程中难以破碎，它代表了粉体的最终特性。而软团聚一般是指团聚体靠范德华引力构成大的整体，软团聚可以通过机械力在一定程度上破碎。CeO_2 抛光粉的抛光性能主要取决于粉体的软团聚性能。抛光性能不但与团聚体的大小，而且与团聚强度有关。团聚粒径大，团聚强度高的粉体一般适应低速硬质材料抛光；而团聚粒径小，团聚强度低的粉体较适应于软质材料的抛光。

抛光粉颗粒的粒径并非一定是单晶粒子，也可能是多晶粒子，或称为团聚颗粒。只有通过综合分析才能得到真正的晶粒尺寸。一般用 XRD 测定的是晶粒尺寸。

一般抛光粉的颗粒往往是由单晶粒子聚集在一起的多晶颗粒，单晶粒子决定了抛光粉体的切削性、耐磨性及流动性。团聚在一起的多晶颗粒在抛光过程中分离（破碎），使其切削性、耐磨性逐渐下降，单晶粒子具有好的耐磨性和流动性。不规则的六边形晶粒具有良好的切削性、耐磨性和流动性。

往往测得的粒径是颗粒的团聚体大小，如激光粒度仪测试的粒径一般称为粉体的团聚颗粒粒径，它反映了颗粒在运动过程中团聚体的大小，尽管团聚体是由一些小的一次粒子组成，但这些小粒子由表面分子键连在一起，在运动中表现为一整体，难以分离。影响团聚体尺寸的因素很多，只有在固定的情况下才能对比其粒径。

5.5　颗粒形貌分析

对抛光粉而言，人们不仅关心其粒度和粒度分布，目前更关心其形貌，抛光粉的形貌也会严重影响其应用特性，制得合适形貌的抛光粉需在工艺上下功夫。

颗粒形貌可用显微镜观察。光学显微镜与电子显微镜的主要不同点在于：光学显微镜采用普通可见光作光源，电子显微镜则用电子束作为射线源，从这点出发，构成了它不同于光学显微镜的一系列特点。由于电子波长很短，其分辨本领高很多。表 5-3 示出两者的比较。由于光学显微镜的分辨率较低，目前抛光粉颗粒形貌的分析主要采用电子显微镜。

表 5-3　电子显微镜与光学显微镜比较

名称	光学显微镜	电子显微镜	
		扫描电子显微镜	透射电子显微镜
射线源 波长	可见光 7500 Å(可见光)~2000 Å(紫外线)	电子束 0.0589 Å(20 kV)	电子束 0.0251 Å (200 kV)
加速电压		0~50 kV	10~200 kV
介质	大气	真空	真空
透镜	玻璃透镜	电磁透镜(或静电透镜)	电磁透镜(或静电透镜)
孔径角	~70°	~35′	~35′
分辨率(最佳)	~0.2 μm	≤20 Å	~1 Å
最大放大倍率	~1000 倍	~100000 倍	~1000000 倍
视野	Φ100~0.1 mm	Φ0.02 mm~1 μm	Φ1 mm~0.1 μm
景深	0.1 mm~0.1 μm	1 mm~0.1 μm	10 μm~10 Å
聚焦方式	机械操作	电磁控制,电子计算机控制	电磁控制，电子计算机控制
衬度	吸收、反射衬度	散射吸收,衍射和相位衬度	散射吸收，衍射和相位衬度

电子显微镜分析常用的有扫描电子显微镜(scanning electron micrograph，SEM)、透射电子显微镜(transmission electron microscope，TEM)。TEM 的放大倍数较大，一般可观察到几个纳米的颗粒；用扫描电镜有时也可以观察纳米粒子的

尺寸和形态。用电镜来观察粒子的粒度和形貌是一种绝对的测定方法，它具有直观性和可靠性。该方法不仅能观察到粒子的粒径，而且能观察到其形态，利用高分辨透射电镜还能观察到颗粒的微细结构和测定晶格相等。用电镜观察到的颗粒粒径，往往不一定是原生粒子，即使是纳米粒子，往往也可能是由比其更小的原生粒子组成，而在制备电镜观察样品时，很难使它们全部分散成原生粒子。这也是用电镜法测定粒子时一般平均粒径比用X射线衍射法大的原因。由于电镜观察用的粉末数量极少，因此，此法不具有统计性。

扫描电子显微镜(SEM)，广泛地应用于生物、物理、化学、纳米材料、金属材料、高分子材料等方面的表面形貌观察、粒度测量、失效分析等。

扫描电子显微镜基本原理是：当电子枪发射出高速电子束，被加速到足够大的速度轰击物质表面时，入射电子与样品表面之间相互作用，可从样品中激发出的二次电子、背散射电子、俄歇电子、吸收电子、特征X射线、透射电子等多种电子。其中表面原子部分，以价电子为主的原子核外电子，从入射电子那里获得能量，当此能量大于相应临界电离激发结合能后，可离开原子变成自由电子，其中一些从样品中逸出，变成真空的自由电子，即二次电子。二次电子的多少，取决于入射电子的能量、速度、入射角以及试样物质的性质及表面状态。二次电子的产生与样品的凸凹有密切关系，是扫描电镜探测的主要信息。

一般说来，二次电子的能量较低(小于30~50 eV)，故只在离试样表面5~10 nm深度范围内的二次电子才能逸出，这使得从它得到的信息，能较好地反映试样表面的形貌特征。扫描电镜就是利用这一特点获得二次电子像。

在入射电子中有一部分电子和原子外层电子碰撞后，发生散射，方向和能量均略有改变，且这种散射过程可以连续多次，甚至成百次进行，最终的散射角可以大于90°，以致重新从试样表面逸出，这部分电子称为背反射电子。背反射电子的数目随原子序数的增大而增大，它是一种和成分密切相关的信息。二次电子的背反射电子也都是扫描电镜利用的信息。

透射电子显微镜(TEM)利用的是入射电子中透过试样的那一部分电子——透射电子，以及衍射电子。当试样厚度小于或等于该加速电压下所允许的穿透深度时，一部分入射电子将透过试样，称为透射电子，透射电子显微镜用它成明场像。入射电子照射到晶体试样表面后，当入射角θ和反射面间距d满足布拉格关系时，在特定的方向，产生的衍射波将得到加强，沿着这个方向的电子射线称为衍射电子束，电子显微镜用它来成暗场像，并进行结构分析。不言而喻，透射电子和衍射电子也是电子衍射仪用来进行晶体结构分析的信息。图5-11示出透射显微镜构造原理和光路。

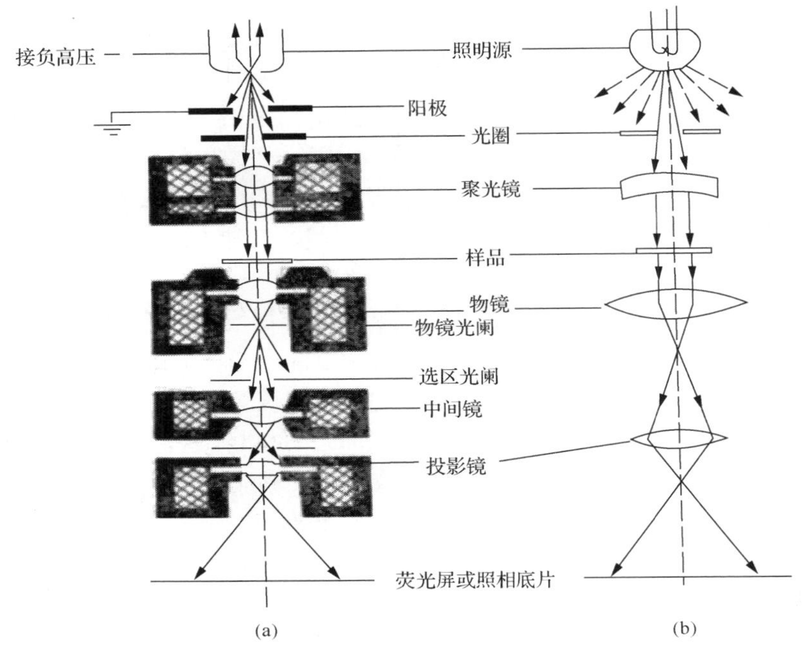

图 5-11 透射显微镜构造原理和光路

(a) 透射电子显微镜；(b) 透射光学显微镜

用透射电镜(TEM)测量粒径时应尽量多拍摄有代表性的微粒形貌照片，然后用这些电镜照片来测量粒径，主要测量方法如下：①交叉法。用尺任意地测量约 600 颗粒的交叉长度，然后将交叉长度的算术平均值乘上一统计因子(1.56)来获得平均粒径；②测定约 100 颗粒子中每个颗粒的最大交叉长度，粒子粒径为这些交叉长度的算术平均值。③求出微粒的粒径或等当粒径，画出粒径与不同粒径下的微粒数的分布图，如图 5-12 所示，将分布曲线中峰值对应的颗粒尺寸作为平均粒径。

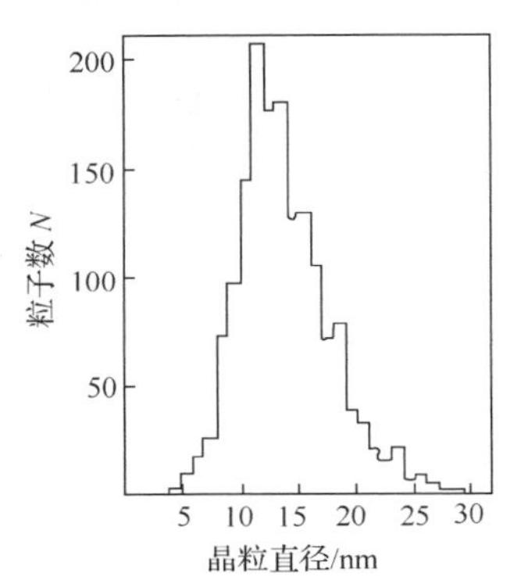

图 5-12 粒子尺寸分布(用 TEM 观察得到)

随着对稀土抛光粉研究深入和发展，电镜分析已成为必不可少的基本工具。

颗粒的大小是决定材料性能的主要标志之一。颗粒尺寸小，则其表面能就很大，在沉淀、干燥、焙烧等过程中晶粒间常会发生强度不同的团聚以降低体系的能量。

必须指出，通常所使用的粒度仪所测得的是团聚体颗粒的尺寸，而不是单个颗粒的尺寸。单个颗粒的尺寸可由扫描电镜照上分析出来。另外，单个颗粒中还包含多个单晶粒，其单晶粒的尺寸可用 X 射线衍射法出来测量。

利用电子显微镜的电子衍射可以测定物质的结构、晶格相、位错以及均匀性等相关数据。图 5-13 为 CeO_2 的高分辨电镜照片，从图中可以清晰观察到 CeO_2(111) 和(220) 晶面的晶格相以及原子柱。通过电子显微镜的放大倍数与晶格条纹可量测出面间距，根据所测的面间距对照 PDF 卡片中 CeO_2 的 d 值，确定属于哪个晶面的面间距。测得的(111) 和(220) 的面间距分别为 0.31~0.33 nm 和 0.192 nm。需要注意的是通常测量中第三位有效数字存在着不确定性或有较大的误差。

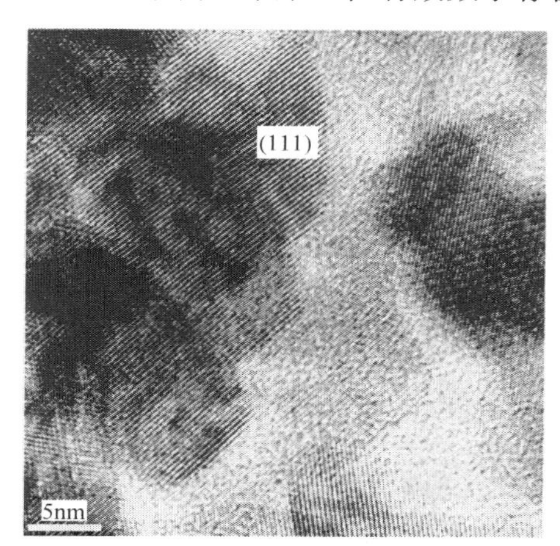

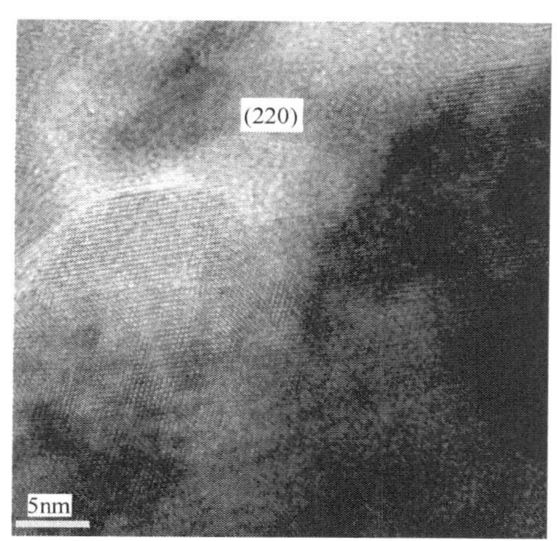

图 5-13　氧化铈抛光粉的高分辨电镜照片

5.6　颗粒比表面积分析

比表面积(specific surface area) 是衡量固体物质特性的重要参数，其大小与颗粒的粒径、形状、表面缺陷及孔结构密切相关。同时，比表面积大小对物质其他的许多物理化学性能会产生很大影响，如催化、悬浮性能、比重等。

颗粒的比表面积有体积比表面积和质量比表面积两种。体积比表面积是指单位体积颗粒所具有的表面积(m^2/mL)，质量比表面积是指单位质量颗粒所具有的表面积，后者又直接称为比表面积(m^2/g)。

根据实际需要，比表面积分为内比表面积、外比表面积和总比表面积；通常未注明情况下粉体的比表面积是指单位质量粉体颗粒外部表面积和内部空结构的表面积之和。粉体材料越细，表面不光滑程度越高，其比表面积越大。

用 BET 法测定的比表面积，即 1 g 固体所占有的总表面积(m^2/g)。该方法依据著名的 BET 理论为基础而得名，BET 是三位科学家(Brunauer、Emmett 和 Teller)的首字母缩写，三位科学家从经典统计理论推导出多分子层吸附公式，即著名的 BET 方程，成为颗粒表面吸附科学的理论基础，并被广泛应用于颗粒表面吸附性能研究及相关检测仪器的数据处理中。

氮吸附法：根据 BET 多层吸附原理，在液氮温度下的待测固体对 N_2 分子产生多层吸附，其吸附量 V_d 与氮气的相对 p_{N_2}/p_s 有关，如 BET 公式：

$$\frac{p_{N_2}/p_s}{V_d(1-p_{N_2})}=\frac{1}{V_m C}+\frac{C-1}{V_m C}+\frac{p_{N_2}}{p_s}$$

按 BET 吸附原理，当吸附温度降到 77 K 时，试样充分吸附氮，吸附达到平衡后，温度升高被吸附的氮释放出来，通过热导池检测被释放的氮的量，来计算出试样的比表面积。

采用 BET 空气吸附法(此法属于低温静态吸附)，令 Δp_0 为空样品管吸附前后的压力差，Δp 为样品和空样品管共同吸附前后的压力差，m 为样品质量(g)，p_1 为吸附平衡时的压力，A、B 为仪器常数，则样品的比表面积为：

$$S(m^2/g)=\frac{\Delta p-\Delta p_0}{m(A+Bp_1)}$$

通过 BET 比表面积分析法测粒径：用 BET 吸附法测定材料的比表面积 S，再用 Archimedes 排水法(如比重瓶法)测得样品的真密度，假设颗粒是无孔的等径球体，颗粒的一次粒径可由样品的比表面积和真密度求得。即可由下式计算得到样品颗粒的 BET 粒径，在此亦称为一次粒径。颗粒的粒子直径：

$$d=6/\rho S \quad 或 \quad D=(6/p\cdot S)\times 10^3$$

式中，ρ 为真密度(g/cm^3)；d 为等球颗粒直径；S 为 BET 法测量的比表面积(m^2/g)。所测的粒径是颗粒尺寸。

高精密化学抛光一般要求粉体的比表面积在 1~10 m^2/g，比表面积过高，粉体的一次粒径小，抛光强度往往较低，而过小的比表面，粉体的一次粒径太大，抛光时常常造成划痕。

稀土化合物比表面积的测定方法参见 GB/T 20170.2—2006。

5.7 外观颜色

影响抛光粉颜色变化的因素很多，如抛光粉的化学成分、焙烧温度、焙烧时间等。

少钕碳酸稀土生产的稀土抛光粉的颜色受焙烧温度和焙烧时间的影响，随着焙烧温度和焙烧时间的增加，稀土抛光粉颜色逐步变深。

原料中 Pr 的含量及焙烧温度等因素与颜色有关，镨含量越高，其粉体显棕红色。低铈抛光粉中含有大量的镨(铈镨料)，使其显棕红色。高铈抛光粉(对纯氧化铈抛光粉)，焙烧温度越高，其显偏白粉色，温度低(900℃左右)，其显淡黄色。

掺 F 镧铈氧化物抛光粉性能优越，加氟氧化铈镧抛光粉其颜色会变白。

针对目前，在镧铈碳酸盐原料中一般有微量的镨掺杂，镨离子是有色离子，它通过渗透、固溶及表面物化作用，使抛光粉的颜色也发生了变化，这一颜色的变化为快速有效评价稀土抛光粉的基本抛光性能提供了新的检测评价方法。

李学舜等[13]对稀土抛光粉颜色的测定及影响因素开展了研究。他们对稀土抛光粉的色度用 *L*、*a*、*b* 三个参数表示，这三个参数没有单位，这三个数值明确表达了稀土抛光粉的明度、色度。色度 *L*、*a*、*b* 值可以通过测色仪测出，*L* 值越大抛光粉越白，*L* 值越小抛光粉越黑；*a* 值越大偏红，*a* 值越小偏绿；*b* 值越大偏黄，*b* 值越小偏蓝。Hunter Lab 空间色体系比较适合稀土抛光粉色度较低，变化小的特点。

随着焙烧时间的升高，抛光粉色度参数 *L*、*b* 值减小，*a* 值增大，颜色逐步变深。这可能是由于焙烧前驱体逐步分解，呈现不同氧化物颜色。碳酸铈分解温度是 390~450℃，碳酸镨分解温度在 800~900℃。在 750℃之前，随着温度升高，碳酸铈不断分解，焙烧产物颜色由浅黄色向黄色过渡。800℃开始，碳酸镨开始分解焙烧产物主要体现不同镨氧化物的颜色，焙烧产物呈现红色，并逐步变深。这从焙烧产物的灼减值可以说明一定问题，随着温度的升高，焙烧产物灼减值减小，850℃以上焙烧产物灼减值基本上不变。

在固定焙烧温度的条件下，随着焙烧时间的增加，稀土抛光粉 *L*、*b* 值减小，*a* 值增大。当恒温时间 3 h 以上，色度参数变化趋缓。从焙烧产物的灼减与焙烧时间关系也可以看出，焙烧 3 h 以上灼减基本不变，说明稀土碳酸盐分解基本完全，分解产物基本稳定。

镧铈碳酸盐生产的稀土抛光粉的颜色与抛光性能的关系的结果表明：随着焙烧温度和焙烧时间的增加，稀土抛光粉 *L*、*b* 值减小，*a* 值增大，颜色逐步变深；稀土抛光粉颜色与研削能力呈现相应的规律变化，这为直接用抛光粉色度参数控制抛光粉的生产条件和评价产品质量提供了可能。

5.8　抛光效率与划痕

5.8.1　抛光效率

抛光效率的表征文献中尚不统一，主要有两类：一类是单位时间所抛蚀的重量，以 mg 表示；另一类是单位时间所抛蚀的被抛光的材料去除的厚度，以 μm 表示。其名称也尚不统一，如抛除量(抛除的厚度, μm/min)，切削率(μm/min)，磨削量(mg/min)，抛光能力(mg/min)，抛蚀量(mg/min)，研削力(mg/min)，研磨力，切削力等。各位作者根据材料的性质所取的单位时间也各不相同，一般以 30 min、45 min、60 min 为多。从纯机械磨削理论出发称为磨削量，而从化学机械抛光学说可能以抛蚀量较为合适。

在实际的工业生产中往往利用千分尺来检测被抛光工件前后厚度的变化，由此简便地计算出单位时间的工件的切削率。

一般用抛光效率和抛光的合格率来评价抛光粉的抛光性能。抛光粉的质量对抛光产品的合格率起着决定作用。抛光粉的粒度、形状、硬度对抛光效率影响较大，可根据不同的抛光要求选择具有不同物理性质的抛光粉。抛光效率一般用单位时间和单位面积上的抛蚀量表示：

$$\mathrm{PE}=M/St$$

式中，PE 为抛光效率；t 为抛光时间(不同情况的所选的时间不同，一般用 mg/30 min，或 mg/45 min,等)；S 为抛光截面；M 为抛蚀量。

抛光效率主要受下列因素的影响：

1）抛光粉的物理性质。玻璃抛光受抛光粉的物性影响较大，一般抛光粉的粒度、硬度越大，抛光效率越高。

2）抛光粉的组成。一般铈含量越高，抛光效率越高。在铈含量一定的条件下，当抛光粉中含有氟、硅以及硫酸根时可以提高抛光效率。

3）抛光液的浓度。抛光液浓度越高，抛光效率越高，使用抛光液的浓度主要取决于抛光器件。例如，当使用不同抛光垫片时，抛光液的浓度也应相应改变，才能得到好的抛光效果。

4）抛光时的转速。抛光效率与抛光时的转速成正比，在抛光垫片允许的条件下，尽量提高抛光速度能够增大抛光效率。

5）抛光时压力。在其他条件不变的条件下，抛光时使用的压力越大，抛光效率越高。因此，在条件允许的情况下，尽量提高抛光时的压力。

另外，抛光效率还与温度、抛光液稳定剂等因素有关。

1. 抛蚀量

抛光粉在一定条件下的抛蚀量(burnishing mass)，是衡量抛光粉质量的主要指标之一。

通常是指抛光粉在一定的条件下抛削的抛光件的量，即在规定条件下，抛光件被抛光粉研磨、抛蚀，使抛光件表面达到规定程度时，根据所称取抛光件被抛光前后的质量计算出差值，此差值除以抛光时间和被抛光表面积的积即为抛蚀量。它是玻璃抛光行业经常使用的一个概念，以 g/min 表示。对于所指的单位时间，不同的作者不同，一般以 30 min、45 min、60 min。对比时需要引起注意。

在规定的测试条件下，达到一定的效果下，被测稀土抛光粉试样对 SF-5 玻璃片在单位时间、单位面积的抛蚀量(F)

$$F=\frac{m_0-m_1}{s\times t}$$

式中，F 为抛蚀量，mg/(cm^2 • min)；m_0 为研磨前波片的总质量，mg；m_1 为研磨后玻璃片的总质量，mg；s 为玻璃片的总表面积，cm^2；t 为研磨时间，min。

一般情况下，抛光的最初 8 h，抛蚀量基本上没有变化，光洁度等指标也非常好，以后开始抛蚀量逐步开始下降，抛光能力也逐步开始降低，研削的能力和粒度已经基本上不再变化，达到了最低点，研削的能力基本上在 0.02~0.03，对抛光部件已经基本上没有研削的能力。

面心立方结构的铈基抛光粉可拥有三个级别的棱角，这赋予了铈基抛光粉无与伦比的抛光能力。在三个级别棱角的作用下，铈基抛光粉可对各种粗糙的表面进行研磨抛光加工，并能获得令人满意的表面光洁度。

若晶粒的形状为尖型八面晶，其三级棱角十分尖锐，容易划伤工件表面；若晶粒的形状为球形立方晶，其三级棱角又过于不明显，其抛光能力下降。

2. 切削率(磨削率)

切削率是衡量抛光粉性能的一项重要指标，其含义是单位时间内玻璃被磨去的厚度，表示为 μm/min。它是在实际工艺中的一种描述和衡量。详见 GB/T20167—2012。

为了增加氧化铈的抛光速率，通常的氧化铈抛光粉加入氟以增加磨削率，铈含量较低的混合稀土抛光粉通常掺有 3%~8%的氟。对 ZF 或 F 系列的玻璃来说，因为本身硬度较小，而且材料本身的氟含量较高，因此选用不含氟的抛光粉为好。

萧桐等[14]对含氟的稀土抛光粉研究结果表明：

1）切削率与 LaF_3 含量成反比，即 LaF_3 含量越少切削率越大。$CeLa_2O_3F_3$ 与 CeO_2 的比值在 25%~30%可以得到最大的切削率；

2）氟化过程工艺条件对于切削和划痕的相关性依次为：氟化体系 pH 值、氟化盐种类、氟化时间和温度；

3）在弱碱性、氟化铵存在条件下进行氟化，有利于提高抛光粉的综合性能；

4）对于抛光粉的综合性能，切削率与划痕的数量是成反比的：划痕少、切削率高；反之亦然。

5.8.2 划痕或划伤率

划痕(scratch)是在切割、研磨抛光过程中玻璃表面被划伤留下的痕迹，其长宽比大于 5∶1。稀土抛光粉划痕的测定方法参见 GB/T 20167—2012。

划痕的检测是对用于平面显示的抛光粉的性能评价一项极其重要的指标。

在高能卤素灯下观察，若被研磨 SF-5 玻璃片上的划痕正、反面都反光且划痕的长度大于或等于玻璃片的半径，则认为该玻璃片存在划痕，存在划痕的玻璃片数与总的被磨玻璃片数的比值称划伤率(scratch rate，K)

$$K\left(\%\right)=\frac{n_t}{n}\times 100$$

式中，n_t 为研磨后存在的划痕的玻璃片数；n 为被研磨玻璃片的总数。

机械抛光认为抛光实际上是研磨过程的继续，是磨料对玻璃表面进行微小切削作用的结果，即抛光粉的每一个颗粒都会对玻璃表面产生细微的划痕，通过无数颗粒产生的无数条微小划痕，将凸凹不平的玻璃表面切削呈宏观意义上的光滑表面。

在传统光学领域通过表面光洁度来评价抛光粉性能。对于新兴的领域，如 LCD、光掩膜、玻璃硬盘等，其要求表面质量更高，光洁度这个指标已经满足不了要求，这些领域是通过评价划痕来进行质量评定的

对于划痕的评价，分成两步。首先是将抛光粉调配成一定浓度的抛光液，用类似于评价切削率的设备对玻璃进行研磨。研磨后的玻璃经过清洗、干燥，在 30 W · lm 的卤素灯照射研磨后的玻璃表面，用反射法观察玻璃表面，查明伤痕的程度(大小及个数)。

基于划痕是通过目视检测的，具有一定的主观性。因此大小划痕的评判，没有一个精确的定量指标。通常认为小划痕是宽带小于 1 μm，长度小于 5 mm。

对同一批抛光粉半成品用射流式分级机或气流磨(65 Hz)分级成粗、中、细三组，用马尔文粒度分析仪测试它们的粒度，并观察它们的划痕情况，结果列于表

5-4。由表 5-4 可知，粒度越粗越容易产生划痕。

表 5-4　抛光粉粒度对划痕的影响

粒度	D_{10}	D_{50}	D_{90}	切削厚度/mm	划痕观察
细	0.501	1.009	1.995	0.69	23 W 节能灯观察无明显划痕；卤素灯观察有 1~2 块玻璃有一条细微的小划痕。
中	0.644	1.68	4.129	0.68	23 W 节能灯观察 1 块有划痕；卤素灯观察有 9~11 块玻璃有一条细微的小划痕。
粗	0.617	2.296	7.337	0.68	23 W 节能灯观察每块玻璃平均 3~4 条划痕，最长有 10~12 mm；卤素灯观察每块玻璃划痕很多，最少 10 条划痕。

在玻璃抛光中，工件的光洁度是一个衡量工件是否合格的必要指标，各种工件光洁度的等级要求不同。表面光洁度一般分为 12 级。

与光洁度有关的平板显示器基板玻璃表面粗糙度的测量方法详见 GB/T32642—2016，光学零件表面疵病详见 GB/T 1185—2006。

5.9　浆料的稳定性

抛光过程通常在浆料中进行，故浆料的化学物理特性也十分重要，包括浆料的浓度、稳定性、悬浮性、黏度等。因此，评价抛光粉的质量除颗粒、粒度分布、外形、比重外，抛光粉在浆料中的分散稳定性也是一个十分重要的影响因素，尤其是对粒径小、表面积大、表面能高的抛光粉更为重要。

5.9.1　抛光液浓度

抛光过程中浆料的浓度决定了抛光速率，浓度越大，抛光速率越高。

抛光液的浓度是抛光粉的质量与水(或溶剂)的质量之比，用百分率或比值来表示(也用固含量表示)。抛光液的浓度在 0~15%的范围内，抛光速率随浓度的增加而成线性提高，但是当浓度超过 30%以后，抛光速率就下降了。

典型的玻璃抛光浆使用过滤的自来水或去离子水与固体抛光粉混合成的，其固体抛光粉的浓度为 2%~20%(质量分数)，通常抛光液的浓度定为 5%。

抛光液浓度，也可用比重计来测定，根据工艺要求不同，可设定为 1.01~1.15。

抛光浆料中固含量检测详见 GB/T 17473.6—2008。

在实际生产中也简便地采用黏度表示，详见 GB/T 10247—2008 黏度测量方法。

5.9.2 粉体悬浮性

高速抛光要求抛光粉要有较好的悬浮性，粉体的颗粒形状和粒度大小对悬浮性能具有较大的影响，片形及粒度细些的抛光粉的悬浮性相对要好一些，但不是绝对的。抛光粉悬浮性能的提高也可通过加悬浮液(剂)来改善。

抛光浆液的悬浮性可以用抛光粉颗粒的 Zeta 电位来表示。Zeta 电位可以通过电泳仪或电位仪测出。在 Zeta 电位点(即 IEP)时，颗粒表面不带电荷，颗粒间的吸引力大于双电层之间的排斥力，此时悬浮体的颗粒易发生凝聚或絮凝；当颗粒表面电荷密度较高时，颗粒有较高的 Zeta 电位，颗粒表面的高电荷密度使颗粒间产生较大的静电排斥力，使悬浮保持较高的分散稳定性。

用分光光度仪测定某一波段、特定波长下悬浮液的吸光度，以吸光度大小来表征悬浮液分散性。吸光度的大小和单位体积中粒子数成正比，吸光度越大，表明悬浮液中粒子浓度越高，则粒子在悬浮液体系中的分散、悬浮及稳定性能越好。

纳米 CeO_2 水悬浮液的稳定性和它的表面电荷性质有很大关系。粒子表面带的电荷密度高可产生很强的排斥力，从而得到分散性良好的悬浮液。因此，刘冶球等[15]可以通过测量纳米 CeO_2 粒子表面的 Zeta 电位来了解纳米 CeO_2 在水中的分散行为。根据 Reyleigh 公式可知吸收光度与固体粒子在悬浮液中的浓度呈一定的比例。

$$A=kn$$

式中，A 为悬浮液的吸收光度；k 为吸光常数；n 为单位体积悬浮液中固体颗粒的数量。吸光度越高，也就意味着悬浮液中的固体颗粒数量越多，相对应的就是更为稳定的悬浮液体系。因此，吸光度是考察悬浮液稳定性的一个非常直观的手段。

用分光光度法测定抛光粉在中性水介质中的分散稳定性随时间变化曲线如图 5-14 所示。

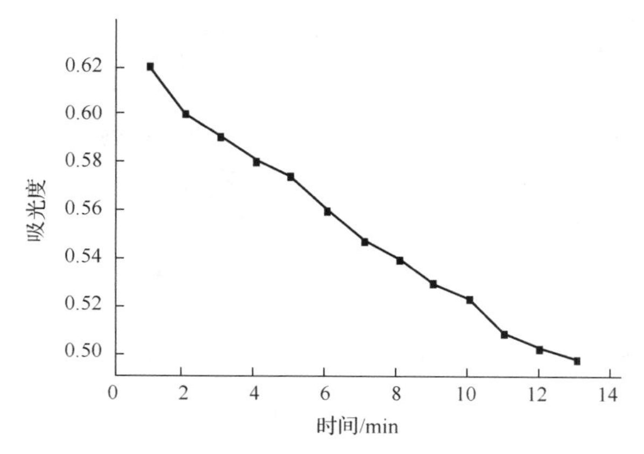

图 5-14 抛光粉在水中的吸光度分散稳定性与时间的关系

由图 5-14 可见，抛光粉粒子在水介质中很容易产生沉降，沉降速率与沉降时间呈线性关系。这是因为产生沉降作用的内在决定因素是颗粒的布朗运动和颗粒间的相互作用。粒径小，比表面大，表面能高，有相互吸引以降低表面能的趋势，当颗粒由于运动而进入到引力作用范围内时会聚结在一起而发生沉降；且抛光粉表面还存在大量的羟基，羟基间的相互作用很强，使抛光粉颗粒间易形成紧密的团聚体，在水介质中很难分散开来。另一方面，由于抛光粉的真比重比水大得多，稍大粒径的粒子由于自身重量也发生沉降。由此可见，抛光粉的分散是一个难题，也是实际应用中考虑的一个重要指标。

Zeta 电位和吸光度可以作为表征粒子分散性能的手段。Zeta 电位和吸光度越高，相应的粒子分散稳定性越好。分散剂的加入可以大大减小 CeO_2 在水中的粒径分布，从而很好地改善 CeO_2 在水中的分散稳定性。

周新木等[16]研究了高铈抛光粉表面电性及悬浮液分散稳定性的关系。图 5-15 为抛光粉在水中悬浮液的吸光度和 ζ 电位与 pH 值的关系。

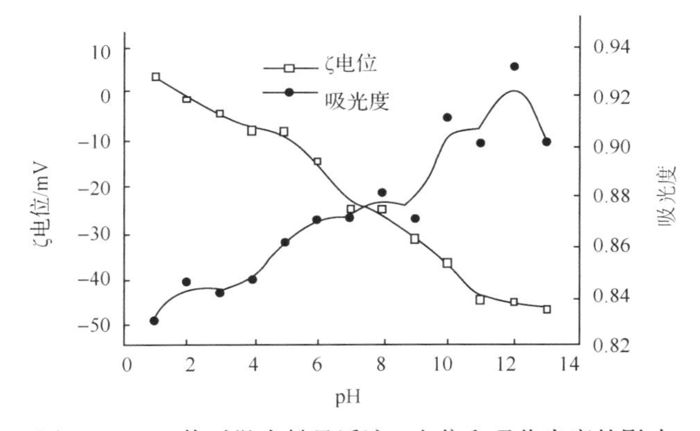

图 5-15　pH 值对抛光粉悬浮液 ζ 电位和吸收光度的影响

由图 5-15 可知，以吸光度表示抛光粉的分散行为与 ζ 电位有相当好的一致关系，受体系 pH 值的影响很大。随着 pH 值增加，吸光度增加；当 pH 值在等电点时，ζ 电位绝对值最小，然后随 pH 值增大或减小，ζ 电位绝对值增大。

无机化工产品水溶液中 pH 值测定通用方法详见 GB/T 23769—2009。

电泳法测定胶体颗粒的 Zeta 电位方法详见 GB/T 32668—2016。

沉降速率法是通过测量粉体在液相中的沉降速率，可用评价其分散性能的好坏。黄绍东等[16]用沉降速率法研究了铈基稀土抛光粉的悬浮性能与添加剂的影响。将抛光粉与介质混合，搅拌均匀，配制成固含量为 10%的悬浮液，置于 1000 mL 量筒中，静置观察。介质不同，对抛光浆液分散性影响不同，因此在不同分散介质下，抛光浆液悬浮性考察标准不同。

沉降速率法简单易行，数据直观明了，易于抛光粉制备及应用企业进行品质检测。但是，抛光粉的比重、粒度及其分布、比表面积等对抛光粉的悬浮性能均有很大的影响，例如粒度分布范围较宽的颗粒由于受力不均，导致沉降速率不等，小颗粒沉降速率慢，呈悬浮状态，大颗粒沉降速率快，迅速分层下沉，分层液面沉降速度没有可对比性，因此各企业应根据自己的实际情况制定相应的标准。

另外，衡量抛光液的悬浮性能指标通常还有两个：一个是 T_{50}(min)，其含义是半沉淀期，即抛光液比重降至初始比重一半需要的时间，一般要求大于 5 min。

另一个是沉积指数(%)，即对抛光液进行搅拌，静置 24 h 后，将上层液体倒出，残留的沉积物的质量占初始质量的百分比，一般要求小于 10%。

对稀土抛光粉配置的抛光液，本身的悬浮性是较弱的。为了进一步提高抛光粉的使用效率，通常是通过添加剂使其具有良好的悬浮性能。

同时在稀土抛光粉中可以添加各种添加剂，改变抛光粉在不同抛光体系中的抛光性能，目前使用的较为普遍的添加剂是用来改善抛光浆的悬浮性。

选择添加剂时需要考虑选择合适种类的添加剂，选择合适的添加剂配比以及选择合适的添加剂加入量。

在实际应用过程中，通常是两种添加剂配合使用。一方面有机添加剂提高悬浮性能，另一方面无机添加剂可以起到骨架支撑的作用，降低抛光液的沉积。

魏齐龙等[17]提出了采用聚电解质原溶液稀释高浓度料浆，再进行粒度分布测量的方法，并基于扩展 DLVO 理论和动态光散射测量粒度分布的基本原理进行分析。研究表明，浓度高达 20%(质量分数)以上的纳米氧化铈料浆采用原溶液稀释至 5%(质量分数)以下料浆后，可间接地获得其中纳米颗粒的粒度分布，且其结果与直接制备的相近浓度料浆的测量结果、透射电镜直接测量结果吻合良好。

吴媛媛等[18]考察了分散剂、pH 以及分散介质对氧化铈抛光液悬浮性和再分散性的影响。通过静置一定时间测定氧化铈抛光液的沉降行为、吸光度和 Zeta 电位大小。结果表明：实验室自制的丙烯酸类超分散剂 L 对氧化铈抛光液有良好的悬浮和再分散效果，其添加的最佳质量分数为 2%；pH 对氧化铈抛光液的悬浮性影响很大，在使用超分散剂 L 时，选择 pH 大于 7 较佳，pH 为 10.7 时氧化铈抛光液的悬浮性最好；不同质量比的水-乙醇混合液作为分散介质可以明显改变氧化铈抛光液的沉降行为，当水与乙醇质量比为 4∶1 时，氧化铈抛光液的悬浮性和再分散性最佳。

参 考 文 献

[1] 江祖成，蔡汝秀，张华山. 稀土元素分析化学. 第 2 版. 北京：科学出版社，2000

[2] 瓜生博美，三崎秀彦，小林大作，等. 铈系研磨材料. 中国：CN 101356248A.2009-01-28

[3] 伊藤昭文，三崎秀彦，内野义嗣. 铈基磨料、其原料及其制备方法. 中国：ZL 01801168.3. 2004-08-18

[4] 周公度. 晶体结构测定. 北京： 科学出版社，1981

[5] 内野义嗣，三崎秀彦，高桥和明. 三井金属矿业株式会社 中国发明专利专利号 ZL 01815781.5 ，2007

[6] 杨国胜，崔凌霄，谢兵，等. 铈基稀土抛光粉焙烧过程的研究. 稀土，2013，34(5):11

[7] 徐光宪. 稀土(上). 第 2 版. 北京：冶金工业出版社，1995：396-399

[8] Dong X T, Hong G Y, Yu D C，et al. Synthesis and Properties of Cerium Oxide Nanometer Powders by Pyrolysis of Amorphous Citrate. J ournal of Mater ials Science and Technology, 1997, 13(2): 113

[9] 李学舜. 稀土碳酸盐制备铈基稀土抛光粉的研究.沈阳：东北大学博士学位论文，2007

[10] 黄绍东，陈维，梁丽霞，等. 铈基稀土抛光粉的悬浮性能评价方法与不同分散剂的影响. 稀土，2014，35(5):45-46

[11] 高玮，古宏晨，胡英. 稀土粉体性能的评价体系(II)；颗粒特性的评价.稀土，2001， 22(5):45-48

[12] Fayed M F, Ottn L. 粉体工程手册. 卢寿慈，王佩云,译. 北京：化学工业出版社， 1992

[13] 李学舜，谢兵，杨国胜，等. 稀土抛光粉颜色的测定及影响因素. 稀土，2007，28(1):35

[14] 肖桐. 用于平面显示的高性能稀土抛光粉的开发.上海：华东理工大学硕士学位论文，2009

[15] 刘冶球，康灵，王明明，等. 纳米 CeO_2 在水中的分散稳定性研究. 稀土，2012，33(2):51-54

[16] 周新木，李炳伟，李永绣，等. 高铈抛光粉表面电性及悬浮液分散稳定性研究. 稀土， 2007, 28(1):12-16

[17] 魏齐龙，李晓媛，王超，等. 高浓度料浆中纳米氧化铈颗粒粒度分布的测量. 稀土， 2014，35(4):1-5

[18] 吴媛媛，衣守志，魏志杰，等. 氧化铈抛光液悬浮性和再分散性研究. 中国粉体技术，2015，21(2)：57-60